U0172270

光 明 城

LUMINOCITY

看见我们的未来

[开放的上海城市建筑史丛书]

卢永毅 主编

近代上海四大百货公司研究

建筑 消费空间 城市文化

周慧琳 著

上海 · 同济大学出版社
TONGJI UNIVERSITY PRESS

序言

近代之前的上海，是一个后起的城市，长期处于传统中国社会、政治与文化的边缘。然就其自身发展而言，自元代立镇，到明清的筑城与兴建，上海也成长为一个繁华的江南城镇，城里街肆密布、风俗浓郁、人物荟萃和造园成风，不仅积淀了传统文化底蕴，而且已因海上贸易的兴旺孕育了开放的城市性格。鸦片战争后，上海迅速成为东亚最重要的通商口岸，并通过半个多世纪的发展，跃升为远东最具影响力的国际大都市，书写了中国近代城市史上史无前例的一页。

近代上海的城市传奇，注定了对其历史研究的题材和视角都会十分丰富，更不必说，这些研究对于考察这座城市作为开启近代中国政治、社会、经济和文化变革的一扇大门，作为认识中国近代化进程的一把钥匙，进而认识中国的现代性，都意义深远。事实上，上海近代史研究已成为中国改革开放以来史学研究中最活跃的一支，不仅汇聚了国内历史学、社会学、经济史、宗教史、文学史、电影史、出版史、城市史、建筑史和园林史等各学科领域专家的持续探讨，而且在国外的学术界亦已成为一门显学，吸引了众多欧、美、日学者的研究兴趣。自1989年国内外第一部完整的上海通史《上海史》正式出版以来，相关学术成果已汗牛充栋，卷帙浩繁，而且从中还可以发现，很少有一座中国的城市会像上海这样，对于它的近代化历史不仅有如此多线的叙述，而且还随时代变化、因主体不同，形成了如此多样的叙述。

以“万国建筑博览会”著称的上海近代建筑，展现了这座城市历史演进中最丰富的表情，也是她传奇经历最持久的物证和记忆。因此，近代建筑史及城市建设史的研究，也已成为整个上海史研究中最引人入胜的学术园地之一，并对推进当代城市历史文化遗产的保护工作产生了持续而深远的影响。从1980年代末起，上海近代建筑史研究在宏观、中观和微观层面都有出色成果。在建筑界，以陈从周和章明的《上海近代建筑史稿》、王绍周的《上海近代城市建筑》、罗小未主编的《上海建筑指南》、伍江的《上海百年建筑史：1840—1949》以及郑时龄的《上海近代建筑风格》等为代表的著作，以汇编、综述以及多线梳理形成全景式叙述，是具有奠基石作用的研究成果，其中郑时龄的著作结构完整且史料最为详实，具有里程碑意义的贡献。近10多年来，更加引人瞩目的是各种专题研究的迅速成长，不仅成果纷呈，而且视野日益开阔。有从城市史角度的历史片区、风貌街道及其历史建筑的专题研究，有基于自然历史，城市化进程、租界市政发展及其建设管理制度下的城市形态，日常空间与建筑类型的研究，有以外滩建筑、里弄建筑、教堂建筑以及更多类型建筑甚至个案的研究，有以邬达克研究为代表的建筑师、事务所甚至营造商的专题研究，还有近代建筑教育、建筑学科知识体系以及聚焦建筑话语及其观念史的专题研究，等等，已汇聚出一幅多彩的画卷，其中不仅有中国学者的贡献，而且也有国际学者的成果。还需要特别关注的，是2016年《中国近代建筑史》五卷本的出版，在这部鸿篇巨制中，相关上海近代建筑及其近代城市的内容，不仅在呈现中国建筑现代转型过程中成为举足轻重的实证，而且其本身又被置于更大的历史背景中关照，构成了更宽广视野和更复杂文脉环境中的地方史的认识。

可以看到，随着研究的不断深入和拓展，上海近代建筑史研究既不断汲取整个学术领域及其跨学科研究成果的养分，也成为推动上海近代史研究的一支日益活跃的力量。与此同时，旧城改造和城市更新步伐的不断加速，亦使得建筑历史研究的任务更加迫切而沉重。如果说，每一座城市的历史建筑及其街道空间都构成了一部可阅读、可触摸的城市史，那么上海的历史建筑及其城市空间的复杂性和丰富性，仍然远远超出我们的认知和想象，尤其是面对近代时空压缩中经历的突变，若要探入历史深处就能发现，还有无数被折叠、被遮蔽之处有待展开，还有许多看似熟知却仍需剥离层层迷雾才能看清的细节有待呈现。

这套“开放的城市建筑史”丛书，正是试图从专题研究入手，揭示一些尚未厘清的历史，叙述部分未曾详述的故事。这些将陆续出版的专著，有十余年来我与我的研究生们在共同研究探讨的基础上形成的成果，也有相关领域经验丰富、造诣深厚的国内外中青年学者和建筑史学家的作品。对读者来说，被收入丛书的各种专著在研究对象及选题上并不陌生，有些已是家喻户晓的近代建筑遗产。但事实上，主编与作者们仍努力使这些研究能提供历史新知，带来新的史学思考，因而以“开放的”和“城市建筑”两个关键词，表明其目标内涵。

明确一种“城市建筑”的研究立场是要表明，尽管主题各异，但每一部历史叙述的展开，都与这座城市的演进和剧变紧密相关。近代上海的城市化及其建筑奇观，其背后并没有理想宣言和宏伟规划，但无论是一种新类型的出现，一个事务所的诞生，还是一次建造活动的开始，甚至一个传统场所的现代转型，都需在这座城市的现代进程和时空演变中，才能开启叙述，形成解读。因港兴市集聚的驱动力，工商业发展带来的都市剧变，中外力量的杂处与共栖，以及独特制度下的竞争与共融，形成了近代上海大都市超乎寻常的包容性、流动性和不确定性，也在混乱中凝结了空间生长的结构逻辑，汇成了奇特多元的文化景观。或许可以说，近代上海的城市肌理恰似“拼贴城市”理念的呈现，因为理解她的城市文脉始终是认识历史建筑及其场所空间的起点，而微观建筑的阅读，又始终可以不断探视这个大都市深藏的奥秘。

丛书强调研究的开放性，意在推动新的史学思考。一是选题的开放性，以充分认识近代上海城市复杂性特质为基础，使研究的视角不断超越传统建筑史学的局限，以全境观察、问题意识、史实论证与跨学科自觉，力争形成历史的新发现和新解读。二是时空的开放性，各种专题的展开不仅关注研究对象，还要关联文脉；不仅聚焦近代发生的外来冲击和突变生长，也从传统要素及其空间场所中追溯文明嬗变的轨迹；不仅准确呈现新事物的产生与特征，也将它们置于社会、经济、技术与生活方式变迁的世界进程中认识。三是观念的开放性，在努力摆脱某种“宏大叙事”的自觉中切入研究专题，超越中与外、冲击与反应、传统与现代以及科学性与民族性等传统的二元范式，尽可能挖掘新史料，打开新视野，回到历史的复杂性中探究，再来寻找史实与思想的连接点。最后是主体的开放性，首先，丛书的作者有中有外，有不同学科背景，以体现研究主体的多样性；其次，研究更关注如何将历史对象化，尝试既有主体立场，又离开自我主体，强调历史对象的主体性，各种专题因而不仅关注建筑，还关注建造活动的过程，不仅关注建筑师，还关注业主、营造商、使用者甚至媒体和文化观察者，在见物又见人中认识历史建筑的特征，及其建造活动中的动机与欲望、观念与情感、审美与时尚以及生活方式和身份认同，力图更加真切地呈现上海近代建筑的时代面貌及其城市的文化景观。

由于研究专题各异，作者们的研究经历和研究条件不同，也由于组织出版丛书的主编经验有限，因此这些陆续出版的专著中可能存在某些不足。敬请业内专家和广大读者多多批评、指正。

卢永毅

2020年11月30日

前言

2008年以后，我国电子商务呈爆发式增长，2014年9月19日，阿里巴巴在美国纽约上市，标志着中国的电子商务发展到了相当成熟的阶段。[1] 电子商务给传统零售商业带来的冲击是巨大的：商业综合体的龙头企业万达集团在2013年就决定，在其已开业的72个万达广场商业中，减少零售业态的比例，甚至逐步取消部分商场的零售业务，增加生活类业态的比例。[2] 国内其他百货公司及零售业也努力发展电子商务，缩减百货实体店的比重。[3] 百货公司，这一兴起于18世纪中叶的零售形态受到了巨大的挑战。在这一背景下，回顾和研究百货公司及这种建筑类型在中国的发展历程，具有特别现实的意义。

同时，上海作为中国的对外贸易中心，在1930年代外国对华进出口贸易和商业总额中便已占80%以上，直接对外贸易总值占全国一半以上。作为全国的金融中心，1930年代的上海几乎设有中国所有主要银行的总部。作为中国的工业中心，这里是民族资本最为集中的地方，1933年民族工业资本占到全国40%。[4] 在中国，上海具有如此重要的商业地位，但其商业建筑却一直得不到系统和深入的研究，尤其是百货公司作为近代重要的建筑类型之一，是现代城市进程的重要载体，反映着中西交流的独特方式，并没有得到应有的重视和研究，这也是本书研究的缘起。[5]

再者，一直以来，上海近代建筑史的研究，同时作为上海学（Shanghaiology）和中国近代建筑史研究的重要组成部分，备受中外学者的关注。[6] 近代建筑史研究大多是以建筑风格作为线索，然而近代上海百货公司虽属一种新的建筑类型，但由于建造年代与业主不同，其建筑风格也不尽相同。仅仅按照风格来将这个类型的建筑分而论之，显然是不够的。按照建筑类型书写的上海近代建筑史文献，笔墨则侧重于官方建筑、居住建筑、娱乐建筑以及外滩沿岸的建筑，

1　陶林杰：《阿里巴巴网络有限公司投资价值研究》，复旦大学，2008，第16页。

2　卢月：《万达广场"去服饰化"　王健林：减少业态重合》，载中国经营网，2013-07-22。http://www.cb.com.cn/person/2013_0722/1005161.html.

3　全海兵：《南京新百公司融合线上线下营销策略研究》，安徽大学，2014，第22页。

4　熊月之：《寻找上海的历史文脉》，载《东方早报·上海书评》编辑部编《你想干什么》，上海书店出版社，2010，第258页。

5　事实上，对上海近代百货公司的研究在1980年开始就已经引起了学界的兴趣，并有诸多学术成果，包括上海社会科学院经济研究所《上海永安公司的产生、发展和改造》，上海人民出版社，1981；Wellington K. K. Chan, "Organizational Structure of the Traditional Chinese Firm and Its Modern Reform," in *Business History Review*, 1982 (Summer): 218–235, DOI: https://doi.org/10.2307/3113977；上海百货公司等《上海近代百货商业史》，上海社会科学院出版社，1988；岛一郎《近代上海的百货公司的展开—其沿革与企业活动》，载《经济学论丛》，1995，47（1）：1–16页；颜清湟《香港与上海的永安公司(1907–1949)》，载颜清湟《海外华人的传统与现代化》，南洋理工大学中华语言文化中心，2010，213–249页。但大部分研究侧重于企业史、城市史等角度，从建筑的角度来对百货公司做系统论述的并不多见。

6　裴定安，张祖健：《对"上海学"研究的思考》，载俞克明《现代上海研究论丛》第4辑，上海书店出版社，2007，第368页。

对于百货公司的论述大多仅在商业建筑分类中有寥寥数笔，失之于简。基于这些思考，本书以建筑类型作为分类方法，来分析同一种建筑类型是否拥有类似的建筑空间，试图探究其建筑风格形成的不同原因。并以此为立足点，展开其他方面的研究：关于建筑与城市的相互作用、建筑与市民活动和消费文化的相互作用，以及建筑空间的使用等。

这就使得本书的论述结构像洋葱一样，一层又一层，围绕着一个内核，即四大百货公司。总体而言，论述内容分为三个层面：原境、本体和外延。

原境部分，作者试图还原1914年前后上海城市建设、商业发展，以及当时上海的消费文化和市民生活的真实面貌。为什么将时间点定在1914年呢？因为1914年，马应彪到上海考察商业环境并物色先施公司沪行的地址，先施公司在上海的建设正式拉开帷幕，成为民族资本百货公司在上海的滥觞。

本体研究分为两个部分：四大公司发展简史和四大公司建筑研究。第一部分详述了百货公司创办人的创业历程，揭示他们的共同性——穷苦出身，远渡重洋，白手起家，荣归故里，寻求发展，再创辉煌。百货公司的发展轨迹也基本相似。作者将四大公司发展简史结合历史史料，按照编年体的方式进行梳理，并以它们发展的不同阶段来进行分类。第二部分是从建筑的角度来聚焦南京路上的这四个百货公司（共12个建筑单体），包括对建筑设计方、营造方的介绍，对各个建筑特点的深入分析，探讨百货公司作为一种建筑类型的共同点。同时，本章展现了大量建筑图纸，它们是基于历史图纸修复和绘制的，作者刻意保留了一些历史图纸的特征，以呈现真实的历史样貌。

外延部分是以百货公司为话题基点向外扩散的研究，分为近代商业空间，业主们的地缘、业缘和血缘关系，百货公司对城市空间的影响，民族主义的理想与现实，百货公司与都市文化，“洋文化”传播模式的反思等多个主题。以这些相对独立的主题作为一个个切入点，更生动地剖析和建构民国时期上海和民族资本百货公司的方方面面。本书附录中还收录了一篇关于哈沙德的译文，这篇译文的部分内容曾发表于《建筑师》，但作者认为有必要让读者更全面地了解这位被《弗莱彻建筑史》收录的建筑师，因此把全篇译文作为附录，附于书后，以飨读者，也期待能起到抛砖引玉的作用。

在本书的写作过程中，作者搜罗到大量关于百货公司的文学描写，这些文字生动、凝练，抑或讽刺、夸张，寥寥数笔就能勾勒出当时百货公司和城市中的市民生活画面。作者将这些文字摘选部分，放在章节起首，供读者阅读和想象。

囿于学识和能力，书中难免会有错漏之处，敬请各位读者批评指正。

2018年10月

目录

1

1914年前后的上海：城市、商业与市民生活

"早晨从床上醒来，隔壁人家的无线电里传出李香兰的《夜来香》；翻开当日的《申报》，报上挤挤挨挨的广告是大新公司的司麦脱衬衫、林文烟老牌花露水和鲜大王酱油；穿戴整齐了出门，乘一路有轨电车去静安寺，路过大光明影戏院五彩缤纷的巨型广告牌子和永安百货公司门前的来往人流……十里洋场，繁华如金。"

——伊葭，《书介：〈张爱玲的上海舞台〉，1943年》

租界：城市管理和新建筑类型的介入

租界的发展概况

1842年签订的《南京条约》让清政府开放广州、厦门、福州、宁波、上海五处为通商口岸，并准许英国派驻领事，准许英商及其家属自由居住。上海第一任领事巴富尔（George Balfour）于1843年11月8日到达上海，并于七日后宣告英国领事馆成立，11月17日上海正式开埠。随后经过多轮协商谈判，1845年11月29日上海道台宫慕久发出布告，公布了他与巴富尔等人协商拟定的英国商人在上海租地建房的一系列规章制度，即《土地章程》。该章程明确了英商在上海的租地范围：南至洋泾浜，北至李家厂，东至黄浦江，西面的界址待定——这就是上海租界的肇始。[1]

从成立之时至1914年，上海租界经历了多次扩张。1846年英租界西界确定；1848年美租界确立，英租界第一次扩张；1849年法租界成立；1861年法租界第一次扩界；1862年美租界完成划界；1863年英、美租界合并为公共租界；1893年公共租界的北界向北延伸；1899年公共租界和法租界分别第二次扩张；1914年法租界第三次扩张，此后租界基本定型[1]。[2]

1 史梅定：《上海租界志·总述》，上海社会科学院出版社，2001。见上海市地方志办公室，http://www.shtong.gov.cn/newsite/node2/node2245/node63852/node63855/index.html.

2 史梅定：《上海租界志·大事记》，上海社会科学院出版社，2001。见上海市地方志办公室，http://www.shtong.gov.cn/newsite/node2/node2245/node63852/node63856/index.html.

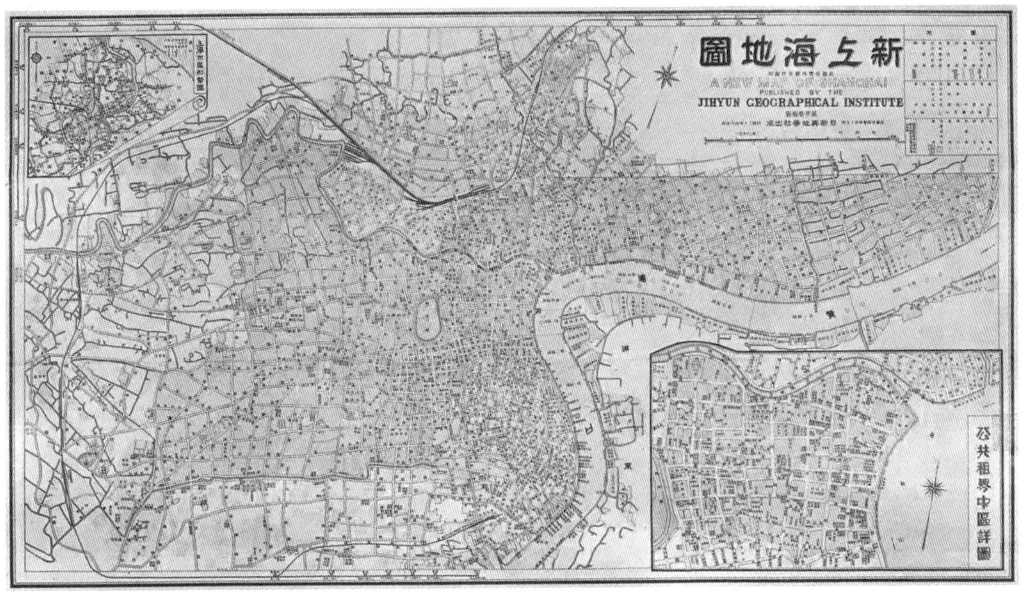

1
新上海地图，1931年

1854年7月，英、美、法领事选举出7人，组成“工部局”董事会，主要负责租界市政建设等事宜，随后法国脱离工部局，成立公董局独立治理法租界。租界管理机构承袭西方城市管理模式，对公共环境、城市交通、建筑房屋、文化教育等实行全面的管理。至20世纪初，工部局下设财务委员会、警备委员会、工务委员会、公用委员会、交通委员会等12个事业督查机构，分别管理租界内的具体事务。正是因为租界当局对租界进行完全“自治”的管理，清末民初国内政局动荡和经济秩序混乱等灾难对租界的影响相对较小，同时租界内有充足的廉价劳动力、完善的城市基础设施、充足的水电煤供应，使得工商经济迅速发展。租界长期的稳定也促使上海很快超过广州、南京等地而发展成为中国经济的中心。

经过30年的市政建设和路政交通管理，到19世纪末，租界内已经呈现出与上海县城完全不同的景象：道路宽阔整洁，交通便捷有序，道路和河岸两旁都植有树木，每棵树相距四五步，河边以垂柳居多，路边则以梧桐居多。“由大马路至静安寺，亘长十里。两旁所植，葱郁成林，洵堪入画。”[1]

1943年7月30日和8月1日，法租界和公共租界的交还仪式分别在原公董局礼堂和工部局礼堂举行。[2]上海租界历时近百年，宣告结束。

租界虽为外侨自主治理，拥有从西方引入的贸易制度、司法制度、金融业、制造业、照明设施等，但是从19世纪末开始，居住其内的人员始终以华人为主，从西方引入的全新的城市设施和制度最终的受益者绝大部分也是华人。从这一

1　葛元煦：《沪游杂记》，郑祖安校注，上海书店出版社，2009，第8页。
2　史梅定：《上海租界志·大事记》。

角度来说，租界的发展客观上给晚清时期的上海市民带来了全新的生活环境；随着租界的发展，商业贸易成为人们经济活动和社会生活的重心，商人的地位上升到前所未有的高度；人口结构和家庭结构也发生变化，单身人口和小家庭的数量猛增；租界内部人们自由空间扩大，形成市民生活的公共空间；人们之间的关系相对更为独立、平等、自由。[1] 租界对市民生活产生的影响也不仅仅局限于上海，还辐射到上海周边乃至整个中国的城市范围。

市政设施的发展

道路建设

工部局和公董局在城市公共设施和市政基础设施建设方面做了很多努力。市政工程的建设费用从工部局成立之初便是非常大的一项支出，仅次于警务方面。市政建设项目中，道路建设又是重中之重，如1863至1864年间，工部局用于道路维修等方面的支出占市政工程总支出的41%。[2]

在上海开埠之前，城厢之外的道路大多沿河而筑，宽度仅两米，租界所处的区域仍是一片田野景象，有农田、湿地、溪涧、河网等。[3] 租界的道路建设是从零开始的，最初囿于资金和人口规模，工部局仅在界路、外滩和花园弄——即今河南中路以东的南京路等处修筑了少数干道。然而开埠30年后，租界内已经完全是另外一番景象："取中华省会大镇之名，分识道里，街路甚宽广，可容三四马车并驰，地上用碎石铺平，虽久雨无泥淖之患。"[4] 铺路材料也随着时代的发展不断改变：最开始是泥路，1846年用煤渣铺路；1860年代用碎石铺路，试图改变租界早期雨天道路泥泞的状况；到后来则用碎砖来铺筑，因其体积较大，可以将道路垫高以利于路面排水；再后来尝试用花岗岩碎石铺路；1906年用澳大利亚铁藜木块铺路；到最后用沥青与混凝土铺路。

除了道路的开辟和建设，工部局也对道路及其两侧建筑物进行管理。在19世纪50年代，工部局制定和实施了禁止在街上乱倒垃圾和污物、设立人行道、限时限地驯马、统一路名、拆除道路障碍物和设立道路检查员等规定和举措。

租界内道路的建设伴随着城市人口的激增和交通工具数量的增加而逐渐完善。上海曾和很多江南小县城一样，水上交通优于陆地交通，地面的主要交通工具是轿子。租界设立之后，西方人按照西方城市交通管理的理念和模式来组

1　李长莉：《以上海为例看晚清时期社会生活方式及观念的变迁》，《史学月刊》2004年第五期第105—107页。
2　史梅定：《上海租界志·总述》。
3　张仲礼：《近代上海城市研究》，上海人民出版社，1990，第475页。
4　黄楙才：《沪游胜记》，转引自郑时龄：《上海近代建筑风格》，上海教育出版社，1999，第14页。

织交通。1855年，第一辆马车出现在上海街头；1874年，人力车从日本传入上海；1889年，工部局在黄浦江与苏州河交汇处的公园桥上做了为时三天的车辆统计，数据表明，人力车三天的通行量是2万有余，马车的通行量在1600辆以上。[1] 继而工部局又针对路面交通作出一番规定和管理。

上海公共交通的发展是与世界同步开始的。1881年5月，世界上第一辆有轨电车在英国开始运营之后的两个月，英商怡和洋行向法租界要求设立电车事业的意见被采纳，但有轨电车的计划屡遭拒绝。一直到1906年英商上海电气建设公司将电车专营权接手之后，电车事业才有了实质性的发展，次年，南京路铺设有轨电车轨道[2]。[2] 1908年3月，第一条英商有轨电车1路开始通车运营，西起静安寺，东至外滩，途经南京路，全程6公里。至该年年底，公共租界一共开通了8条有轨电车线路，[3] 总长41公里，设机车65部。自1911年开始，有轨电车的客流激增，线路进一步增多、延长。1927年之后，公共租界开始侧重发展无轨电车和公共汽车。法租界的公共交通也紧随其后，在1912年至1937年间，两租界先后开辟了十余条跨租界公交线路来实现租界之间的互相通车[3]。在租界有轨电车运营良好的刺激下，华商电车公司也于1913年成立，相应基础设施由德国西门子公司承建，同年8月，华商1路电车通车。车辆和人口同时激增等诸多因素都加剧了道路的拥堵和交通安全问题，因此工部局于1920年制定了《交通规则》来管理、控制、指导和疏通租界内的车辆以及行人。

2
南京路道路铺设，1908年

正如法国总领事巨籁达（Louis Ratard）在1901年致公董局的文函中所说，要达到租界繁荣，唯一手段就是便利的交通。租界的公交企业从一开始就把人流量很大的主要商业网点作为其规划、加设运营线路的主要依据。华界的相关单位也认为，公共汽车路线的基本原则是“须经过公共机关、热闹市场、有名的公共娱乐场所”。[4] 公共交通的发展促进了城市人口日常流动，也进一步繁荣了商业市场。公共交通和城市商业繁荣区域有时候是相互成就的关系：店铺酒家争相在公共汽车线路的沿线开设，而后因为著名的商业场所带动大量的人流，促使日后新的公交线路也大多在其附近开辟。

除了上海城区公交系统的逐步完善，1908年、1909年沪宁线和沪杭甬线

1 张忠民：《近代上海城市发展与城市综合竞争力》，上海社会科学院出版社，2005，第64页。
2 陈文彬：《近代化进程中的上海城市公共交通研究（1908–1937）》，复旦大学，2004，第19–21页。
3 静安寺至广东路外滩，杨树浦路至广东路外滩，卡德路（石门二路）至虹口公园，北火车站至广东路，卡德路（石门二路）至芝罘路，静安寺路（南京西路）至北火车站，卡德路（石门二路）至茂海路（海门路），北火车站至东新桥（浙江中路北海路一带）。
4 陈文彬：《近代化进程中的上海城市公共交通研究（1908–1937）》，第98–100页。

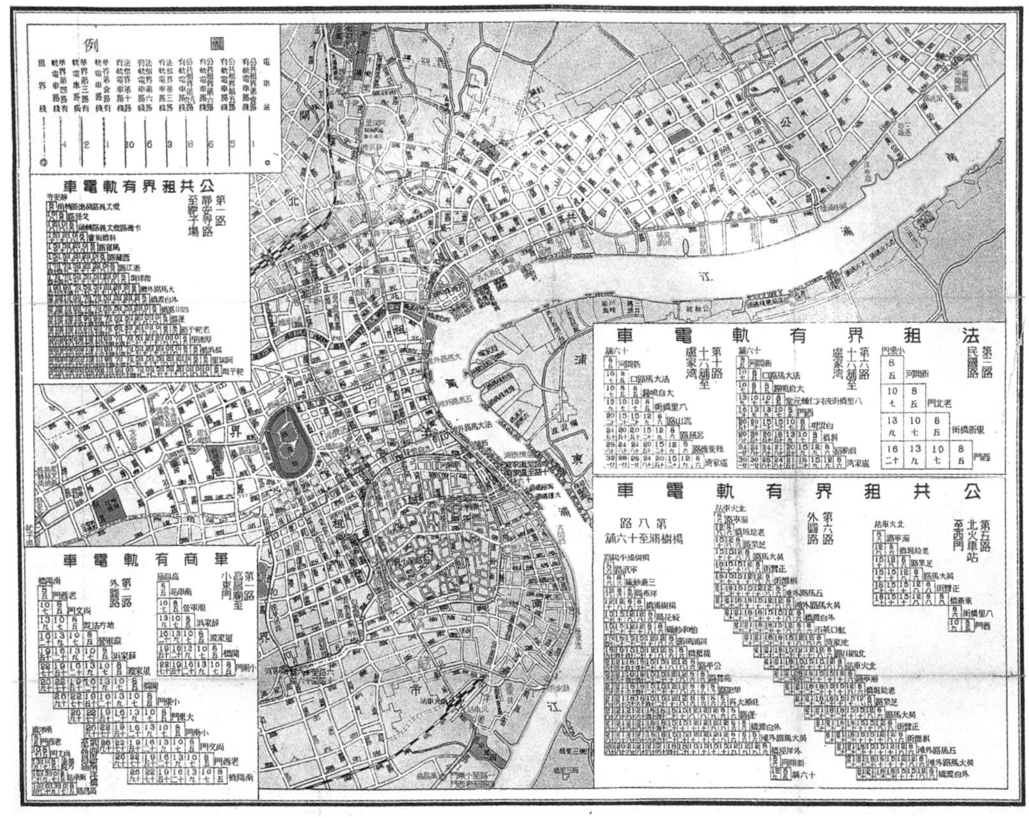

3
有轨电车线路图及价目表，1936年

两条铁路先后通车之后，周围城镇与上海的联系更加密切。总体来说，上海能成为中国最繁华的地方，与其交通系统之先进便利有很大的关系。

公共照明

除了道路建设，租界煤气灯的设置也在某种程度上改变了租界商业布局和业态。

在上海开埠之前的很长一段时间内，市民室内照明多用油灯，以豆油或菜籽油为燃料；室外照明则用蜡烛，外面用灯笼罩住。无论是室内还是室外照明，亮度都很低，且经不起风吹。照明的限制，使得上海大部分居民处于日出而作、日落而息的生活状态。开埠以后，煤油灯曾被引入上海，其亮度为豆油灯的四倍，西方人在马路两侧布置疏密相间的煤油街灯，然而其因燃油挥发性强、易于起火，故未广泛应用。

19世纪60年代，已经广泛用于法、英、美等国家的街头照明——新式煤气灯被引入之后，上海的照明设施进入了全新的阶段。1861年，上海外商发起组建上海大英自来火房，1865年11月11日正式向用户供应煤气。同年，为了让更多用户体验、接受新式煤气灯，自来火房在南京路东端安装了10盏煤气路灯，并于12月18日傍晚通气点灯，[1] 南京路在耀眼的灯光照射下，如同白昼。很快，煤气灯就大量使用于商店、戏楼、住宅。[2] 可以说，煤气灯的使用成就了上海“不夜城”之名，大大促进了南京路的商业繁荣。

但煤气事业很快迎来了劲敌——电气。虽然煤气灯几经改进，但电灯的亮度仍远高于煤气灯，且敷设难度又小于煤气灯，是社会发展的必然趋势。1879年，弧光灯就被引入上海，随着1882年纽约开始采用电灯照明，嗅觉敏锐的商人马上意识到这是全新的商机。同年，英籍侨民立德尔与美国克利夫兰的勃剌许电气公司签订协议，取得在中国内地和香港地区使用其电机设备的特权。[3] 同年，上海电气公司成立，于7月开始供电，并在外滩沿线的知名建筑物外安装了15盏电灯。[4] 在电灯刚出现的那几年，即1879到1906年间，煤气灯与电灯几经博弈，并没有在竞争中处于下风，始终保持良性发展态势，上海电灯使用量的增速并不乐观。[5] 转机出现在1907年，钨丝灯泡试制成功，因其低耗电、低成本，与煤气灯形成强烈对比，故而很快就被各个商店、住户广泛采用。

上海的城市景观因照明灯具的改进而大为改观。白炽灯为城市的夜晚提供了更多可能性：它使黑夜如白昼，让人们得以延续白天的活动；它使夜间变得更加安全，人们可以在晚上游公园、逛商店、看电影、宴请客人；它装点着上海的夜色，使上海的夜生活从此变得丰富多彩。

新建筑的引入

开埠之前，上海是一个典型的江南水乡市镇。县城不大，呈不规则的椭圆形，城内河道纵横交错，主要道路沿河而筑，水上交通比地面交通发达，河网、桥梁、道路共同构成城市的主要肌理。此时的上海虽然经济、贸易等方面已经是华东地区最发达的县城之一，但政治地位却非常低，正因如此，上海地方文化的最大特点便是它的自由、不受约束、包容性强。[6] 体现在建筑上，便是趋于灵活、

1 上海市公用事业管理局：《上海公用事业（1840–1986）》，上海人民出版社，1991，第24页。

2 “初设仅有路灯，继即行栈铺面、茶酒戏馆，以及住屋，无不用之。”转引自葛元煦:《沪游杂记》卷二，上海古籍出版社，1989，第38页。

3 马长林，黎霞，石磊：《上海公共租界城市管理研究》，上海百家出版社，2011，第338–339页。

4 南京路外滩至虹口招商码头长达6.4公里路段上的美记钟表行、礼查饭店、外滩公园、福利洋行等处。

5 最初的弧光灯耗电多、成本高，1906年钨丝灯泡的发明，降低了耗电成本，电灯才成为城市照明的首选。

6 多名学者作出类似结论，如罗小未认为上海处于儒家文化的边缘，见罗小未《上海建筑风格与上海文化》，《建筑学报》1989年第10期 第7–13页；伍江认为上海文化具有非正统性，见伍江《上海百年建筑史：1840–1949》，同济大学出版社，2008，第2–9页；郑时龄将此归结为上海具有先天的商业性特征，见郑时龄《上海近代建筑风格》，第134页。

追求实效的建筑形态：县城内，除了道台衙门和传统书院以及宗教建筑如龙华寺、静安寺等有明显的中轴线、院落空间的组织以及对称布局的形态，其他建筑包括城市形态都鲜少具备这些特征。[1] 如城隍庙湖心亭，以其多边形平面为特点，大小各异的尖顶和歇山屋顶相组合，高低错落，最能体现上海这种不拘章法、灵活自由的文化特点。

4
南京路街景，20世纪初

开埠初期，西方人在租界所建的房屋，大多是本着短期逗留而建的，并没有经过精心设计和规划。这些房屋沿黄浦江的西岸而建，由于地势低洼，常被潮水淹没；其建筑功能区分也不明确，一般都带有居住功能，且大部分建筑形式来自西方人在印度、东南亚等天气炎热的殖民地建造的外廊式建筑（Veranda Colonial Style），并不适合上海阴冷潮湿的冬季。因而当时有人评论这些外国人在上海建造的第一批建筑："绝无建筑之美，宜夏不宜冬，造屋者似仅以夏季为念，而不知冬季之重阳光也。卫生事项，尤无设备，垃圾等物堆置浦滩而已。"[2] 这些房屋无论从功能、形式还是质量上，都不及上海本地的传统建筑，加上开埠之初上海市民对于西方文化的鄙夷和轻视态度，所以在开埠后很长一段时间内，不论是租界还是城内，上海人的住宅和店铺都是按照原有的方式来建造。20世纪初，南京路中段[4] 沿街商铺仍完全是中国传统的式样，封火山墙、檐角起翘、挂落和木雕栏杆、精雕细镂的装饰都是其立面显著的特征。

与一般外侨不同的是，西方传教士到上海是抱着在此长期从事传教事业的决心的。所以他们精心设计教堂，使之尽可能贴近欧洲正统的式样。如西班牙传教士范廷佐（Ferrand Jean）1847年设计的董家渡教堂和徐家汇老教堂等。同时为了更好地使上海市民接受新的宗教，这些教堂在贴近人的尺度的细部设计中，也会把中国元素杂糅进去，如徐家汇老教堂采用中国式宫灯作为装饰，董家渡教堂的内外多处都有楹联。

19世纪80年代，上海建筑真正进入中西融合时期，普通市民在建造房屋时也开始去模仿西式建筑，如张园中的"安垲第"大楼和诸多西式娱乐项目。同时，西方人为了寻求中国人的认同和接纳，也有意识地将中国传统建筑语

1 郑时龄：《上海近代建筑风格》，第135页。
2 伍江：《上海百年建筑史：1840—1949》，第15–18页。

汇加到其设计的建筑中，圣约翰大学体育馆、怀施堂（1894）、会审公廨（1899）都是典型案例。但也多限于在西式建筑的顶上加一个中国式大屋顶，出檐很浅，四角起翘。[1]

从19世纪的最后十年开始，上海的建筑步入快速发展时期。上海租界的各种公共建筑已经逐渐抛弃了早期外廊式建筑形态，更加追求建筑的宏伟，追求比例构成的精准，追求细部装饰和内部装饰的豪华；西方人从欧美引入了更多新兴的建筑类型，如银行、交易所、博物馆、邮局等；西方职业建筑师也大量涌入上海，几乎垄断了上海所有重要建筑物的设计，他们独立开业，或是合伙组成设计师事务所，同时还从事房地产经营等。此后一直到20世纪30年代，上海的建筑建设量都是惊人的。四大百货公司的建筑也是在这样的大环境下建造而成的。

建筑类型

从上海开埠开始，西方各种新建筑类型逐渐引入中国，尤其是在20世纪开始之后，新的建筑类型迅速增多，其中有中国原来有类似的类型，如图书馆、学校、医院、警察局、剧场、天文台、旅馆等；也有部分是中国从未有过的，如银行、交易所、博物馆、体育馆、跑马厅、公园、俱乐部、邮局、消防站等。随着租界的发展和繁荣，越来越多的外侨打算在上海定居和工作，他们对建筑品味、建筑质量的要求也随之增高，建筑师们开始从欧美大陆借鉴适合的建筑形式，西方国家新出现的一些建筑类型也因此迅速传入中国，如电影院、大型百货公司、火车站、电车场、公共菜市场、电话电报局；还有专业性很强的工业厂房，包括发电厂、煤气厂、自来水厂等，更倾向于运用西方新的建筑技术、建筑材料。同时，在西方文化、生活方式的影响下，很多中国传统建筑类型也逐渐演变成新的建筑类型以适应新的功能需求，如茶园式戏院、里弄式住宅、近代学校等。[2]

建筑风格

从开埠之初到19世纪末，受限于建筑材料和工人技术，来沪外商建造房屋只能自行设计，再聘请中国匠人采用本地的建筑材料如土坯砖、青砖、小青瓦等来建造，最终建成的房屋非常简单，但表现出强烈的秩序感。这类建筑一般有一面或多面外廊，宽且连续，被称为殖民地外廊式，也称为买办建筑。[3] 与之并行的还有由传教士主持的欧洲正统样式的教堂。大约从19世纪

1　郑时龄：《上海近代建筑风格》，第141–144页。

2　伍江：《上海百年建筑史：1840—1949》，第69–72页。

3　藤森照信：《外廊样式——中国近代建筑的原点》，张复合译，载《建筑学报》，1993（5）：33–38.

60年代开始，外廊式建筑经历乔治王朝摄政时期样式、文艺复兴样式、安妮女王复兴样式等风格演变阶段[5]，欧洲正统建筑手法也逐渐开始出现在外廊式建筑中。[1]

20世纪初，上海进入移植欧美各种建筑样式的时期，西方职业建筑师在上海的活动使上海与正统欧洲建筑的差距明显缩短，钢筋混凝土技术的引进也使得上海建筑风格开始转变。同时，经过半个世纪的摸索和发展，租界的城市建设已经初具规模，各种类型的建筑都开始有比较明确的样式与之对应。这个时期的上海，建筑风格比较统一，古典主义建筑风格成了主导，新建的建筑在屋顶、檐部、转角塔楼、柱式、开窗等方面几乎完全采用西方古典建筑语汇，极少出现新建的殖民地外廊式建筑。[2] 这段时期建筑规模较小，其原型一般为18、19世纪欧洲的府邸建筑，总高大多为三层，立面采用对称和横向划分为三段的处理手法，但没有出现柱式，立面的窗户会采用连续券的方式。[3] 德国建筑师倍高（Heinrich Becker）设计的华俄道胜银行（1901—1905）开启了上海运用柱式作为立面主导元素的时代。[4] 很快，建筑师们不满足于单纯的移植，他们受到当时欧洲折衷主义的影响，在建筑细部设计中表现出追求巴洛克风格的装饰倾向。巨大的柱式、繁复的雕饰、卷涡式山墙、断裂的山墙，以及立面上错综复杂的曲面造成的强烈阴影效果，都在强调视觉的刺激性。巴洛克风格的装饰在上海已经没有了其发源地的宗教背景，它与古典主义结合，被运用在商业建筑上。[5]

总体来说，当时英、法两个租界对于其管辖范围内的街道空间及建筑风格、外立面的控制态度是不同的。法租界公董局担心若无规章制度的约束，城市空间会缺乏条理并最终导致街区卫生环境的恶化和商业的不景气，所以他们很早就制定专门的章程对街道沿线的立面进行控制，从建筑到商业，从个体到街道，再到整片区域，由点及线到面，从各个层面来对私人地产的开发进行约束。[6] 而公共租界的工部局则认为，“土地章程”赋予他们的是对建筑范围和高度等方面做硬性规定的权力，并没有赋予他们给业主规定卫生和美学方面的建筑控制的权力。[7] 因此，工部局也支持由业主和房客来决定建筑的形式与风格。如

1 郑时龄：《上海近代建筑风格》，第78–153页。

2 如这一时期建造的总巡捕房大楼（1892–1894）、工部局市政厅（1896）、英国邮局（1905）、德国邮局（1908）、福利公司大楼（1906）、惠罗公司大楼（1906）等。

3 建筑以美最时洋行、扬子保险公司、有利银行等为典型。

4 此后到20世纪30年代，大部分商业建筑的立面重要部位都有柱式的元素。

5 以先施公司（1914—1917）、字林西报大楼（1921—1924）、四明银行（1921）、怡和洋行（1920—1922）、上海邮政总局（1922—1924）等为代表。

6 例如法租界公董局曾在1914年决议颁布章程，禁止顾家宅公园附近建造中式建筑，沿街立面应为欧式风格，商业建筑须装配玻璃橱窗。

7 如随着公共租界高层建筑的增多，1919年工部局修改了1917年的建筑章程，规定沿街建筑物高度不得超过马路宽度的1.5倍，凡超过此规定的高楼，都须经过特别批准。

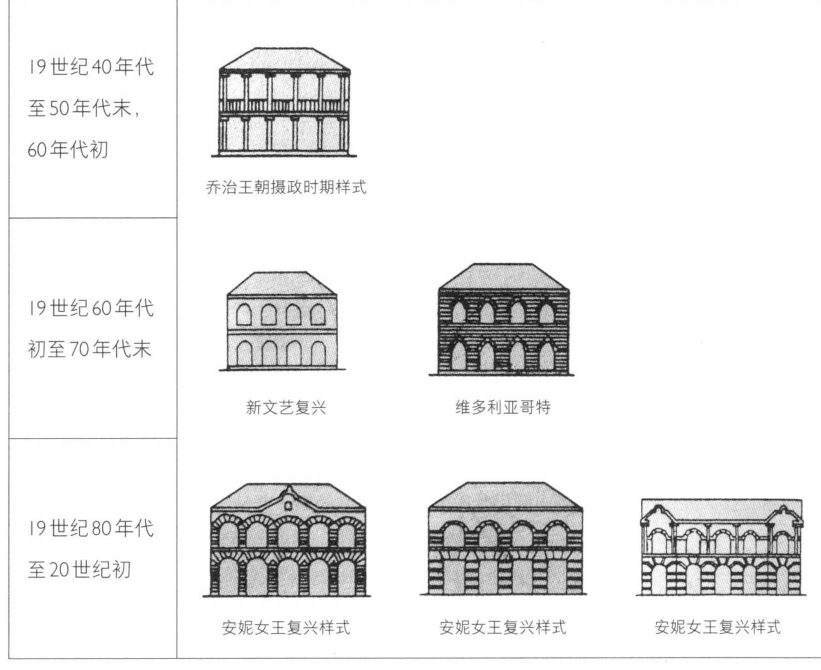

5
受英国建筑风格影响的外廊式样在上海的演变

住在百老汇路的一位外侨曾就“公共租界建筑类型和风格不统一”一事质问工部局，工部局的答复是：“工部局没有权力在任何地点规定建筑的类型，工部局愿意促成此类项目，但必须获得全体相关地产的同意。”[1] 这不同的态度也造成了公共租界内混杂的建筑风貌，西式建筑与中国样式的店面和住宅并置的局面很常见，相比之下，法租界就显得经过一番“精心布局”，整体风格比较统一。

商业概况：传统与现代的交织

传统商业的转变

至迟在秦汉时期，得益于丰富的自然资源、便利的交通、稳定的社会环境，江南地区的渔业、盐业、铸钱业和农业都很发达，社会经济已经有长足发展，其北部平原地区的经济发展水平比南部高很多。[2] 唐宋时期，水利工程的建设

1 牟振宇：《从苇荻渔歌到东方巴黎：近代上海法租界城市化空间过程研究》，上海书店出版社，2012，第282–283页。

2 黄今言：《秦汉江南经济述略》，江西人民出版社，1999，第16页。

使江南地区的洪涝灾害大为减少，进一步促进了该地区农业的发展；京杭大运河的疏通和海上贸易的兴旺促进该地区商业发展，江南的经济开始赶超北方地区，成为中国经济命脉所在。[1] 明初国都定在南京，促使南京发展成为全国最主要的消费型城市。此时江南地区也开始了早期工业化，劳动的分工和生产专业化已经非常普遍。[2] 清中期，江南地区乡村工业从业人数比率达到17.4%，城市人口占总人口的20%。[3] 江南经济发展的另外一个特点便是对外贸易的发达。纵观中国历史，各朝代政府对于海外贸易兴趣各不相同，对海外贸易的政策也是时常变化，但总体来说，从秦汉一直到清中期，中国出口的商品多为瓷器、矿产、丝帛之类，输入的商品则大多为犀象、珊瑚、珍贵木材等奢侈品，海外贸易最重要的出入口，便是广州、厦门、宁波、上海等港口城市。清代中后期的海外贸易更为发达，它成了沿海地区人民赖以生存的主要手段，官僚、富户、手工业者，甚至农民与知识分子都会积极投身其中，其中比较典型的有郑氏海商集团、官商、民间商人以及华侨商人。

上海地区的商业最早起源于什么时候已经很难去考证，但是至迟在秦汉时期已经比较发达。得益于江南经济的发展，上海地区的商业、盐业、航运业、传统渔业等在唐代已经非常发达。到了宋代，纸币的流通、农具的改进、农田的开辟和水利的新修，为上海地区农业的发展创造了极好的条件；华亭县区域内集市的兴起、市场的扩大，都在促进商业呈良好态势的发展；同时上海与日本、朝鲜等国都有长期的商贸关系。

明代开始，上海社会经济发展更快，商品流通更活跃，商业进入全新发展的阶段。上海逐渐成为全国手工棉纺织中心，棉花和棉布转销于全国各地。随着手工业的发展，染料、木器、纺车和各种工艺品等越来越多的商品远销外地。明代中期以后，商人的地位也有所提高，他们不仅可以出钱买官，还可以让子弟通过科举考试做官。此时的商人也突破了城市市场的局限，深入到农村集市，游走于各个乡村的产地市场或农村初级市场。

清代康熙年间，长江三角洲商业中心已经初具雏形，上海地区进入史上发展最快的一个阶段。作为全国棉织业、造船业的中心，上海带动着长三角地区商业和贸易的发展。对闽、对粤，以及南洋航线贸易的盛行，使上海县城东门外非常繁盛，“闽、广、辽、沈之货，鳞萃羽集，远及西洋暹罗之舟，岁亦间至，地大物博，号称繁剧”。[4] 上海成为货运中转交换的一个站点，南北船运在此

1 郑学檬，陈衍德：《略论唐宋时期自然环境的变化对经济重心南移的影响》，《厦门大学学报（哲学社会科学版）》1991年第4期第104–113页。

2 李伯重：《理论、方法、发展趋势：中国经济史研究新探》，清华大学出版社，2002，第33–34页。

3 余同元：《明清江南早期工业化社会的形成和发展》，《史学月刊》2007年第11期第53–61页。

4 《嘉庆上海县志》序，转引自：郭太风，廖大伟《东南社会与中国近代化》，上海古籍出版社，2005，第24页。

停靠、汇集，带来各地货物，在此交换、贸易。然而，由于清晚期政府对外实行闭关锁国的政策，对外贸易的港口纷纷关闭，仅留广州一处，上海的对外贸易市场一直没有广州繁荣。

上海超越广州成为中国最重要的港口城市还得从上海开埠说起。在开埠之后一个月，就已经有满载货物的外国商船驶入黄浦江，到达港口，商船数量呈指数上升，中国对外贸易的中心逐渐由广州转移到上海。同外贸密切关联的行业，如洋布、百货、五金等经销进口货物的行业发展得尤其迅速。

开埠之后，老城厢的商业最先兴旺起来。大东门、小东门以及南门一带也由于外国商船的增加繁荣很多，上海的商业分布逐渐向小东门内的三牌楼、四牌楼、方浜路等处延伸。租界地区的商业最初集中在外滩一带的洋行，随着租界人口的剧增，中外商人纷纷集中在上海租界的商业区，如广东路、山东路、山西路、南京路、河南路、福州路、湖北路等，这些街道两旁的商业网点很快繁荣起来，到处都有店铺、茶楼和酒肆[6]。开埠仅仅十多年，上海作为中国对外贸易中心的地位就已经日益显露。到19世纪80年代，租界的繁荣程度已经超越老城厢，上海的商业区域逐渐从老城厢内及其周围向北拓展至租界外滩附近。如上海的洋布店，在19世纪50年代，有店址记录的总共有14家，其中8家开设在老城厢及附近，6家在租界内；至1880年左右，洋布店25家，位于租界和老城厢的商店数量基本相等；到20世纪初，上海的洋布店大部分都集中在租界内部了。1906年，上海租界华商行业已经达到52个，总计3177户商铺，英租界达1885户，美租界679户，法租界384户，公共租界229户。[1] 总体来说，在既靠近老城厢又离外滩比较近的地方形成了比较集中的商业区，其中以广东路、福州路、湖北路等市面最为繁荣[7]。南京路作为离老城厢相对较远的一条马路，商业不及广东路繁荣，餐饮、娱乐业也不如福州路，而福州路[8]是当时保留中国传统生活方式最多的一条马路，也创造出很多能够为中国人所接受的现代化生活方式，[2] 因此该阶段的租界商业区以福州路为最盛。

开埠之后，一种新的零售商业模式也逐渐兴起。

1　朱国栋，王国章：《上海商业史》，上海财经大学出版社，1999，第114页。

2　李天纲：《人文上海——市民的空间》，上海教育出版社，2004，第63页。

南京路的发展

开埠之初，侨民在今河南中路与江西中路一带建造了上海第一个跑马场，经常举行“五柱球”的比赛，春秋两季则举行赛马比赛，场内种植了很多花草树木。上海人称之为“抛球场”或“老花园”。为了方便马车的通行，1851年修筑从黄浦江到老花园这东西向一华里的通江便道——这就是南京路的发端，名为“Park Road”，上海人称之为花园弄或派克弄。[1] 1854年，花园弄向西延伸到浙江路。1865年，随着公共租界的扩大，花园弄向西继续延长至今西藏中路，更名为“南京路”，住宅和娱乐场所多集中在西段，[2] 商业主要集中在河南路以东路段。

总体来说，南京路的商业发展过程有三个阶段：从建成至19世纪80年代，南京路的商铺主要集中在今河南中路至外滩之间路段，以洋行和京广杂货店为主。河南中路至浙江路一带已有连片的店铺，靠近西藏中路一端仍是田园景象。

19世纪80年代至民国成立前夕是南京路商业发展最快的时期。这段时间，英商四大百货公司陆续在南京路东端创办，从河南中路到外滩由百货公司和洋行占据，河南路以东至浙江路一带，则由一些比较注重商品档次和质量的商铺进驻，南京路由此迅速繁荣起来。1888年，南京路已经成为上海比较繁荣的商业街之一，沿路有名气的商店达23家。[3] 从图9中可以看到，靠近今西藏中路一带，沿街建筑以西式两层楼、小体量楼房为主，并有很多空缺。而靠近浙江路一带4，已经是鳞次栉比的商业店铺，多为两层楼，大部分为中式建筑，带有封火山墙、坡屋顶，二楼房屋沿南京路出挑做阳台。多数店铺的屋顶为攒尖顶，店铺招牌高悬于屋檐下。南京路的东段10虽然聚集着英商四大公司和洋行，但其建筑尺度仍不算很大，如南京路上最大的商场福利公司，为三层、六开间、六进深的建筑。1894年到上海旅游的奥地利人海司（E. V Hesse-Wartegg）曾这样描述：

“外滩通往城内的所有街道，都是以欧式起始，以华式终结，……高大的石头建筑没有了，取而代之的是越来越多的木头房子，房子越来越低矮，店门前到处都挂着长长的店招牌，欧洲南京路就变成中国南京路了，不过街道并不因此变窄，而是继续保持着开始时的宽度，一直到尽头。”[4] 1906年南京路外滩到江西路一带的路面用铁藜木块铺筑，就有了“北京的蓬尘伦敦的雾，南京路上的红木铺马路”这样的民间谚语，在道出新型路面材料给上海市民带来的新

1 陆兴龙：《近代上海南京路商业街的形成和商业文化》，《档案与史学》1996年第3期第50–54页。

2 程恩富：《上海消费市场发展史略》，上海财经大学出版社，1997，第122页。

3 于谷：《上海百年名厂老店》，上海文化出版社，1987；吴桂芳：《近代上海的“十里洋场”篇》，《社会科学》1979年第2期第115–123页。

4 牟振宇：《从苇荻渔歌到东方巴黎》，第50–51页。

6

南京路街景，1870年

7

山东路街景，1910年

8

福州路街景，1907年

9

南京路劳合路，1884年

10

南京路，江西路以东，
19世纪末

11
20世纪20年代的南京路

奇感受之外，还体现了上海作为当时独一无二的重商城市，将最好的材料用于商业最繁盛之处，而非权贵集居区或政府行政区域。这更加说明了当时南京路的商业地位。

从民国成立到抗战前夕，南京路进入了以寰球百货业和厂设门市部为主的新阶段。寰球百货业有永安公司、丽华公司、先施公司、新新公司、大新公司、中国国货公司六家，其中以本书论述的四大百货公司规模最大，功能最为复杂，对市民影响最大。这个阶段，南京路进入了其历史上空前繁荣的时期，也奠定了南京路作为上海最重要的商业街的地位。也正是由于这段时期的发展，在新中国成立后，南京路一直享有“中华商业第一街”的盛名。这个时期南京路出现了几座巨大体量的建筑，即四大百货公司大楼。从图[11]中可以看出南京路完全是另外一番景象，沿街商业店铺大多不再是之前的中式木构楼房，而是以石库门为主，二层，坡顶，局部开有老虎窗的民居。而图中最显眼的建筑物莫过于新新、永安、先施三个百货公司的大楼，这三座巨型构筑物伫立在南京路的街面，永远改变了南京路的街道景象。于是便有了这样的诗：

"飞楼十丈凌霄汉，车水马如龙，南京路繁盛谁同？先施与永安，百货如山阜且丰；晚来光景好，电光灿烂照面红：摩肩接毂来匆匆，开城不夜，窟岂销金？商业甲寰中，这真是春申江上花，娇艳笑春风，不待尔醉我亦醉，微醉兴偏浓，大家高歌进行曲，且歌且行乐融融。"

——苏梅，《南京路进行曲》

百货公司的兴起

开埠后，外商倚仗特权在上海开设了大量进出口洋行，其主要业务除了鸦片外，还有纱布、各种五金器材、颜料，以及各种日用百货、洋酒、食品。洋行发展的同时，外国人也开始在他们聚居的南京路靠近四川北路和江西路一带设立百货商店。1855年，爱德华·霍尔（Edward Hall）和霍尔茨（And Holtz）福利公司（Hall & Holtz Co. Ltd）在福州路四川路路口联合创办了福利洋行，这是由一家面包房（霍尔于1848年创立）扩展经营的杂货店，也是目前所知的侨民在上海开办的第一家小百货商店，该杂货店店面装潢并不考究，类似于洋行的门市部和陈列所。随着这些洋百货公司资本的积累和租界区域内商业的繁荣，以英国人生活为标准的上海私人生活成为权贵群体追逐的目标。1870年，福利洋行易手，奈特（Henry Knight）等人接手之后，先后进行店面装潢和大橱窗的商品陈列，所经营商品也转而偏重于高端商品，两年后公司迁至四川路南京路转角处[12]。[1] 1883年，福利洋行更名为"福利公司"。1892年，该公司在社会上集资200万元，改组为有限公司，经营范围大为扩展，除了经营日用百货外，还从世界各地进货，供应世界各地的品牌商品。福利杂货店的改组标志着中国第一家百货公司的成立。1893年，福利百货公司在南京东路和四川路交界处建成新的百货大楼。公司一层出售服装、绸缎、洋布和妇女用品；楼上各层出售家具、瓷器、钟表和首饰等。公司出售的都是高档商品，采购的都是英美上等货，价钱较普通洋行更贵。1904年福利公司发生火灾，楼房全被焚毁，次年重建[13]。20世纪30年代，福利公司将南京路的营业大楼卖给哈同洋行，[2] 同时购进静安寺路（今南京西路190号）地块再建公司大楼，营业面积扩大十余倍。[3]

1 上海百货公司：《上海近代百货商业史》，第9–11页。

2 徐金德：《"福利封"收件者名址的查考》，载新浪博客，http://blog.sina.com.cn/s/blog_49fc3df50102y2nm.html，访问日期：2018年12月10日。

3 刘善龄，刘文茵：《画说上海生活细节（清末卷）》，学林出版社，2011，第100页。

ADVERTISEMENTS.

NOTICE.

THE partnership which has heretofore subsisted in Shanghai between Mr. EDWARD HALL and AND. HOLTZ was dissolved by mutual consent upon 31st August last.

All liabilities up to such time will be settled by our Mr. THOMAS ALEX. COWDEROY, who acts as Liquidator, and any outstanding accounts should be at once paid to him.

HALL & HOLTZ.

Shanghai, 21st Dec., 1870.

REFERRING to the above notification, Mr. HENRY KNIGHT, Mr. HENRY EVERALL, Mr. WILLIAM HENRY SHORT, and Mr. HENRY DYER have taken over our Shanghai business from 1st September last, and will continue the same under the old style and firm of

HALL & HOLTZ.

28de 84 Shanghai, 21st Dec., 1870.

12

13

14

15

12

福利洋行二则启事，1870

13

福利公司，1897

14

惠罗公司外景

15

惠罗公司

汇司公司（Weeks & Co.Ltd）由英侨约克（George E. York）创办于1875年，设于宁波路浙江路口，主营绸布与服饰业。1895年英侨朱满（Thomas E. Trueman）成为公司业主，随即将公司迁到南京路江西路口，1901年该公司又通过社会集资改组为有限公司。改组后业务有较大发展，增加家具、日用百货业，成为上海主要的外资百货公司。

泰兴洋行就是现在的连卡佛（Lane Crawford），其总公司于1850年在香港创立。上海的泰兴公司创办于1895年，地址设在南京路外滩，主营呢绒绸布、服饰用品、食品杂物、酒类、家具、船具、女服女帽等；该公司最大的特色是各部门自成系统，代理有业务往来的欧美工厂或商店的商品。当时有上海市民称，进了“泰兴”可以买到世界上的任何商品。泰兴公司规模一直跻身老上海四家外国百货公司之首。[1]

1904年，惠罗公司（Whiteaway & Laidlaw Co. Ltd）相关人员来上海筹划设立分公司，在福利公司对面位置，买进一块地皮，用来建造公司大楼。惠罗公司于1907年正式开业[14][15]。早期，公司的服务对象主要是侨民，但是随后他们发现上海华人的消费观念并不比侨民落后，购买能力也不比侨民低，而且华人的数量远远超过侨民，因此转而把服务对象定为上层华人。

20世纪初，福利、汇司、泰兴、惠罗四家外资百货公司被人们称为“南京路上早期‘四大公司’”，这四个公司集中在南京路的东头，即江西路以东的南京路上。在他们的影响下，许多商家争相进驻南京路。因此，上海南京路的东段在1900年前后已经成为全国著名的商业街了。[2]

英商四大公司虽然创办较早，但它们对中国零售业的发展并没有直接的影响，对华人的影响也不大。[3] 因为这些百货公司的客户以旅居上海的外侨和传教士为主，门口由印度保安把守，店内的营业员也是讲英语的外国人，所售大部分商品也并不符合中国人的消费习惯。[4] 真正引导上海百货商业进入全盛状态并最终使南京路街道整体繁荣的决定性因素，正是本书所关注的以永安为首的四大百货公司。

1　刘善龄，刘文茵：《画说上海生活细节（清末卷）》，第100页。
2　薛理勇：《旧上海租界史话》，上海科学院出版社，2002，第221–230页。
3　菊池敏夫：《战时上海的百货公司与商业文化》，《史林》2006年第2期第93–103页。
4　上海社会科学院经济研究所：《上海永安公司的产生、发展和改造》，第48–49页。

消费文化和市民生活：现代化的转身

消费是人类永恒的主题，学术界对消费社会起源时间有各自不同的定义。如麦肯德里克（Neil McKendrick）认为消费社会产生于18世纪的英国，[1] 而罗莎琳达·威廉斯（Rosalind Williams）则认为起源于19世纪的法国，钱德拉·穆克吉则认为早在15、16世纪的英格兰，消费社会就已经出现了。[2] 无论消费社会起源于何时，可以确定的是，在15世纪后期已经显现出奢侈消费和纵情享乐的意识或者说苗头。如德国学者维尔纳·桑巴特（Werner Sombart）认为，奢侈消费的趋势早在15世纪后期就已经形成了，在那个年代纯粹享乐主义审美观直接导致人们对于奢侈的追求。奢侈包括两个方面：量的方面和质的方面，即挥霍和使用优质物品，包括吃喝、穿戴以及性。最典型的人物就是路易十四，是他首先使奢侈达到了真正豪华壮丽的境地。[3] 同时期的英国也不能例外，伊丽莎白时代的宫廷消费前所未有地追求奢华，贵族们之间还进行消费的竞赛和攀比，来获得家族的社会地位，提高家族的威望。[4] 这一时期王公贵族大都是带有一种政治目的而竞相奢侈消费。

这场消费意识的转变到18世纪有了进一步发展，此时奢侈消费竞争的动力来自文化和市场，并且普通百姓也加入了这场消费盛宴中。如路易十五的情妇蓬巴杜夫人（Marquise de Pompadour）趣味高雅，在各个方面都确立了一种时尚，全巴黎的富商家眷对她所确立的时尚都趋之若骛。市场也积极地参与到时尚的制造中去，并且创造了“新”产品的市场需求。同时，18世纪中叶，英国率先完成工业革命，成为第一个工业国家，随后的法、德、美、俄、日等国家先后加入工业革命的行列。这场史无前例的技术革新彻底改变了传统的生产方式，大大提高了生产力，市场上的商品也越来越丰富。生产和消费是互为

1 Neil McKendrick, *The Birth of a Consumer Society: The Commercialization of Eighteenth-Century England* (Brighton, England: Edward Everett Root, 2018).

2 王文生：《十八世纪英国消费革命初探》，武汉大学，2001，第18页。转引自郑红娥《社会转型与消费革命：中国城市消费观念的变迁》，北京大学出版社，2006，第58–59页。不同学者对“消费社会”这个概念理解不同，除上述三种时间定义之外，还有约翰·沙斯克认为消费社会产生于16、17世纪的英国，日本学者堤清二认为在某个小团体中存在一个“消费社会”。总体来说，大多数西方学者认为消费社会是在20世纪50年代以后才出现的，并且都倾向于用这个概念来揭示晚期资本主义社会的特征。

3 维尔纳·桑巴特：《奢侈与资本主义》，王燕平、侯小河译，上海世纪出版集团，2005，第84页。

4 李琴：《从勤俭节约到消费至上：对西方消费文化的唯物史观解读》，《理论与现代化》2006年第2期第82–86页。

刺激的：商品种类和数量的增加刺激了市民的购物欲望，同时强烈的购物需求又反过来促进商品的生产。到19世纪，从前被视为奢侈品而遥不可及的东西成为商品，在富有市民阶层中扩散，成为日常必需品，如地毯、银质餐具、丝质礼帽、各种饰物和服装等，都能在市场上买到。消费已经不再被视为是可耻的、玷污灵魂的举动，而是被视作努力工作的一种合理回报。奢侈品成为进入上流社会的敲门砖，新晋的富翁渴望获得上流社会的认可，通过积累金钱进而拥有标志社会地位的昂贵附属品来彰显自己的社会地位。百货商店的出现使商品在数量、种类和质量上都达到一个前所未有的阶段。

这种盛行于宫廷的奢侈之风蔓延到所有与宫廷有联系或者以宫廷生活为榜样的集团，将奢侈习惯变成一种生活方式，继而激发暴发户和富户对奢侈的追求。一方面，人们从大量享乐品中得到前所未有的纯粹的物质快乐；另一方面，人们急切想跻身于上流社会，这两个出发点一起推动着整个社会的奢侈需求。

20世纪初，第二次科技革命带来的技术革新使大众高消费的生活方式成为了可能。[1] 先进的生产技术使劳动生产率进一步提高，日常耐用的消费品和奢侈品已经不再仅仅是上流社会和暴发户独享的特权，普通大众也能享受。消费越多就代表着个人或家庭拥有更舒适的生活条件，于是消费成了评判是否成功的一个标准。[2]

总而言之，正如布罗代尔（Fernand Braudel）在其著作《15至18世纪的物质文明、经济与资本主义》一书中强调的，消费革命在西方文明发展中起着非常重要的作用，消费的形塑与西方新的空间观念的形塑是相辅相成的。[3] 日常消费、社会风尚与城市空间之间有着无法忽视的联系。

消费时代的缘起与上海的关系

同样，在古代中国很长一段时间内，奢侈消费也仅仅停留在宫廷之内、权贵之间，整个社会民风淳朴，以勤俭为德。但随着商品经济的发展，明朝中期开始，工商业从业者的社会地位逐步提高，社会风气由淳朴逐渐转为奢侈，明代人陆辑的“崇奢黜俭”论是典型的代表。江南作为明朝经济最为发达的地区，奢侈消费之风尤盛。有研究表明，江南地区最迟从明朝中叶开始，已经属于高

1 如以福特制为代表，建立在流水线分工基础上的劳动组织方式和大批量生产模式，有效提高了生产率的同时也提高了工人的薪资水平，使整个社会的消费水平大幅提高。

2 李琴：《从勤俭节约到消费至上》。

3 陈坤宏：《消费文化理论》，扬智文化事业股份有限公司，1995，第14页。

消费地区，消费水平高于同期全国的平均水平，日常必需品的开销仅占所有开支中的微弱比例，社会风气已经逐日奢靡。[1] 其主要表现有：饮食菜肴方面的高消费、住宅园林的讲究、衣着服饰的鄙朴崇奢、陈设用具的精巧、文化娱乐的盛行、婚丧寿诞的繁复礼仪等方面。[2] 究其成因，商品经济的发展和社会风气的转变是互为因果的：首先明代中后期经济发展促使社会开始向消费型社会转型；其次封建制度的禁锢使得人们积累起来的财富很难用于扩大再生产，因此大部分财富流向消费领域；同时，政治的腐败对奢侈性消费方式也是一个强有力的支撑，官僚俸禄和法外收入是消费的主要经济来源，奢侈的消费不再限于王公贵族之间，作为明朝国都的南京一度就是一大消费型城市；还与人们虚荣攀比的心理有关，主要体现在婚丧寿诞方面，[3] 这种消费的特征便是穷奢极欲、消费过度。[4] 奢侈消费的风气在清初顺治年间稍稍收敛了一段时间之后愈演愈烈，逾越了等级制度和礼法秩序的束缚，逐渐渗透到社会各个阶层。[5]

上海由于官方极力提倡节俭、批评奢侈，以至于奢侈性消费观念在民间社会也只是偶尔有言论从其社会功能方面给予肯定。[6] 自古以来，上海地处政治边缘，也处于儒家文化影响的边缘地带，又有着悠久厚重的商业传统，同时还深受江南地区消费文化的影响。奢侈的消费观念虽不被提倡，但也一直存在于广泛的社会群体中，尤其在由商业活动发家致富的商贾之中。在1832年，林赛（Hugh Lindsay）曾这样形容上海："是这个帝国最富有、奢华的最大商业城市之一，……城中街道狭窄，商店规模都不大，但陈列于货架叫卖的货物却琳琅满目，其中还有许多欧洲货物。"英国人马丁（R. M. Martin）也曾这样描述鸦片战争前夕的上海县城："店铺多得惊人，各处商业繁盛，一进黄浦江就看到江上帆樯如林，表现出上海在商业上的重要性。"[7]

在开埠之后，商业的进一步繁荣给商贾们带来了更多的盈利机会，也因此积累了更多的财富，更加刺激他们的消费欲望。太平天国和小刀会运动期间，大量江浙富户逃至上海避难，他们随身带来大量的财富，在上海安家落户的需求进一步刺激了奢侈消费的市场；新晋的富商大部分出身低微，为了提高其商业信誉或是掩饰其贫穷出身，也更倾向于在人前进行炫耀性消费；19世纪末通过外侨引入的西方上流社会生活方式，刷新了上海市民的消费观

1 傅衣凌最早在20世纪50年代提出明中后期江南地区"俗尚奢靡"的问题，80年代到90年代学术界对明清时期奢靡之风的研究进入高潮，总述性论文可见：钞晓鸿《明代社会风习研究的开拓者傅衣凌先生——再论近二十年来关于明清"奢靡"风习的研究》，载陈支平主编《第九届明史国际学术讨论会：暨傅衣凌教授诞辰九十周年纪念论文集》，厦门大学出版社，2003，第9页。

2 王家范：《明清江南消费风气与消费结构描述》，《华东师范大学学报（哲学社会科学版）》1988年第2期第32–42页。

3 钞晓鸿：《明代社会风习研究的开拓者傅衣凌先生》，第9页。

4 王家范：《明清江南消费性质与消费效果解析》，《上海社会科学院学术季刊》1988年第2期第157–167页。

5 王卫平：《明清时期太湖地区的奢侈风气及其评价》，《学术月刊》1994年第2期第51–61页。

6 王儒年：《〈申报〉广告与上海市民的消费主义意识形态》，上海师范大学，2004，第33页。

7 伍江：《上海百年建筑史：1840—1949》，第3-4页。

念，也为其生活方式的转变提供了一个样板；清政府在租界丧失了行政权力，崇尚淳朴的言论和命令也不再具有说服力和权威性。[1] 上述诸多原因共同促使上海市民争相逞奢，成为一种不可逆转的社会风气，甚至成了评判人物的新价值尺度。[2] 人们普遍在乎的是经济实力和消费能力，而不再是个人的出身和修养品行。虽然此时的清政府仍然在强调崇俭黜奢，但始终收效甚微。[3] 这个阶段，消费内容也大大丰富，如娱乐消费方面除了传统的茶馆、庙会、戏院、妓院等之外，还加入了很多西方人的娱乐内容，如跑马场、弹子房、各国总会、俱乐部等。

清王朝的倾覆，民国的成立，使传统崇尚俭朴的道德伦理彻底失去了政治权利的依托，奢侈性消费扫除了最后一道障碍，迅速发展。此后，新文化运动对传统文化的抨击，也间接促进了奢侈性消费的发展。无缝不入的广告为新时代的消费提供了道德的合法性，为市民描绘了美好的生活愿景，并将消费宣传成人生的目的和意义。在诸多外部条件的影响下，上海各个阶层的市民都投身于这场史无前例的消费热潮中。

可以说，上海的商业传统、重商观念以及奢侈性消费之间存在着密切的关系，它们三者共同建构、相互刺激，为百货公司的繁荣提供了基础。这也是上海民族资本百货商店创立前夕，上海消费文化的一个基本写照。

上海市民消费观念和生活方式的转变

正如上一节所述，上海在开埠之前，中国传统的消费观念仍然是主流。其主要表现有以下几点:消费是分等级的，贵贱有别，如庶民不能使用丝绸材料、禁用鲜艳色彩；消费支出重视精打细算，强调储蓄；崇俭黜奢；自给自足，传统农业和手工业相结合，除了少数品种需要通过买卖获得，其他基本生活用品大多是自给自足。

上海在开埠前后，消费观念逐渐发生改变，首先是流行时尚性的消费风气悄然兴起。[4] 主要体现就是崇洋消费观念的勃兴。事实上早在乾隆时期就已经出现以洋为贵的思想，但仅限于宫廷苑囿。到道光年间，随着洋货的大规模进口，

1 王儒年：《〈申报〉广告与上海市民的消费主义意识形态》，第33–36页。

2 1873年开始，流行于上海社会的“七耻四不耻”，七耻包括“一耻衣服之不华美，二耻不乘轿子，三耻狎身份较低的妓女，四耻吃价钱不贵的饭菜，五耻坐便宜的独轮车，六耻身无顶戴，七耻看戏坐价值最廉的末座”。四不耻包括“身家不清不为耻，品行不端不为耻，目不识丁不为耻，口不能文不为耻”。转引自佚名：《申江陋习》，《申报》1873年4月7日。

3 1878年4月，上海道台以官府的名义在《申报》上发表《崇俭黜奢示》。

4 所谓流行时尚性消费，即在较短时间内，在较大规模的人群中对某种商品种类或式样等群起崇尚、竞相效仿、争相购用的群体消费效应，时尚品往往是人们可普遍购用并有一定观赏性的物品。转引自：李长莉《晚清“洋货流行”与消费风气演变》，《历史教学（下半月刊）》2014年第1期第8页。

上海民间的富庶人家已经出现以洋货为美的思想。洋布、雪茄、西餐、金笔等等，都是上海人们趋之若鹜的消费品。当时的广告中，对于洋货的消费是高贵身份的象征，是美和时尚的标志。尤其在辛亥革命以后，上海市民几乎所有日用之物都追求使用洋货，对国产货物产生一种鄙夷之情。

其次等级消费观念逐渐消失，追求平等的消费观念迅速被市民接受。传统消费制度对于哪个等级的人物可以享受什么等级、什么色彩的物品有着明确的规定，“僭越”是非常严重的罪名。但在开埠后的上海，已经无法从服饰用品上区分一个人的身份地位。辛亥革命更是给等级消费观念致命一击，人们在选择生活用品时不再从身份贵贱出发，而是以美观、新奇为首要考虑。

16
汽车广告

由平等消费发展出另一种消费观念，即炫耀性消费。人们购买洋货、奢侈品，并不是出于其应用的价值，而是为了满足心理的需求以及社会增值。尤其是在上海从事进出口贸易的商人和买办，他们大多来自广东、福建、浙江，只身在上海扎根，低微出身、外来的身份以及快速致富，使得他们急于向外界展示其成功和能力，因而竞相购买新奇、贵重的物品来炫耀。上海的文人、商贾以及一般市民也紧跟其后，与富商巨贾不同的是，文人购买奢侈品大多出于社交需要。

及时行乐的消费观同时也流行于上海市民之间。“申江自是繁华地，岁岁更张岁岁新，解取及时行乐意，千金一刻莫因循。”[1] 在奢侈性消费的过程中，上海市民无意识中把消费和人生的快乐联系在一起。商品的消费，实质上是与人相当密切的衣食住行等方面的消费，在物质丰富到一定程度的时候，它能够给人们带来感官的刺激和享受——这一点在20世纪初的上海已经为市民意识到了。消费因此和身体的舒适、健康，和人的幸福快乐，以及人生的意义和目的联系在一起。如20年代汽车广告[16]，强调交通工具仅有快速是不够的，其颠簸程度、油烟气味、车厢的密闭性能都可能使肉体备受折磨，而乘坐汽车，不会让肉体受到亏待，反而会带来无上享受。[2] 及时行乐的消费观念让人们更加义无反顾地投身于消费浪潮中去。到了30年代更是如此，老舍1935年发表

1　袁祖志：《续沪北竹枝词》，载王儒年《〈申报〉广告与上海市民的消费主义意识形态》，第35页。
2　王儒年：《〈申报〉广告与上海市民的消费主义意识形态》，第72–107页。

的《创造病》中就描述了一对杨姓夫妻为了别人眼中的体面，超额消费，过着月光的生活，先施公司在小说中就是这种体面生活必需品的购买地。

在洋货的新奇热潮退去之后，上海的消费市场逐渐趋向理性的实用性消费，主要体现在低档的消费品市场，它们与时尚、高档不沾边，市民对它们的选择也仅仅依据“经济实用”这条准则。此时，低端的小洋货进入必需品的行列，成为城乡居民的日常生活用品。对于市民来说，市场上已经有大量的同类商品可以比较、自由选购，国货、土货还是洋货已经不再重要，重要的是性价比。这也是与近现代大生产和大市场相适应的消费方式。[1]

同样，1914年前后，消费观念的转变、市民公共空间的出现、单身人口和小家庭比例的上升，这些因素共同促进了上海人生活方式的转变。[2]

物质生活方面

洋货的大量输入与普及，人们生活的市场化，彻底改变了市民的生活方式和消费习惯。到1870年前后，人们就以购用洋货为时尚，社会上形成洋货流行之风，对土货造成了毁灭性的打击。低档日用品方面，如煤油输入后，煤油灯的使用让更多商店晚间营业时间增长；在19世纪70年代的沿海城市及长江流域地区，进口缝衣针的使用已经非常普及，到1891年，针的进口量达到31亿枚，几乎全中国的缝衣针都是进口的，彻底取代了传统的缝衣针；火柴在1867年传入中国之后，先是在通商口岸流行，继而辐射到全国范围，至1871年，在沿海城市，火柴基本取代了传统打火石和火镰，使市民日常生火、取火更为便捷。[3] 其次，在中高档洋货方面，西方布料的引入使人们在衣料选择和着装习惯方面也发生了变化，从之前富贵人家使用丝绸、皮毛转变到洋纱、洋布。衣服的款式由之前“不露分毫”转变为“上则见肘，下则露膝”。又如，上海人在清末就已经经历了对西服从看不惯到习以为常，再到乐于穿着的过程。最初仅仅少数留过洋的华人穿着西服，很快便有一部分上海人戴上了礼帽、穿上了衬衫、套上了西装、蹬上了皮鞋，上海马路上穿长衫马褂和西装的人混杂在一起。[4] 女性的新式衣服也由泰兴公司等大力宣传畅销，“适合中国妇女，紧俏体贴的英国新式奶罩”“菊花牌线光丝袜”“启文丝织钱袋”“高跟鞋”等成为上海摩登女郎的行头标配。

洋货的输入极大地丰富了清末民初上海市民的物质条件，同时，国内的各地特产也在交通日益发达和商业繁盛的背景下大量涌入。而在交通方面，因西

1 李长莉：《晚清“洋货流行”与消费风气演变》，第3–11页。

2 李长莉：《以上海为例看晚清时期社会生活方式及观念的变迁》，第105–112页。

3 林青：《洋货输入对中国近代社会的影响》，《炎黄春秋》2003年第8期第69-73页。

4 胡俊修：《嬗变：由传统向准现代—从20世纪30年代〈申报〉广告看近代上海社会生活变迁》，《历史教学问题》2003年第3期第44–48页。

式马车、脚踏车、客运轮船、火车、电车、公交车以及汽车的引入，使市民出行更为方便，为其四处奔走购买自己所需的商品提供了很大的便利。[1]

中国的饮食文化一直领先于其他国家，犹如孙中山所言："我中国近代文明进化，事事皆落人之后，唯饮食一道之进步，至今尚为文明各国所不及。"[2] 而西式的饮食也随着西方人的到来进入了上海人的生活，饼干、面包、牛奶出现在上海人的餐桌；白兰地、香槟、啤酒大有代替杏花酒、二锅头的势头。西餐馆成为沪上最为流行和时尚的饭馆，无论是文人、官僚，还是商人、官绅眷属都愿意光顾西餐馆，西餐也成了新派人物身份的象征。[3] 另外，快节奏的生活方式，也让上海市民无暇做饭，进而放弃一日三餐都在家里吃的习惯，奔向街面上的各种饭馆。

在居住方面，1853年的小刀会起义后租界内所建的简陋木屋是里弄民居的雏形，十年后因太平天国运动的动荡，租界内房地产商建造的大量砖木结构二层楼的民居建筑则为上海里弄民居的开端。[4] 上海市民的家庭结构从大家族聚居分解为小家庭，体现在住宅上便是紧凑方便的小单元以及里弄住宅出租的小单间。"自来火"、"自来水"、电灯等公用设施进入平常人家，也为上海市民的居住条件带来很大变化。之后，地产商在租界建造各类砖混结构或钢筋混凝土结构的住宅，使人们开始接受"石头房子"和"大理石公寓"。

社会生活方面

社会生活方面主要体现在商业的繁荣和女性社会活动空间的改变。近代上海社会的一个重要特征便是商业的繁盛。上海对外贸易的发展促使一群从事各地埠际贸易的商人集中在上海，形成了宁波帮、广东帮、徽帮等多个派系。每个地域的商帮都有其主要经营的类目，甚至是垄断经营的类目。如宁波帮以进口贸易、五金颜料、眼镜、呢绒洋布等为主；广东帮则大多经营洋广杂货铺，从事国外货物和南方土产的输入及供应；徽帮则以经营茶叶和徽墨为主。[5] 商人的地位上升，人人争相趋商，商业也成为社会活动的中心。

来自各地的商人聚集到上海，使上海人的社会生活带有浓重的商业色彩，如商人们舍得在交际方面花钱，去茶楼打茶围、酒楼设局、喝花酒、看戏听书等。在酒足饭饱之后再开始谈生意方面的事宜是商人们的惯例。因此，当时很多上海人社交，目的不在于联络感情，而是带有功利色彩的，是谋取利益的手段之一。

1 张慧：《16–20世纪初洋货输入及其影响》，暨南大学，2013，第47–54页。
2 《孙中山选集》，人民出版社，1981，第119页。
3 唐艳香，褚晓琪：《近代上海饭店与菜场》，上海辞书出版社，2008，第112–113页。
4 沈华：《上海里弄民居》，中国建筑工业出版社，1993，第8–10页。
5 朱国栋，王国章：《上海商业史》，上海财经大学出版社，1999，第130页。

洋人的定居、外来人口的聚集、五方杂处，都使人们的社会关系发生变化，以往所重视的亲族关系日益淡化。社会身份、门第、官衔等都不再重要，是否有钱，是否有赚钱的能力、机会和资源成为人们更看重的事情。[1]

另一方面，女性的生活方式也在发生很大转变。在传统中国，妇女长期束缚于家庭之内。对她们而言，其整个人生几乎都是围绕着家庭，作为贤妻良母，她们的日常活动范围就是宅院居室。[2] 近代上海的城市化为女性，主要是女工、女佣和妓女提供了大量岗位。随着近代工业的发展，纺织业由家庭小作坊的形式逐渐过渡到集中化工业生产的形式，无法进行纺织劳作的妇女，到纺织工厂做工、补贴家用成为她们新的谋生方法。同时，大量农村妇女来到城市，为了生存走出家庭、外出工作，她们帮助雇主料理家务劳动和生活琐事，或者在妓院从事女佣工作。另外一种女性职业便是妓女。上海的娼妓业到19世纪末已经形成相当大的行业规模。“旧上海卖淫人数之多，等级门类之繁，不仅冠甲全国，而且一度号称世界娼妓之最。”[3] 年满16岁的女性就可以从事妓女工作。从事以色悦人的行业，妓女当仁不让地成了上海时尚的代言人。她们对衣着装扮极为重视，更加注重美容护肤，相当长的一段时间内，她们的吃穿用度、衣着打扮成为上海女性争相模仿的对象。

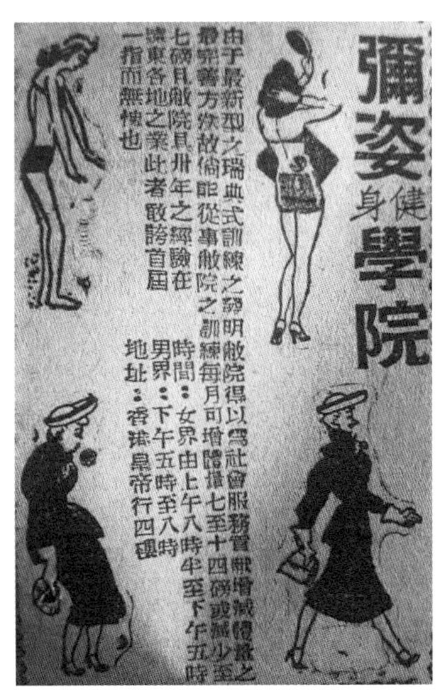

17
减肥广告

休闲生活方面

与近代上海工商业发达以及经济繁荣相呼应的是，上海人的休闲生活、精神生活在经历排斥、疑惑和尝试之后，也发生了深刻的转变。[4] 首先体现在对自身身体的重视。繁忙的工作、复杂的人际关系、巨大的工作压力以及快速的生活节奏，都使上海人开始重视自己的身体[17]，以保持旺盛的生命力享受生活。其次体现在对自身修养的提升。无论是出于何种目的，上海人学习外语成为一种时尚，1870年前后，上海开办的外语学校就已经多达20多所。最后，也最重要的是，上海人的休闲娱乐方式发生了巨大的变化。开埠之前，上海人的娱乐方式比较单一，无非是下棋、喝茶、抽大烟、养鸟等传统模式。随着近代西方娱乐方式的流入，上海人逐渐接受了全新的生活体验：逛马路、照相留念、

1　李长莉：《以上海为例看晚清时期社会生活方式及观念的变迁》，第105–112页。
2　游鉴明：《无声之声：近代中国的妇女与国家》，“中央研究院”近代史研究所，2003，第114页。
3　叶凯蒂：《上海·爱：名妓、知识分子和娱乐文化（1850–1910）》，三联书店，2012，第109页。
4　胡俊修：《嬗变：由传统向准现代》，第44–48页。

婚纱摄影与洋式婚礼、西式茶会、看报、到现代化的剧场看戏、看电影、跑马、游公园等。[1]

总体来说，民族资本在上海创办第一家百货商店的前夕，上海的消费文化已经发展成熟，上海市民的消费能力普遍提高。1914年前后的上海市民，无论是在物质生活、社会生活方面，还是在休闲生活方面，都已经做好了拥抱现代生活的准备。

1 高福进：《“洋娱乐”的流入——近代上海的文化娱乐业》，人民出版社，2003，第6–16页。

2

从悉尼到上海：四大公司发展简史

这是——
这是
海上的
四大商场
永安，先施
新新，大新
这里
充满着
美利坚
名贵的礼物
一切玻璃底
用具
玻璃雨衣
玻璃袜子
玻璃皮包
玻璃皮带
玻璃皮鞋
形形式式的
各种细小的
玻璃的小零件
呵……
……
还有——
还有那些
新式的
时装
贵重的家庭
器具
实用品
化妆品
像——
历史的
博物馆似的
整齐而美丽的
陈列着
呵！
巴拿马的
香粉
法兰西的
胭脂
好莱坞的
唇膏
英吉利的
画眉笔
小吕宋的
呢帽
瑞士的
游泳表
美利坚最新出品
派克51型
钢笔
神火牌
打火机啊
店员们
为了要倡导
国货
而造成了
“劝工”的血案
门口
大理石
反映着
绮丽的
光芒
行人——
仿佛赴甚么
宴会一样
打扮得
多么时髦
漂亮
乘着
自备的
飞利浦型的
小包车
在这里
电似的来去
……
那——
商场崇高的
建筑
一个金刚一样
高得几乎
透过了云霄
碰落了
海上闪闪的银星
我伫立在
它底顶上
曾用
苦痛的眼睛
瞻望着
这伟大的
海上的繁闹
红的光圈呵
绿的光圈呵
流成了
夜底都市的
神秘……

——佚名，《海上的四大商场》[1]

1

南京路街景，
1930年代

在澳大利亚的积累

马应彪与永生果栏

1864年出生于广东中山沙涌的马应彪，年幼时其父亲以“卖猪仔”的形式到澳洲当矿工。[1] 他在18岁的时候收到父亲的来信，要他也去澳大利亚谋生。然而当时澳洲的金矿已近枯竭，面对淘金不成、异地谋生的窘困，马应彪必须自寻生路。他先在一个爱尔兰人开设的菜园打工，自学一些英语。接着替菜园主人到市场做买卖，将种的菜卖给当地白人，学习做生意的技巧。随后他自立门户，经营自己的菜园。马应彪为人诚恳，英语熟练，当地华人农户纷纷委托他代售蔬果。有了充足的果蔬货源，马便在悉尼租了一间铺面来开设杂货店兼营果蔬零售。紧接着他与中山同乡郭标一起将杂货店发展成为一家水果批发商店，即永生果栏[2]。在澳洲侨居的几年间，马应彪对澳大利亚最先进的商业业态——寰球百货商场已经有所了解，其永生果栏与当时悉尼最大的百货公

1　1850年左右，澳大利亚因发现金矿而形成淘金热，大批广东人涌去澳洲这个“新金山”想实现发家致富的美梦。然而在马应彪去澳洲的时候，金矿已近枯竭。

司安东尼·荷顿百货公司（Anthony Horden & Sons Ltd）[1] [3]也有业务往来。马应彪亲眼目睹了这家公司的创业和发展：安东尼·荷顿百货公司的创办人也是以小贩起家，而后创立一间不二价公司，因其妥善经营，随后与亲朋好友集资，将公司规模扩大。在不到30年的时间里，该公司从一间小店铺发展成为占地数十亩、公司雇员上千、每年的营业收入“以亿兆计”[2]的寰球百货公司，其营业范围涵盖了百货、家具工厂、床品工厂等。马应彪在悉尼期间曾多次向山姆·荷顿[3]请教百货公司的门道，学习该公司的经营模式、进货渠道，甚至是货品摆放方式。荷顿先生也曾鼓励马应彪等人回国创业：“他们如果去中国开埠城市创业，比如广州、上海等地，根据双边条约的规定，他们会受到英国法律的保护，但不会受排华政策的影响。”所以，他赞成且鼓励在澳华人把百货公司的经营理念带回中国各地去。[4] 该公司也成了日后马应彪回国开设百货公司的蓝本。

2
永生果栏旧址

3
安东尼·荷顿百货公司

4
永安果栏

1894年，刚年满30岁的马应彪萌生回国创业的念头，随即从永生果栏退股，把自己10余年积蓄换成粗金粒带回香港。据《先施公司二十五年经过史》记载，当时的香港华人店铺，货无定价，“市情不一，买卖艰难”，反观澳洲市场，所售货物均有定价，买卖贸易十分便利。“其相去奚啻天壤，受兹感触，乃力倡不二价公司，总办寰球货品营业。”这段话记载了马应彪创立先施公司的初衷。同时马应彪在香港为操办自己与霍庆棠女士的婚礼而去采购结婚用品的经历，让他开办百货公司的念头更加强烈。

自1896年起，马应彪开始游说亲朋好友创办百货公司，然而事情的发展并不顺利。当时人们对于百货公司并不了解，对其前景也不乐观，更不愿投资于此事业。马应彪多年后回忆此段经历，曾感慨“竟无一好友的支持”。直至1899年，马应彪经过游说，终于说服12人，其中澳洲华侨6人、中山同乡5人、

1　该百货公司位于乔治街，离悉尼的中国城仅一街之隔。该公司建筑在20世纪80年代末被拆除，原址现建有悉尼的世界广场（World Square）。

2　上海市档案馆、中山市社科联编《近代中国百货业先驱——上海四大公司档案汇编》，上海书店出版社，2010，第3页。

3　Samuel Hordern，他是当时安东尼·荷顿百货公司的掌权人。

4　Peter Hack, *The Art Deco Department Stores of Shanghai: The Chinese-Australian Connection* (Impact Press, 2017).

美洲华侨1人，集资2.5万元，[1] 在香港大马路[2] 购进一间两个门面的店铺创办了先施公司。

郭乐、郭泉与永安果栏

1874年生于广东省中山县的郭乐，祖辈务农，家中兄弟姐妹共9个，他排行第二。在郭乐的幼年时期，家乡的人们饱受小农经济破产之苦，许多人远渡重洋去海外谋生。郭乐的兄长郭炳辉于1881年去澳洲寻找机会，1890年，17岁的郭乐也远赴澳洲谋生。

在悉尼当了两年菜园工人后，郭乐进入其堂兄郭标和马应彪合开的永生果栏工作。5年以后，即1897年，郭乐积累了一些资本，离开永生果栏，与另外几位华侨盘下一水果商店，取名“永安”，资本1400澳镑。此时远在香山的郭乐之弟郭泉，也想到国外碰运气，然而郭泉先后到澳洲、夏威夷等地闯荡三年却一无所成，[3] 最后决定回乡再做打算。两年后，随着业务发展，郭乐的永安果栏[4]生意日渐红火，他先后把兄弟郭泉、郭葵、郭顺、郭浩从国内调到悉尼店中来分掌业务。永安果栏在郭乐等人的妥善经营下，很快从一间店面发展成四间店面，其职工也扩充到80多人。

1902年，郭乐联合另外两家华侨果栏——永生和泰生果栏，批量订购水果，并在斐济开设“生安泰”收购当地水果，为三个华侨果栏组织货源。同时附带收购当地特产，如可以卖给英国商人做肥皂原料的椰子干，可以卖给中国商人做纽扣材料的贝壳，为中国商人进口的海参等。

4

由于香蕉贸易获利丰厚，生安泰进一步在斐济购地自辟香蕉园，到1913年，香蕉园面积扩大到2000多英亩（约809.37万平方米），雇佣工人500多人，一年的利润达40000英镑。同时，他们在澳大利亚的昆士兰又购进近千亩香蕉园种植香蕉，扩大货源。[4]

1 澳洲华侨为蔡兴、马永灿、郭标、欧彬、司徒伯长、马祖容，中山同乡为林敏良、李月林、王广昌、黄在朝等，美洲华侨为郑干生。

2 大马路，即皇后大道，是当时香港商业最繁华的道路之一。

3 刘智鹏：《郭泉——香港百货业的巨子（1）》，《am 730》2011年7月8日。http://archive.am730.com.hk/column-63788.

4 上海社会科学院经济研究所:《上海永安公司的产生、发展和改造》，上海人民出版社，1981，第1–4页。

永安果栏除了水果蔬菜批发，还兼营中国土特产的批发零售业务。永安果栏根据华侨的喜好，从国内采购家乡土特产和生活必需品，卖给悉尼的华侨。同时他们还提供送货上门和赊账服务，这也是日后永安公司销售理念之一。

永安果栏在获得一定发展之后，还开展了代为华侨办理向国内家属汇款的业务，随后他们在中山县设立永安银号，办理汇款代送业务，收取一定的手续费。

永安果栏的早期经营活动积累了大量资本，也积累了一套经营管理和应对商业竞争的办法，为它日后的更大发展奠定坚实基础。在20世纪初，永安果栏的发展受到其行业本身的限制，郭乐、郭泉等人认为，经营水果远不及经营百货利润大。澳大利亚各大埠的英商百货公司与永安果栏或多或少有业务往来，[1] 这让他们有机会学习大型百货商店的管理方法，尤其是安东尼·荷顿百货公司，占地4亩（约2 666.67平方米），楼高五层，里面包含衣着、食品、家具、杂货等各种买卖。

郭乐等人认为，以当时永安果栏所积累的资本开办一家大型百货商店，确是理想出路。20世纪初，英国殖民当局执行“白澳政策”，[2] 对华侨的束缚与压制是非常明显的，如对华侨企业征收高额所得税和高额遗产税。同时考虑到华侨开办的百货公司，服务对象亦主要为华侨，而悉尼的华侨人数有限，生活都比较节俭清苦，购买力亦有限。同行马应彪在10余年前携资回港开办的先施公司业绩良好，获利丰厚，为永安公司的发展提供了模板。综合利弊之后，1907年郭乐等人决定在国内开办百货公司。

除上述之外，“谋自救”的民族意识也是促使郭乐回国倡办百货公司的动机之一，郭乐曾在他的回忆录中写道：“余旅居雪梨十有余载，觉欧美货物新奇，种类繁多，而外人之经营技术也殊有研究。反观我国当时工业固未萌芽，则商业一途也只小贩方式，默守陈法，孜孜然博蝇利而自足，既无规模组织，更茫然于商战之形式。余思我国欲于外国人经济侵略之危机中而谋自救，非将外国商业艺术介绍于祖国，以提高国人对商业之认识，急起直追不可，是以1907年有创设香港永安公司之议。”

1 李承基：《澳资永安企业集团创办人郭乐与郭泉》，载《中山文史 第51辑》，政协广东省中山市委员会文史资料委员会，2002，第2–12页。

2 英国联邦政府相继在1882年发布排华政策，1901年确立“白澳政策”（White Australia Policy）为基本国策，以控制华人在澳大利亚的政治经济活动。白澳政策是澳大利亚联邦反对亚洲移民的种族主义政策的通称，1901年确立，1975年正式取消。

李敏周与他的杂货店

李敏周，1881年出生于广东香山县石岐镇，家中排行第七。1899年3月，年仅18岁的李敏周，跟随同乡梁坤和[1]到澳洲谋生，在梁的农场里务农。在梁氏农庄里，李敏周的精明能干和勤奋好学很快就得到梁的赏识，李敏周成为梁的得力助手。1905年，李敏周与梁坤和之女梁绮文结为夫妇，之后，梁坤和将农场的大部分工作移交给李敏周。

1908年冬，李敏周决定弃农从商，到昆士兰州北部的重要城市汤斯威尔（Townsville）谋生。他在市中心购进一座两层高楼房，以夫妻俩的名字作为店名：Charles and Evans Pty. Ltd.，开了一家经营食品、茶叶、糖、姜等物品的杂货店。以楼下作为商店，楼上为起居生活之用，店后空余房间作为货仓储存货品之用。由于经营得法，3年内，该杂货店三度扩张店面，由1间门面发展到4间，随后统一改建为一家大型杂货店，店内陈列华洋货品，分门别类，价目分明，已经相当于一家小型百货公司。经几年的发展，李敏周的小型百货公司在布里斯班、悉尼以及墨尔本等重要城市都设立了分店。

然而，李敏周在澳大利亚最大的成功并非开设百货商店，而是地产投资。1914年第一次世界大战爆发，澳大利亚因英联邦的关系卷入战争，国内经济受损，工商业凋敝，地价狂跌，李敏周与其律师朋友麦忽臣（Edward Mcpherson）合作，低价购进大量土地、楼房，又将楼房稍加修理改造，出租出去。随着战事稳定，澳洲政府推行调整税收、鼓励工商业的发展、刺激消费等相关政策，澳洲的经济迅速复苏，地价随之猛涨。这5年间，李敏周获利颇丰。[2]

1916年左右，李敏周的舅舅黄焕南邀李敏周到上海的先施公司与他合作，[3]然而由于上海先施公司的各个方面安排并不合黄焕南的心意，此事就此搁浅。直至1922年末，黄焕南向李敏周透露，包括上海先施公司经理刘锡基在内的几位中高层，对上海和香港先施公司之间的利润分配与权力支配等深有不满，谋划另立新公司，但是缺乏足够资金。以此为契机，李敏周结束澳洲的业务，携全家从澳洲回乡，再到上海与刘锡基商量投资百货公司之事。

刘锡基是李敏周幼时玩伴，两人早已熟识，刘表示创立一家新的百货公司，资本至少需要银元300万，当时已经有广东银行和东亚银行为后盾的“省港集团”，以及陈炳谦和华商南洋兄弟烟草公司简照南为代表的旅沪粤商集团150万元左右资金支持，仍缺一半资金。

1 梁坤和也是广东香山籍人士，当时是澳大利亚昆士兰州香蕉行业的巨商。

2 李承基：《中山文史 第59辑：四大公司》，政协广东省中山市委员会文史资料委员会，2006，第70页。

3 宋钻友：《广东人在上海（1843–1949）》，第316页。

1923年5月，李敏周专程赴澳洲招股，以“推销中华国货为宗旨”相号召，得到爱国华侨的积极响应，踊跃认股[1]，至新新公司开业之时，其公司资本总额达320万元，比原本定额超出20万元。

经3年建造筹备，新新公司于1926年1月底在上海南京路开业。

蔡昌、蔡兴与永生果栏

5
永生果栏的四位合伙人从左到右依次为：Mark Jo，郭标，马应彪，蔡昌

蔡昌，1877年11月生于广东香山县上恭都外茔乡（今珠海市金鼎镇外沙村），排行第三，家中兄弟四人，家境贫寒。其兄长蔡兴在1884年远赴澳洲淘金不成，随即与马应彪、郭标合伙开设永生果栏[5]。1891年，永生果栏的生意已经非常红火，回乡探亲的蔡兴将蔡昌带到悉尼，在永生果栏做帮工。后来蔡昌协助蔡兴在悉尼郊外开荒种植蔬菜水果，供应永生果栏之余，还将果蔬卖给当地矿工，逐渐积累自己的经商经验和财富。很快蔡昌在悉尼城内开设一间小商店，独立经营果栏生意。

1899年，蔡昌的哥哥蔡兴应马应彪的号召，携资回香港入股先施公司。随后，应哥哥之邀，蔡昌也结束在澳洲的业务，转到香港，在先施公司做职员。眼见先施公司发展良好，香港百货业前景广阔，蔡昌萌生自立门户开百货公司的念头。蔡昌的想法得到兄长蔡兴的支持，两人筹措资金400多万元港币，于1912年在香港闹市区中环德辅道中创立大新百货公司。

在香港的起步与坚持

先施公司

1899年，马应彪集资2.5万元，在香港大马路购买一所店铺，并将之重新修葺一翻，购铺与装修总共花去2万元，剩余5000元作为购买货品的成本。1900年农历十二月初八，先施公司开始营业，马应彪任司理一职，李月林为

1 陈怛才，杨彦华：《香山人在上海：“悲情英雄”李敏周的传奇人生》，《中山日报》2010年4月12日。http://www.sunyat-sen.org/index.php?m=content&c=index&a=show&catid=25&id=5573.

助理。先施公司由此诞生。“先施”这个名字，是由英文sincere一词音译而来，即“真诚”的意思，既沐欧美之时尚，又与中国的老话“先施与人”“诚招天下客”等意义相符。不过先施公司在上海开张后,也有人因“先施”与“先死”谐音，不愿意光顾，迨永安公司开业以后，其名号极为吉祥喜庆，顾客转向一路之隔的永安，这应是后话了。[1]

初创立的先施店铺为三层楼，一个门面面向皇后大道中，另一门面从二楼通向威灵顿街。门面两旁，都用玻璃饰柜作为橱窗展示店内商品；店铺内部的两边，均设置长桌，作为沽货收银之用；店铺中间位置悬一面大镜子，楼上楼下均陈列货品。在营业方面，该公司也有不少创举：公司聘请25位青年男女，作为导购员与售货员，向顾客介绍货品；每件商品不论价格多少，都要开具发票;每逢周日店铺休息，向店员宣讲教义——这些在当时的香港是非常少见的。在开张一个月左右，就有股东提出退股，认为公司这样的经营模式根本不能赚钱，更无法在竞争激烈的零售业站稳脚跟。但由于合约规定，入股者不能中途退股，以及马应彪极力坚持，股东才打消退股的念头。

人祸虽已平息，天灾并不能躲过。1901年8月，一场台风将该公司的二楼、三楼吹塌，无法继续营业。于是马应彪等人在永安街另购店铺一所，将原店铺二楼货品悉数移至永安街出售，同时筹划重建旧店铺事宜。

然而当时香港新修订的建筑条例规定，店铺的修复，“须留通天”。[2] 皇后大道的老店铺，铺内总进深仅36尺（12米），店铺前后都临街，负责修复的公和洋行建筑师认为应考虑该店铺的特殊情况，不需要留天井。[3] 这一不留天井进行修复的申请，一直到两年以后才得到香港政府的批准。

1904年，皇后大道中的旧店铺修复完成，重新开张营业，店中的营业员均为男性，先施公司的营业状况开始有所改变，已有股息可以分摊给各股东。到1907年，即先施公司创办的第七年，除了分给股东的股息与红利外，年终盈余达9万余元。这让先施的各位股东信心大增，他们见公司基础已经稳固，开始考虑扩张店铺的事宜。1909年先施公司改为有限公司，向英国政府注册，设立董事部，并规定注册资本20万元，向社会招募新股。因为已有成功营业的经验，先施公司招募新股比十年前要容易很多，陈少霞、夏从周、徐敬枢、马英灿、马永灿、马祖金、孙文庄、劳仲等人纷纷入股。

马应彪等人在德辅道选中一块地，拟建为新店铺。这一举动遭到诸多股东的反对，因为德辅道为新开辟的道路，行人稀疏，道路两旁新建店铺很少，也

1 邢建榕：《四大公司的开业和命名》，《上海档案》1987第3期第45页。

2 通天，即天井。

3 《先施公司二十五周年纪念史料》，载上海市档案馆、中山市社科联编《近代中国百货业先驱》，上海书店出版社，2010。文中“抛麻丹拿”即公和洋行（Palmer & Turner）在当时的音译。

6
香港德辅道先施公司

7
先施公司粤行局部

没有专营洋货的同行。股东们劝马应彪还是在商业发展成熟的皇后大道上选择铺址。马应彪认为该道路在不久的将来必定会有非常大的发展，此时购地建新店铺是最佳的时机。于是，马坚持在德辅道连通康乐道之处购买六间相连的店铺，打开门面，楼上的二、三、四楼均为陈列货场[6]，门面装修更加华丽，货物种类更多，夜间则用电灯照明，如同白昼，场面十分壮观。这一做法在香港华人开设的店铺中是不曾见到的。

果然，新店铺开张不到一年，德辅道就成了商业发达的街道，先施公司新店铺附近开设了多家商店，形成专营洋货的小区域。也是由于马应彪等人的经营得当，新店在开张的几年里，获利为投资额的4~5倍。

1910年，公司各股东见先施公司获利巨大，提议在其他沿海城市开设分行，几经商讨，决定先开设广州先施公司，即粤行。公司再次集资40万元，在广州长堤大马路购地6亩（4000平方米）多，建一五层楼洋房。粤行于1912年正式营业[7]，其货场陈设与香港先施公司类似，但在业务方面有了进一步的拓展：如在屋顶天台开辟了游乐场，上面布置奇花异草，珍禽走兽，供人们赏玩；开展茶室、酒菜部、映相部、理发室、戏院等供人娱乐的业务。除货场外，先施公司决策者还决定在公司一侧新建一栋楼作为东亚大酒店，在广州各地另辟厂房，组建鞋厂、饼厂、汽水厂、制铁机器厂、玻璃厂、枧厂[1]、化妆品厂等附属产业，为百货公司提供货源的同时，也大力发展了民族工业。同时还涉足先施人寿保险公司、先施水火保险公司以及先施信托银行等金融行业。[2]广州分行开设三年之际，所获利润已是投资额的两倍之多，随即先施公司在广州十八甫和惠爱街（今中山五路）等处再设分店。

1913年，香港先施总行又在德辅道靠近永和街的繁华地段购置土地，拟

1 枧厂，即肥皂厂。

2 佚名:《先施二十五年经过史》，载先施公司《先施公司二十五周年纪念册》，商务印书馆，1924，第3–4页。

新建一座六层洋楼，门面更加恢弘，店内货场更为宽敞，屋顶也建成花园茶室，同时也作为游乐场，这是先施公司在香港的第三次扩张。至此先施公司已有了巨大发展，成为当时华南地区最大的集团企业之一。

先施公司各股东并不满足于公司已有成绩，同年，他们试图谋求更大的发展。上海作为当时中国最大的城市，是外国资本家争相投资的场所，[1] 它在中国的经济地位是首屈一指的，被誉为“世界商业中心”。[2] 先施的股东们认为应尽早在上海开设分公司，抢占上海寰球百货零售业市场份额。

永安公司

永安果栏早期在悉尼的经营活动已经积累了大量资金，也积累了一套经营管理和应对商业竞争的方法。和马应彪一样，他们与澳大利亚各大埠的英商百货公司均有业务来往，也有机会考察各百货公司，学习其管理方法，[3] 尤其是安东尼·荷顿和大卫·琼斯（David Jones）[8] 这两家大型百货公司。[4] 可以说，在开设永安公司之前，郭氏兄弟及其合伙人已经对大型百货公司的经营之道了然于胸了。

8
大卫·琼斯百货公司

1　林金枝：《近代华侨投资国内企业史研究》，福建人民出版社，1983，第20页。

2　宋钻友：《广东人在上海（1843–1949）》，上海人民出版社，2007，第307–317页。

3　Peter Hack, “The Chinese Australians Who Conquered Shanghai's Shopping Heart on Nanjing Road”，该文章尚未发表，源于作者与Peter Hack的个人通信，2019年12月16日。

4　李承基：《澳资永安企业集团创办人郭乐与郭泉》，第2–12页。

9
刚刚开幕的永安公司，1907，香港

10
图右侧远处为香港永安公司，1910年左右

1899年马应彪率先回国发展，其创办的先施公司，在经营模式、公司选址、公司规模等方面都给郭氏兄弟提供了回国投资百货行业的一种范式。1905年前后，亲赴香港一月有余的郭泉，在带给郭乐的信中说："目前，香港已成为远东贸易的重要商埠，各国的货物多经香港转往亚洲大陆，市面日渐繁荣，人口陡然增多，过客频繁，商贾云集，在这里经营大型百货业务，是比较理想的地方。"[1] 郭氏兄弟也决定选择香港作为回国投资的第一站。有先施公司的营业业绩鼓舞，永安公司无论在筹集资金方面还是在开设公司方面都比先施公司顺利很多。

1907年，永安果栏郭氏兄弟向郭献文、梁欢南等人筹集资金共16万元，由郭泉回香港筹备永安公司。公司的取名，仍沿用永安果栏的名字，意为"永葆安宁"，寓意善颂善祷。同年8月28日，永安公司在皇后大道中167号开业[9]，选办寰球货品，兼营金山庄出入口生意。郭乐兄弟结识香港社会显赫名人何东爵士（Sir Robert Ho Tung），并通过他的关系，获得汇丰银行60万元港币的贷款，这对于永安公司的前期发展极其有利。[2] 虽然此时永安公司仅占一间店铺，店内员工仅十余人，规模很小，地方也局促，但正是因为百货业的巨大潜力，公司发展迅速，狭小的店铺很快就不能满足日益增长的货品空间与顾客需求。1909年，郭乐来香港永安百货视察，认为永安百货公司在香港的前景最好，便把悉尼永安果栏的生意交给郭顺照管，亲自到香港扩大百货公司的业务。1910年，郭氏兄弟将铺址迁至德辅道中，营业店铺扩大为4间店面，员工增至60多人，又将香港永安公司改组为股份有限公司，增加资金60万元港币，由郭乐任监督、郭泉为司理、杨辉庭任副司理。同时公司决定采用多元化发展策略，向多个行业发展，而不是采用快速扩张的策略，迅速在香港各地广设分店。[3] 随后公司先后购买邻近店铺，东至林士街，西至文华里，南由德辅道中

1 《郭琳爽和上海永安公司》，载柳渝《中国百年商业巨子》，东北师范大学出版社，1997。
2 颜清湟：《海外华人的社会变革与商业成长》，厦门大学出版社，2005，第62页。
3 同上，第76页。

门牌207号至235号，北由干诺道中[1]门牌104号至118号，前后铺位，共30间，占地约4万方尺（约3716平方米），[2]拟建十层楼高的建筑新厦，意图成为华南地区“最新式、最宏伟、最完备的大厦”[3][10]。随后，郭氏兄弟投资建设同样宏大壮丽的广州永安百货，并开设大规模游乐场以及大东酒店。

1915年，郭氏兄弟跟随马应彪先施公司的步伐，决定筹集资金50万元，设立上海永安分公司，同时他们了解到先施上海分公司的筹备工作正在进行，其投资规模为200万元，于是决定向香港永安公司及悉尼永安果栏的各股东[4]增股认购，公开募集，将投资规模也扩大至200万元，[5]希望能在投资规模上和先施公司一争高低。

大新公司

先施公司的成功经营，启发了包括郭乐、李敏周在内的中山同乡，同样也启发了蔡昌，为他们在香港、上海等地发展百货公司提供了良好的样板。蔡昌与大新公司的创办，与先施公司渊源颇深。

1899年，蔡昌的哥哥蔡兴响应马应彪的号召，携资回香港入股先施公司。随后，应哥哥蔡兴之邀，蔡昌回到香港在先施公司做职员，由于其出色的工作能力，很快成为协助马应彪大展拳脚的得力助手。眼见先施公司发展良好，百货业在香港将大有可为，蔡昌在1910年便萌生自立门户开百货公司的念头。蔡昌的想法得到兄长蔡兴的支持，兄弟俩很快向澳洲华侨筹措资金400多万元港币，于1912年在香港闹市区中环德辅道中临近永安公司创立大新百货公司，英文名称为“The Sun”，寓意为“旭日初升，大展新猷”[11]。

蔡昌在大新公司的经营理念和为人处事等方面都效仿先施公司，凡事亲力亲为。蔡昌有着过人的意志力和自律能力，坚持每天4点起床，亲自处理大新公司的各项事务，在营业方面，特别强调售卖寰球货品，坚持货真价实，不售次货。[6]不出几年，大新公司的业务就渐入佳境，在香港中环地区与先施、永安成三足鼎立之势，同时，先施、永安、大新和中华被称为香港的“四大百货公司”，它们也使香港的中环地区成为省港澳乃至东南亚地区的购物中心。广

1 英文为Connaught Road Central，原文为康乐道中，可能为音译误差。

2 刘天任：《本公司二十五周年之经过》，载《香港永安有限公司廿五周年纪念录，1907–1932》，“史略”栏，第3页。

3 郭泉：《郭泉自述：四十一一年来营商之经过》，《档案与史学》2003年第3期第14–18页。该建筑最终于1977年建成，31层，名为永安中心（Wing On Centre），现为永安百货总店以及总部所在地。

4 各股东有郭乐、郭泉、杜泽文、孙智兴、李彦祥、林泽生、杨金华、欧阳民庆等。

5 宋钻友：《广东人在上海（1843–1949）》第307–317页。

6 刘智鹏：《香港人香港史——蔡昌，后来居上的百货业巨子》，载《am 730》2011年7月15日。http://archive.am730.com.hk/column-64772.

东一带人士经常专程坐船到香港购物，把这三家公司当成批发商，将货物转回广东销售。

在香港站稳脚跟后，蔡昌等人认为广州为百粤省会，各乡各县出入都必须经过广州，必定会有充足的客流。同时，先施公司和永安公司在广州都设了分店且业绩尚佳，于是大新公司先后在1916年和1918年在广州城内的惠爱路（即今中山五路）和西堤成立两处分公司[12]主营百货业务，兼营旅馆、酒楼和屋顶花园游乐场等业务。其建筑规模之巨大在广州城也是罕见的，有人专门做稿《上西堤大新公司十三楼远眺》发表于《进德季刊》："穷高特上十三楼。万种繁华脚下浮。自笑王孙身未贵。河山何事尽低头。"[1] 1926年，大新舞台开幕，邀请了梅兰芳等戏剧名家登台演出。[2] 总体来说，大新公司在广州营业成绩斐然，成为广州城内名气最大的百货公司之一。

11
图左侧为香港大新公司，1925年左右

12
左侧高楼为大新公司西堤分行

13
1900年前后的南京路，图左侧中式建筑为易安茶楼

1　赵敌文：《进德诗选：上西堤大新公司十三楼远眺》，《进德季刊》1925年第3卷第4期第116页。
2　竟民，空我：《大新舞台开幕纪》，载《新闻报》1926年2月7日。

在上海的辉煌及发展

先施公司

1914年8月，马应彪亲自到上海考察，物色开设上海分店的店址。当时，上海的南京路已经成为远东最大的商业购物街，外商经营的英商四大公司——惠罗、福利、汇司、泰兴公司就开设在南京路的东段，中国人经营的茶楼、绸缎庄、药店等毗邻而设，一直断断续续延绵到当时的跑马场（即人民广场一带）。马应彪坐在轿车里，在南京路上一路巡视，心里盘算着这条已经商铺云集的路上究竟哪里适合建一座百货大楼。最后，他选中了日升楼茶楼边上的地块，即易安茶楼[13]的地皮。这里属于南京路的中段，尽管在当时稍显冷清、市面清淡，但马应彪在香港德辅道的成功经验让其对这块地的发展充满信心。同时，有直达上海北火车站的电车经过南京路浙江路路口，并在此处设有车站，能够带来大量的外地旅客，这一数量不可预计的潜在消费群体对先施公司很有吸引力；而且，这里地价相对便宜，有巨大的升值空间。[1] 马应彪向该土地的拥有者亨利·雷士德租用了该地皮，[2] 租期30年，每年租金为白银3万两，[3] 筹建上海最大的百货公司——先施公司沪行[14]。先施公司招股本200万元，聘请地皮所有人雷士德创办的德和洋行为之设计新的公司大楼，1917年建成，于同年10月20日开张营业，轰动上海滩。据资料记载，开业那天先施附设的屋顶花园、戏院、东亚旅馆、餐厅酒店也同时开门迎客[15]，进来参观游览的顾客将整个南京路都堵塞了，来先施公司的市民除了购买商品外，还有来看杂耍、宁波滩簧、绍兴戏、京戏、魔术、吃点心的顾客，“一时间人山人海，有人甚至流连忘返，数日不归”。[4]

开张之时的先施公司百货部共分为五大部。司理部：为先施公司的管理层，主管公司全部事物，共10位员工，其中监督员1名，正司理1名，副司理1名，助理员4名，中文秘书1名，西文秘书2名。进货部：负责公司进货事宜，设总进货员1名，进货员数名。收支部：管理公司财务事宜，设司库[5] 1名，收支员数名，内附设储蓄部供市民办理银行业务。文案部：主要管理公司来往书目，

1　马应彪：《先施公司开张记》，载先施公司《先施公司二十五周年纪念册》。

2　一说从地产大亨哈同手里租用了该地；另一说为高价买下该块地皮，见薛理勇《旧上海租界史话》，上海社会科学院出版社，2002，第221–230页。笔者认为从雷士德处租下此地皮比较可信，见陆文达《上海房地产志》，上海社会科学院出版社，1999。文中说，雷士德于1881年购入该地皮。

3　上海百货公司等：《上海近代百货商业史》，上海社会科学院出版社，1988，第102页。

4　江素云：《百货大王：马应彪和郭泉》，《中国中小企业》2016年第4期第68–71页。

5　司库，相当于财务主管。

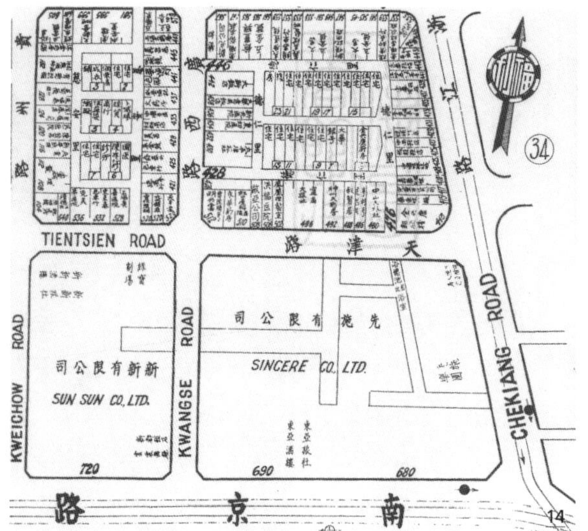

14
先施公司行号路图

15
刚刚开业的先施公司

负责广告文案、橱窗布置等，设正部长1名，副部长1名，文案员数名。营业部：即百货公司的营业部分，分为5层楼、19个部门，每层楼设监察员1名，每个部门设正副部长各1名，负责管理该部门事宜。

在香港、广州、上海三地，民族百货商店都是以先施公司为先。这三地的先施公司，又以上海先施公司的营业为最佳，香港总店次之，广州分店再次之。1930年左右，上海先施全年的营业额达1000万元，香港总店年约五六百万，广州为200万元。1929年至1930年2月，上海先施公司获利1 425 970.96元，次年，即1930至1931年纯获利2 489 733.46元。[1]

1915年7月15日，先施保险置业股份有限公司在香港成立，随后在上海、广州、天津、石岐、新加坡等地设分公司，并在当时的通商口岸、内地城市、以及南洋群岛等设代理处，以经营水火险为主。[2]

1918年，先施总行见三地分行各自营业，“权不统属”，在理财用人等方面，各分行互不通用，对公司的管理造成诸多不便，于是总行司理部和股东建议公司进行改革，实行联合管理。同年先施公司又在香港油麻地、南宁、新加坡三地设立分店，但是南宁分店和新加坡分店不久便因故停办。

1919年，先施公司实行三地合并经营策略，即香港、广州、上海三地的营业收入合并，统一计算、分发分红与奖励。联合经营有利于事权统一，使公

1 宋钻友：《广东人在上海（1843–1949）》，第307–317页。

2 北京市保险公司《简明中国保险知识辞典》编写组：《简明中国保险知识辞典》，河北人民出版社，1989，第5–6页。

司资本雄厚，有利于资金周转，人才也可以相互流通；货物可以联合进购，产品也能统一销售，在一定程度上对营业有很大促进。然而上海分公司的营业额远大于香港与广州两地，而在年终分红的时候，三地股东及公司各等级工作人员拿到的红利却是相等的。这就为上海先施公司的人员流失埋下伏笔。

1922年12月21日，先施人寿保险股份有限公司在香港成立，同时在广州、上海设立分公司，并在全国设置20多个代理处。经营的种类有普通储蓄保险、分期还款储蓄保险、终身保险、儿女教育年金保险、儿女婚嫁立业保险、意外保险、团体保险、海陆军人保险以及妇女保险等。[1]

1923年，因业务增长，上海先施公司营业空间显得越来越拥挤，严重影响了商品的铺陈、消费者的购物体验以及营业员的正常售货。先施公司将原占据南京路铺面的南货、茶食两个部门迁移到浙江路铺面上，将原二楼的东亚酒家迁至三楼，清理出来的空间全部作为百货营业之用，但仍然不能解决商场空间拥挤、货架不够摆放的问题。[2]

1924年，先施公司高层职员刘锡基因利润分配等问题带领一批先施中层干部脱离先施公司，另起炉灶，与华侨李敏周一起筹资开设新新百货公司。

同年，黄焕南任上海先施保险分公司董事兼参事。同年，先施公司营业面积过于拥挤的状况并没有得到缓解，考虑到建筑基地已经占满，无法向外拓展，同时听说一路之隔的新新公司将建造七层楼的建筑，先施公司上海董事会决定加高建筑:“惟以楼仅五层，视之他人，独嫌稍有逊色，本年（1924）决议增高两层，连原有五层共成七层，旅馆八层高90余尺（30米），先方在建筑中，将来工程告竣，则巍峨壮丽，在黄歇浦中，当首屈一指矣。”[3]随即进行大规模扩建，公司大楼主体增建两层，扩建为七层。东亚旅馆则加盖至八层。[4]

同年，为纪念先施公司成立25周年，香港先施总公司出版了《先施公司廿五周年纪念册》，由商务印书馆出版发行。书中详细记载了马应彪等人在悉尼的创业经历，以及先施公司的创办、发展过程。

1930年，先施公司又开了香港百货业另一个先河：利用节日大肆宣传、举办各种促销活动，如“节日产品精选”“圣诞嘉年华”“复活节商品巡礼”等促销节目，这种促销手段带来非常可观的营业刺激，其他各地的分公司纷纷效仿，上海公司也不例外。[5]30年代，先施公司先后在上海分设了三处廉价品销售店，称之为“先施一元商店”，分别位于公馆马路新桥街东（现金陵东路浙

1 同上。
2 佚名：《先施公司二十五年经过史》。
3 沪行志略，先施公司廿五周年纪念册，第13页。
4 张作华：《企业管理案例精选：下卷》，新疆人民出版社，2001，第155页。
5 于彦北：《先施百货第三代传人》，《经济世界》1994年第8期第30页。

江南路位置），霞飞路马思南路（先淮海西路与思南路）路口东以及静安寺路西摩路（现南京西路陕西北路）路口。[1]

1932年“一·二八”事变后，何香凝组织上海的名画家合力举办了一次“义卖画展”，所得费用用于采购十九路军的救护用品。先施公司以“借给东亚酒家的几间房供筹办处用，借给二楼大厅作为义卖画展会场”。[2]

16
先施公司被炸场景

1935年，由先施公司创办人参与创办的香港国民储蓄银行倒闭，这对先施公司的资金运作造成很大影响，加上永安公司、新新公司及大新公司同行业商业竞争加剧，公司营业状况江河日下。1936年，先施公司总亏损额达30余万元，已致非常窘迫之境地。

1936年，澳门先施分公司成立，主营百货业务，同时在澳门开展的还有东亚酒家、游乐场、旅馆等业务。[3]

1937年8月23日，日军获知国民党将领白崇禧等人将在这天午饭后于先施公司旗下东亚旅社召开军事会议，派出飞机在先施公司上空投下一枚炸弹，在大楼东南角的马路上爆炸，当场炸死250人，伤570人，大楼二、三层楼面及东南角大门被炸毁，路南侧的永安公司店铺也遭到严重破坏16。

1937年“八一三”事变的爆发，成为先施公司乃至上海商业发展的一个转折点。淞沪会战后，租界内乃至上海人口数量激增，物价上涨，上海先施公司旋即转亏为盈，次年盈利更丰，盈利42余万元，至1940年，盈余70余万元。

然而40年代开始，尤其是日本投降以后，国统区经济混乱，物价飞涨，国民政府经济调控政策屡屡失败，百货公司的经营陷入困境。据《征信所报》1946年刊：“市局不安，上海五大公司过去三个月来营业无起色，永安六八两月无变化，皆一·三零零·零零零·零零零元。新新八月份营业较六月份低二百万元，计七三一·零零零·零零零。先施八月份亦低一千万元。大新三个月来，营业直降，八月份数字几较六月份低二万万元。中国国货无大变化。”[4]

1 广告，《民族》1937年第5卷第5期第808页。
2 陆晶清：《回忆与怀念：纪念革命老人何香凝逝世十周年》，北京出版社，1982。但笔者认为应该是东亚旅馆的几间房供筹办处用，另东亚酒家并不设置在二楼，这里的二楼大厅应该指的是东亚茶室。
3 上海市档案馆：《上海档案史料研究》，第10辑，上海三联出版社，2011，第174页。
4 据《人民日报》1946年5月15日刊，小米一斤24元，大米一斤67元，猪肉一斤120元，火柴一包150元，可以作为参照。

永安公司

1915年春，郭泉、郭葵亲赴上海考察办店事宜。在当时的上海，自洋泾浜到苏州河边的四川路，已经至少有七家知名洋行，[1] 郭氏兄弟就将永安集团的驻沪办事处设在这条路上。他们认为南京路是客流量最多的黄金宝地，非常适合建百货公司，就对南京路上的各个路段进行考察，希望找到合适的地皮。最后于当年十月，他们认定先施公司地皮附近——南京路靠近浙江路一带为最佳地点，同时通过统计路南、路北人流量的方式，确定了路南侧的人流量大于北侧，对于百货公司的营业更为有利[17]。进而与该片地皮所有人哈同（Silas Aaron Hardon）达成协议：以每年5万两白银的价格租下此地，租期为30年，[2] 30年期满以后，土地连同地面上所有建筑物全部归哈同所有，租约由郭泉与哈同代表律师科士达签署。[3]

1916年1月，香港永安公司及侨商发起创办永安水火保险股份有限公司，总部设在香港，上海、天津、汉口、汕头、广州等地均设有分公司。上海分公司最初设置在位于四川路上的永安公司驻沪办事处。

1916年南京路上的永安公司开始动土建设，历时两年建造筹备[18]，于1918年农历八月初一建成开业[19]，公司内部布局与先施公司基本相似，一至四楼为营业部分，面积达1万平方米，五楼作为财务管理办公之用，六楼以上辟有大东舞厅、大东茶室、天韵楼等娱乐设施。

永安公司开业以来，其营业状况一直优于先施公司，这不仅归结于“永安”这一吉祥名字更能吸引客户，更是因为永安公司销售高档外国商品的比重和种

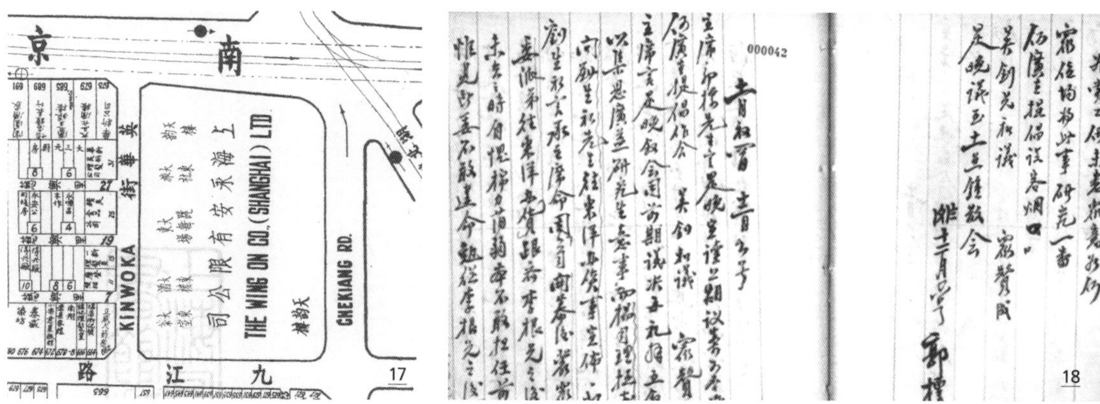

17
永安公司行号路图

18
永安公司筹备回忆录

1 分别是宝和洋行、瑞记洋行、亲和洋行、茂生洋行、三井洋行、平和洋行、美孚洋行等。
2 一说为25年，见薛理勇：《旧上海租界史话》，第221–230页。
3 郭泉：《郭泉自述：四十一年来营商之经过》，第14–18页。

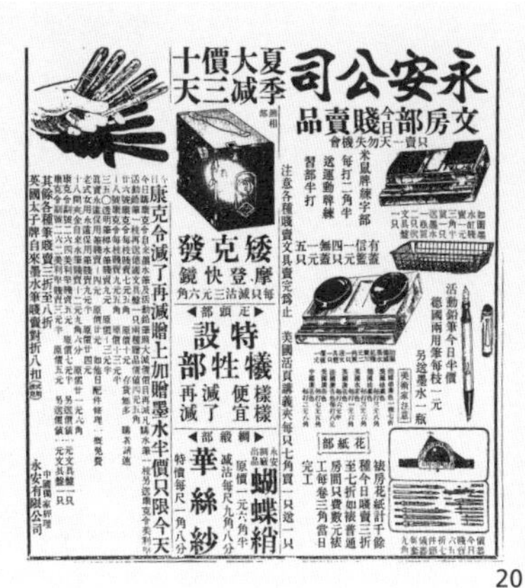

19
永安公司明信片

20
永安公司广告

类都多于先施公司，加上永安公司经常在沪上各大主流媒体，如《申报》《新闻报》等报纸上发布商品信息[20]，将公司从海外采办的新潮商品信息第一时间传递给市民大众。永安公司的天韵楼，在当时是仅次于新世界和大世界的娱乐场所，游客购买一张票就可以观赏多个剧种，并登上1920年代上海最高的建筑“倚云阁”欣赏上海全景。

1920年，永安大楼二期[1]工程完工投入使用，作为旅馆和娱乐消遣之用。旅馆房间从原来的60余间扩充至140间，1929年又增加了10余间房间。

1924年上海永安纺织股份有限公司出版了《上海永安纺织股份有限公司开幕纪念册》。

同年11月，香港永安公司、永安纺织公司、永安水火保险公司、上海永安公司、雪梨永安公司等联合创办永安人寿保险股份有限公司。总部设在香港，在上海设分公司，并在全国各地设代理处。主要经营险种有人寿保险、储蓄保险、儿女婚嫁保险、三益保险、终身保险、短期保险、特种储蓄保险、教育年金保险和意外保险等。[2]

1928年，永安公司部分高级职员集资，租用大东旅社内部分楼面，开设大东舞厅。

1929年，郭氏兄弟修订出版了《增订香山郭氏族谱》[21]。

1930年，永安公司在过去的12年中发展势头良好，与哈同签订“租地协议”已经过去十余年。郭氏兄弟计划在合同期满后，向哈同继续租用永安大楼，同时，为了防止哈同在续租时坐地起价，他们以112万5千美元的高价购买了与永安大楼相邻的“楼外楼”茶馆地皮，即九江路、湖北路与浙江路围合地块，并计

1　即永安公司地块靠南侧的一半建筑。

2　北京市保险公司《简明中国保险知识辞典》编写组：《简明中国保险知识辞典》，第5–6页。

划在该地址上建造“新永安公司”大楼，以防万一与哈同谈判失败，永安公司仍可以在新大楼中继续营业。[1]

1932年，永安公司成立25周年之时，香港永安公司出版了《香港永安公司廿五周年纪念录》，里面详细记录了郭氏家族从一无所有到创办永安公司的经过。

1933年，在永安公司刚过完廿五周年纪念后，公司的新一代接班人郭琳爽出任永安公司司理，有着良好教育背景的郭琳爽将一些新的营业理念植入永安公司，其中最引人注目的就是学习美国橱窗布置方式，注重橱窗商品的陈列，定期更新；公司成立时装表演队，请当红明星及模特现场表演；培训化妆品专柜售货员化妆技术，吸引顾客等。[2]

1936年，上海永安公司出版了《永安时装表演纪念册》。[3]

同年，21层的永安新厦落成，在之后的十余年间一直是上海最高的建筑。

1937年日本对中国的入侵对永安公司也造成很大影响。1937年8月23日，南京路上的炸弹导致永安公司的店铺遭到破坏22，一、二层的玻璃被震碎，15名员工死亡，两年后《永安月刊》专门发文悼念殉难员工23。[4] 1937年10月，香港被日军占领，英国政府撤销永安公司在香港的注册，以后不再给予商业保护；永安公司转向民国政府寻求庇护，然而当时民国政府因局势所迫，已迁往重庆；迫不得已，公司转向当时中立国美国注册，成为美商注册公司。但是据美国针对中国的商务法律，凡美商注册公司，其董事局美籍人士必须超过半数，才算合法。因此永安公司的董事局也做出相应调整。

增訂香山郭氏族譜序
我國積弱極矣而弱能存者以有宗法主義也
人口繁多矣而滋生不已者亦以有宗法主義也
宗法主義者敬宗睦族人人親其親長其長而團結以固團結既固生殖愈繁由是
積家而族積族而鄉積鄉而縣而省而國而風俗之敦厚情誼之歡洽基於是矣是
宗法社會者固我國獨具之習慣也
雖然每一氏族相傳數百載或莫溯其本源相承數十世或莫明其宗派非有以紀
之則親族而陌路矣此族譜之有關於宗法社會固所以維繫而聯絡之者也
先君沛勳府君知其然也嘗曰我郭氏系出汾陽來自南雄遷於鐵城分居良都已
數百年矣今竹秀園一族其一支派耳欲表明系統團結族人不可不搜羅宗支詳

21
《增订香山郭氏族谱》序

22
永安公司被炸现场

23
永安公司职员殉难年祭

1 薛理勇：《旧上海租界史话》，第221–230页。
2 《永安公司的经营诀窍》，《集团经济研究》1989年第4期。
3 《永安时装表演纪念册》，上海永安股份有限公司档案，上海市档案馆藏，档案号：Q225-2-66。
4 《民国廿六年八月廿三日上海南京路流弹案永安公司职员殉难者凡十五人》，《永安月刊》1939年第5期。《纽约时报》驻华首席记者哈雷特·阿班（Hallett Edward Abend）当时正和助手到永安百货订购双筒望远镜，目睹了整个过程：一架银色的飞机飞过头顶，接着地面出现了可怕的晃动……他意识到哗啦啦坠落的玻璃和轰隆碎裂的砖墙。他的助手血淋淋地爬回了车里。总共600人在事故中遇难和受伤。事故发生在周一，当时天韵楼没有营业，否则死伤人数将会更多。

24
永安公司跑冰场

同时，当时战局大势所趋，永安公司也大大增加了国货比重，甚至在永安新厦开辟出专门的国货销售专区，并向社会公开征求国货产品。[1]

在经历1937年的动荡之后，上海租界进入了空前繁荣时期，全国各地乡绅豪贾涌入租界，过着末日前纸醉金迷的生活，百货公司的营业也屡创新高。

1938年5月，永安公司跑冰场开幕[24]，这是上海第一家室内跑冰场，并在跑冰场边上设置了茶座饮料专区。次年7月，因上海流行新型话剧，郭琳爽将永安食堂改辟为永安剧场，将原有的部分账务办公室迁往永安新厦，而办公室部分则改为食堂。同时大东餐厅为迎合顾客消费趋势，在原有中餐厅一角增辟一西餐厅。

1939年，上海永安公司开始发行《永安月刊》[25]，自1939年到1949年，共118期，并附有两辑《胜利画报》和一册《第二次世界大战画史》。

1940年，鉴于永安公司在上海地区的平稳发展，郭乐等永安第一代创始人将香港、上海业务交由下一代管理后，长期定居美国，永安集团高层决定在纽约开设分店，并在纽约商业区物色合适地块。[2]

至1941年10月，永安公司的营业额达到其创业以来最高纪录，为9 844 000余元，这也是上海永安公司的巅峰时期，其后经历3年多平稳经营，到1945年以后，上海的百货公司虽然表象繁荣，但经济、政治形势已经大不如前，永安逐步陷入困境。1946年工潮频发，工人罢工此起彼伏，永安公司的员工也频频闹事，职工要求提高工资待遇，否则不与资方妥协，而永安高层却表示情愿休息三个月也不愿接受职工条件，因此进一步激发矛盾。在新新公司负责人李泽汉奸案事发后，永安公司总经理郭顺迅速离沪返港，才免受牢狱之灾。[3] 通货膨胀也使得永安公司背负巨大压力，1946年每月付出的工资就达到惊人数据—— 16 500万法币，折合条子110根。[4]

同年，永安公司天韵楼经长时间营业但管理不善，成了“藏污纳垢之地”，卖淫妓女与流氓经常聚集，斗殴及违法之事时常发生。郭琳爽等人认为天韵楼改革无从下手，且任何整改手段在短时间内都起不到很大作用，加上天韵楼的经营形式已经过时，不再是潮流所向，遂决定关闭。又在当年10月结束永安北楼一部分营业铺面以及永安新厦电影院，待到来年二月全部结束营业后，将

1 《上海永安公司扩充新厦征求国货启事稿》，1937-04-24。转引自陆其国《广东郭氏兄弟——从澳洲果栏商到上海百货大亨》，《羊城晚报》2019年10月5日。

2 佚名：《实事摘录：永安公司在纽约设店》，《英文知识》1940年第35期第601页。

3 金戈：《百货公司怠工别记——幸亏郭顺溜得快，否则成李泽第二》，《海晶》1946年第4期。

4 柳絮：《永安公司薪工惊人：每月付出法币一亿六千五百万，折合条子一百十根》，《快活林》1946年第3卷第12期。

25
永安月刊封面节选

这部分空间分别改造为仓储、账房、七重天礼堂、文化部（专售文具书籍、教育、运动、音乐等文化用品）以及滚球场（即保龄球馆）和展览馆。[1]

1946年12月，也是永安公司与哈同签订的“租地合同”30年到期之时，由于哈同已经病逝，其继承人佐治·哈同将该物业出售，永安公司有意购买。恰逢郭泉晋京出席国民代表大会后到上海小住，遂由郭泉亲自主持签定购买合同。[2]

1948年出版《上海永安公司消防队队员手册》，永安乐社出版《李雪芬女士义演特刊》《竹秀园月报》等。

1949年5月24日，上海解放之际，乐俊炎在永安公司倚云阁顶端的旗杆上升起了上海第一面五星红旗。[3]

1 《郭琳爽为结束天韵楼营业等事致郭乐函稿（1946年10月15日）》，载上海市档案馆、中山市社科联编《近代中国百货业先驱》，第86页。
2 郭泉，《郭泉自述：四十一年来营商之经过》，《档案与史学》2003年第3期第14–18页。
3 上海市静安区文物史料馆：《都市故事汇》，上海社会科学院出版社，2004。

新新公司

与先施公司、永安公司先在香港创办，随后发展至广州、上海不同的是，新新公司是香山籍澳洲华侨出资直接在上海投资成立。因为在20世纪20年代，上海已是东亚最繁荣的贸易城市之一，经济环境明显优于香港，也吸引了更多海外华侨直接在沪投资。

1923年，在澳大利亚经营多家小型杂货店的李敏周，在其舅舅黄焕南的影响下，回国创办百货公司的想法已经很坚定了。恰逢先施公司高层刘锡基与一批中层干部一起脱离先施公司，正寻找创建新百货公司的合伙人。两人一拍即合，李敏周专程赴澳洲募资招股，并和刘锡基等人选择了南京路上先施公司西面的地块——其原基址为公共租界公审会堂——作为新公司之地。这块地和永安公司一样，同为地产大亨哈同所有，李敏周等人与哈同签订租地合同，每年租金高达8万两白银，以32年为期限，32年后地面上所有建筑物归哈同所有。《北华捷报》在1923年的7月9日、8月11日、12月10日都对此消息做了报道。在租地达成一致意见以后，新新公司创办人聘请英商鸿达洋行（G. H. Gonda）为公司大楼的设计方，香港联益营造厂（Lam. Woo & Co）[1]负责营建工程。

经两年多建造筹备，新新公司于1926年1月23日开业，公司向中国政府登记注册，同时发行新新股票[26]。公司取名“新新”，一是取自《尚书·汤诰》中的“苟日新，日日新，又日新”，表示事业日新一日，兴旺发达；另一原因是在建成之初，该公司大楼外形和内部布局都很新颖，不同于其他百货公司，被称为中国最新型的百货公司。以“新新”命名，恰好符合公司创办人力求“日新月异”的创业信心与决心。[2]同时公司非常善于利用新事物作为公司的宣传，如玻璃电台的设立，日光灯的引入和冷气空调的安装，这些举措直接增进了新新公司的客流量和营业额。[3]

公司开幕那天，在一层入口大楼梯两侧，一对丝绸扎成的双龙相对而设，中间悬一颗龙珠。双龙体内储满香水，由机关控制香水从龙口喷射。开幕当天十一点的时候，商场内部人头攒动，非常拥挤，只好将公司大门暂时关闭，每隔十分钟开门一次，到下午三点，店内更加拥挤，公司职员只好在门口贴上“来宾拥挤，招待不周，停止参观，各界见谅”的告示。[4]

总体来说，新新公司自始至终都秉承“推销中华国货为宗旨”的理念，其进口商品所占的比例远不如永安、先施。同时，它采取的是薄利多销的原则，

1 另一说为鸿宝建筑公司（Gonda & Busch）。

2 薛理勇：《旧上海租界史话》，第221–230页。

3 李承基：《四大公司》，第168页。

4 《上海新新公司开幕报道（1926年1月24日）》，载上海市档案馆、中山市社科联编《近代中国百货业先驱》，第238页。

26
新新公司股票

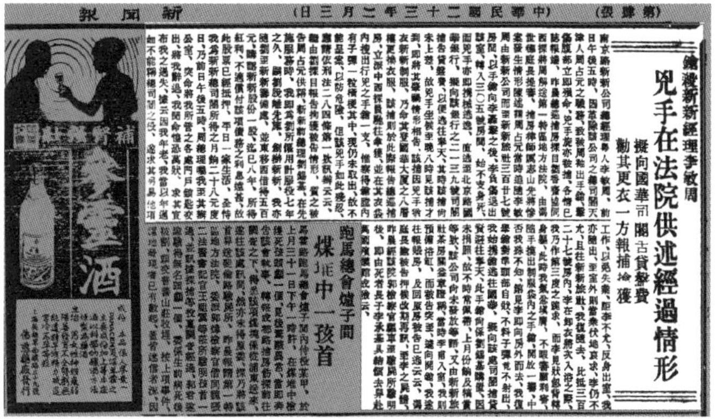

新聞報
中華民國二十三年二月三日
（第肆張）

槍殺新新經理李敏周
兇手在法院供述經過情形
擬向國華銀行騙貸盤費
勸其更衣一方報捕捦獲

跑馬總會爐子間
煤堆中一孩首

27
李敏周遇难新闻报导

大量销售价格实惠、品质上乘的国产货品，吸引中端客户。公司开业至1929年的三年多时间里，营业状况很好，三大公司在南京路上形成三强鼎立的局面，人们称之为“三公司”。

1927年公司发生内讧和职工罢工，新新公司营业局面稍有波动。1928年公司高层改组，新新公司的营业状况随即稳定。

1932年“一·二八”事变后，公司营业停顿两个多月，业绩受到影响。

1934年2月1日，公司创办人之一李敏周在新新公司附设的新新旅社327房间遇袭被害[27]，新新公司面临巨大危机，李敏周之侄李泽接任新新公司总经理一职。李泽早年先后就读于中山大学、香港大学，1924年就职于香港昭信百货公司，后又参与创办粤东宝孚银庄、粤东宝安出入口货办庄等。1932年，李泽应其叔父李敏周之邀来到上海，[1]一上任便对新新公司进行整改，并颁布一系列新的经营策略。公司不再拘泥于寰球百货的名号，开始销售更大比重的中低档商品，迅速扭转新新公司营业额低下的局面。同时李泽认为四大百货公司的附属事业雷同，各大公司都设立储蓄部、旅社、游乐场、餐饮部等，若是每一项均衡发展，将不利于在激烈的竞争中脱颖而出，因此他决定集中精力发展其中一项，将其做到四大百货公司乃至全上海首屈一指的程度。他选择了餐饮部，将原新新游乐场占用的空间并入餐饮部改建成为新式的夜总会，即新都饭店，场地非常宽敞，餐厅内可同时摆放一百多桌酒席，能满足上海豪门举办大型筵席的要求，场内设置了弹簧舞池，聘请菲律宾乐队为用餐者演奏歌曲。1936年，杜维藩[2]与严仁芸的婚礼在新都饭店婚宴厅举行，这使新新公司名声大振，使新都饭店成为上海滩仅次于新雅粤菜馆的饭店。另外，李泽在1936年至1946年间选择走灰色路线，也在一定程度上保证了特殊时期新新公司的正常运营，虽然这也使李泽后来因公司职员的检举而入狱。[3]

1937年，上海时局震荡，新新公司为加强安保措施，在原来用于陈列货物的橱窗外部覆上一寸厚的木板，因为玻璃橱窗的安全措施很薄弱，只能利用厚木板来防止战争时期的流弹和抢劫。在“一•二八”和“八一三”事变中，新新公司将六、七楼的游乐场和四楼的旅店对外开放，作为战区逃亡到上海的难民收容所，安抚、收容、施粥施饭等事务由“受职股东”负责。

“八一三”事变后，上海租界进入“孤岛”时期，大量离开家乡躲避战乱的人涌入租界，导致租界内外的旅馆也呈现冰火两重天的态势：租界外的旅馆惨淡经营、门可罗雀；租界内的大小旅店家家爆满，租金暴涨。1939年新新旅社借良好的势头决定扩建客房部分，将新新公司五楼的大部分临街房间都作为旅社客房，并改变了四楼的客房布置，使客房数由原来的16间增加至22间，扩建以后总客房数将近100间。

1941年，上海全市受军事管制，新新电台的运营受到限制。[4]同年10月底，新都饭店发生火灾，新新公司六楼几乎全被毁，包括新新电台[28]。

28

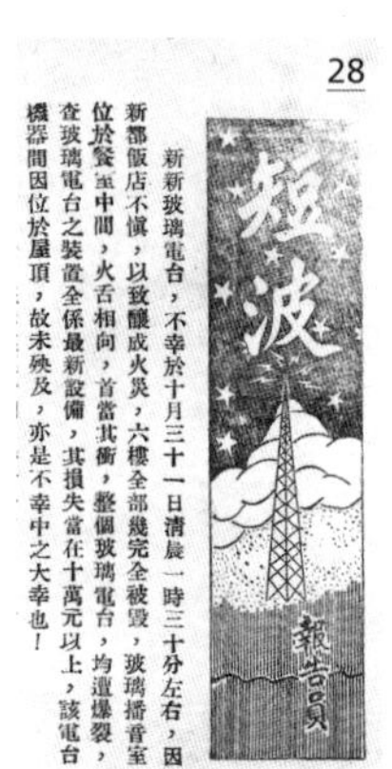

短波

報告員

新新玻璃電台，不幸於十月三十一日清晨一時三十分左右，因新都飯店不慎，以致釀成火災，六樓全部幾完全被毁，玻璃播音室位於餐室中間，火舌相向，首當其衝，整個玻璃電台，均遭爆裂，查玻璃電台之裝置全係最新設備，其損失當在十萬元以上，該電台機器間因位於屋頂，故未殃及，亦是不幸中之大幸也！

28

新新公司火灾新闻报导

29

大新公司为新楼所做的用地宣传图

30

建造中的大新公司

1 宋钻友：《广东人在上海（1843–1949）》，上海人民出版社，2007，第307–317页。

2 杜月笙的长子，毕业于沪江大学，从事金融专业，后迁居台湾，任银行经济研究室研究员。

3 郑泽青：《检举李泽：上海滩惩办汉奸最有声色的一幕》，《上海档案》1997年第6期第50–53页。

4 李承基：《四大公司》，第70–104页。

1942年到1945年间，上海社会秩序比较稳定，鲜少工潮，非常有利于百货公司的发展，新新公司在这段时间内也扩张了包括福安烟行在内的6项事业。

在抗日战争结束以后，新新公司的玻璃电台在新新大楼六楼转角塔楼处的一个房间内重新运营，更名为“凯旋电台”。然而这段时期工潮起伏，公司负责人李泽就因之前走灰色路线而被公司职员舒月桥检举，于1946年被定义为“汉奸”，入狱3年。李敏周之子李承基接替李泽负责公司主要业务。同时，新新公司的职工罢工并向当局提出调整待遇的要求，使新新公司营业陷入停顿。在这之后，内战爆发期间的抢购热潮及通货膨胀，也使新新公司陷入困境。

1949年5月24日，新新公司职员李云森通过凯旋电台向全上海播报了上海解放的喜讯。[1]

大新公司

1920年年初，一直把业务聚集在香港、广州的蔡昌见先施、永安、新新三大公司在上海的业务蓬勃发展，也萌生了在上海设立自己的分公司的念头。[2]

1929年蔡氏兄弟设法筹得资金476万余元用来建设上海分公司。也正是由于在广州十余年的杰出经营，大新公司积累了充足的资金储备，足以让其在上海的分公司无论在投资规模、建筑规模还是在设备等方面都超过三大公司。

20世纪20年代末的南京路已经非常繁华，蔡昌选择了南京路最西端靠近西藏路，这里紧邻跑马场，位置适中，交通便利，基地三面临街，适合新建一大型百货公司。蔡昌花费378万余元购置了此处的5亩（约3333平方米）多地[29]。与已经在上海呈三足鼎立之势的先施、永安、新新公司聘请外国洋行设计百货大楼不同的是，大新公司聘请中国本土公司——基泰工程司承担大楼设计任务，馥记营造厂为大楼的营造商，钢窗由大东钢窗公司承做，电气工程由美益水电工程行承装，煤屑砖则由长城机制砖瓦公司负责制造。[3] 大楼于1934年11月破土动工，经一年多时间[30]，于

29

30

1　上海市静安区文物史料馆：《都市故事汇》。

2　“New Building for Nanking Road: Department Store to be Opened in a Year,” *North-China Daily News*, August 4, 1932.

3　佚名：《大新公司新屋介绍》，《建筑月刊》1935年第3卷第6期第4页。

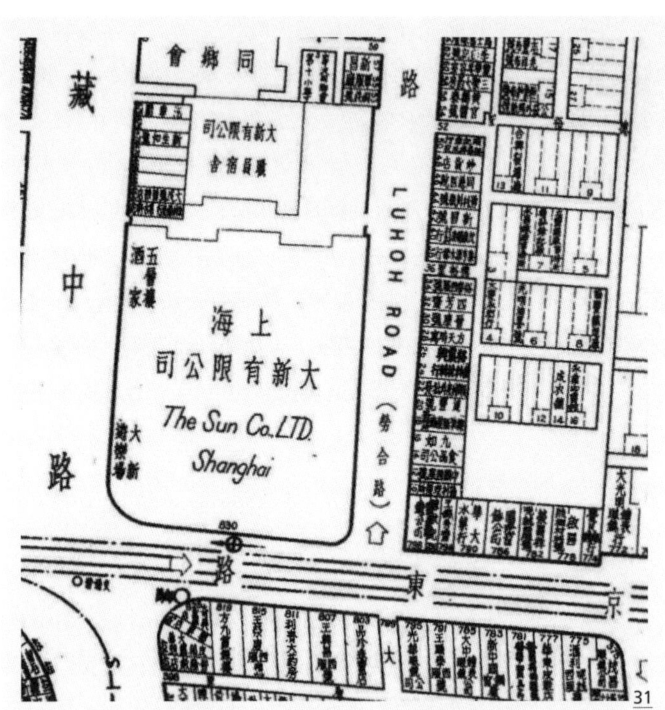

31

大新公司行号路图

32

大新公司开幕特刊-1

33

大新公司开幕特刊-2

34

大新公司开幕时宣传

1935年12月完工，总造价约120万余元。大楼占地5亩多[31]，高10层，1层地下室，底层外墙以黑色大理石贴面，其余各层外立面贴黄色釉面瓷砖，显得典雅、宏伟。大楼四层及以下设计为商场营业部，五层为大新酒家，六至十层设计为游乐区域，包括马戏台、罗跨亭、藏春坞、银河桥、御风楼、来青馆、螺丝谷、剪松亭、青云路、袖潮楼、万花棚、凌云阁、垂虹泾、五福亭、鱼俪轩、溪山小筑等，总称“天台十六景”；[1] 安排定期表演京戏、爱美剧（即话剧）、滑稽、魔术、国术等节目。最引人注目的是，公司仿照悉尼大卫·琼斯百货公司和日本大阪大丸百货公司的模式，[2] 在底层至二层、二层至三层之间设计了自动扶梯，这也使大新公司成为中国第一家装配有自动扶梯的百货公司。对于大多数没有乘坐过电梯或者根本没有见过扶手电梯的人来说，能坐上一回便是一种享受，于是，“到大新公司乘自动扶梯”便成了当时上海人最时髦的活动之一，这架自动扶梯成为大新公司的广告，在无形中给商家带来了巨额利润。更有学者断言，大新公司把“奥迪斯”自动扶梯引入到大上海的百货商店，已经不仅仅是一项纯粹意义上的技术引进，顾客乘着自动扶梯徐徐升

1 薛理勇：《旧上海租界史话》，第221–230页。

2 李承基：《四大公司》，第70页。

上海大新公司開業特刊

32

上海大新有限公司建築計畫大意

長城牌油漆

33

34

上来，汇入商品海洋，就意味着人和商品、百货商店这种现代化的购物观念紧紧联系到一起了。大新公司还将地下室空间开辟为地下商场，这也是上海市出现的第一家地下商场。[1]

1936年1月10日，大新公司正式开业[32][33]。由于建筑规模过大，购地、建造公司大楼及装修、设备等方面费用已经高达560万余元，远超出最初投资的476万元，而货物储备尚未购置，蔡昌等人遂向银行借款400万元，用于地下室至三楼的商场百货部分开业，同时开张的还有四楼的画厅、商品展览区。而地下室和一至三楼的百货部分面积就已经达到1.7万平方米，是当时全国最大的百货部门[34]。由于资金不足，蔡昌将五楼及以上的游乐场和酒楼部分出租给别人，五楼经营酒店和舞厅，六至九楼则为游乐场，[2] 但出租不久，大新公司由于百货部分的喜人业绩和可观利润，很快就积累了经营酒楼和游乐场的资金，遂先后将游乐场及酒楼收回，自行经营，并在公司五楼增设跑冰场。自此之后，大新公司业绩斐然，在1940年，大新公司一次性偿清了开业之初向麦加利银行的贷款。由于蔡昌经营有方，大新公司营业额在1945年时一度超过先施、

1　邱处机：《摩登岁月》，上海画报出版社，1999，第244页。

2　佚名：《大新游乐场今开幕》，《新闻报》1936年6月21日；佚名：《大新舞厅定期开幕》，《新闻报》1936年8月23日；佚名：《大新酒楼开幕志盛》，《新闻报》1936月8月29日。

部别	货品种类	本国货占比%	外国货占比%
绸缎皮货	蚕丝织品	100	
	人蚕交织品	100	
	人蚕毛交织品	75	25
	进口丝织品	0	100
	人丝绵交织品	100	0
	皮货	90	10
呢绒布品	洋服厚绒	25	75
	海虎礼服绒	15	85
	纺斜布	10	90
	进口印花绸纺	0	100
	土绒布	100	0
妇女儿童服装用品	女内衣	30	70
	女外衣	30	70
	女裙幅	30	70
	丝绒绳带	40	60
	梳什纱	40	60
	童内衣	40	60
	童外衣	40	60
	婴儿用品	40	60
鞋子部	男皮鞋	60	40
	女皮鞋	80	20
	儿童鞋	70	30
	男女中鞋	80	20
电器、料器、瓷器	电器具	30	70
	洋瓷器	0	100
	江西瓷器	100	0
	玻璃器	30	70
	胶木器纸花	20	80
家具皮件	家具	30	70
	家具配件	30	70
	皮箱木箱	60	40
钟表	时钟	0	100
	时表	30	70
	寒暑表表链	40	60
乐器	洋乐	10	90
	国乐	100	0
玩具	人形玩具	5	95
	铁制玩具	20	80
	游戏运动器具	20	80
首饰漆器	金珠玉石器	40	60
	银器	65	35
	象牙骨漆器	100	0
毯被	棉毯、棉被	80	20
	毛毯	60	40
	被单台布	70	30
袜子手帕	女袜	70	30
	男袜	70	30
	童袜	80	20
	手套	60	40
	手帕	60	40
	手巾	80	20
男士西装用品	帽子	60	40
	洋服	30	70
	洋服内衣	80	20
化妆品	香水	30	70
	香膏	40	60
	香皂	70	30
	香粉	30	70
	化妆用具	60	40
药品	药水油膏	30	70
	药丸	30	70
	医疗用具	40	60
雨伞、皮夹	女皮夹	30	70
	伞巾袋	10	90
	手头装饰用具	10	90
文具	笔墨用具	20	80
	绘画用具	40	60
	纸制品	40	60
照相机料	水瓶眼镜	30	70
	映机	0	100
	摄影器材	40	60
烟草部	香烟	70	30
	雪茄	70	30
	烟具	30	70
五金	搪瓷器	50	50
	精钢器	40	60
	刀剪器	20	80
罐头、洋酒、糖果、饼干	罐头肉食	20	80
	味汁果子	40	60
	奶粉麦片	30	70
	糖果	60	40
	饼干西点	40	60
	水果	40	60
	洋酒	40	60
南货参燕	海味	80	20
	茶食罐头什货	100	0
	冷饮	100	0
	火腿	100	0
	参燕	100	0
地室廉价商场	丝发夹	100	0
	袜子手帕	100	0
	糖果饼干	100	0
	西装衣箱	100	0
	棉衣衬衫	100	0
	童装毛衫	100	0

表2-1 大新公司各部门国货与外国货占比。
资料来源：《公私合营时期大新公司经营管理介绍总结》1959年[1]

1 马永明：《论外部性与近代中国社会变迁——以香山籍归侨为例》，暨南大学，2004，第84页。

美商擬貸美金一億元
重建西堤大新公司
以推銷美貨為原則
其餘條件在洽商中

35
重建西堤大新的新闻报导

永安、新新，成为四家百货公司中效益最好的一家。至此，“四大公司”在上海就成了专指先施、永安、新新、大新公司的称号。

根据表2-1可以看出，大新公司出售的高档商品，如呢绒布品、妇幼服装、电器瓷器、钟表、首饰、化妆品等商品都以进口为主，而鞋子、袜子、手帕、烟草、南北土产以及廉价商品部门则都以国产货物为主。

1938年10月20日广州被日军侵占，大新公司广州西堤分公司被日机轰炸失火，原中山五路大新公司将所有库存也储存在西堤分行，于是大新公司广州两个分行的货物一并被烧尽，仅剩建筑骨架。广州大新公司因此元气大伤、一蹶不振，随后处于停顿状态。

1941年12月太平洋战争爆发，日军占领香港，香港大新公司也遭受日本军方管制，营业额急剧下滑。大新公司粤行也曾努力挽回局面，甚至与一美商洽谈贷款1亿美金来重建西堤大楼，用于倾销美货[35]，但终究未能成事。与此截然相反的是，大新公司上海分公司却因租界畸形繁荣，营业额蒸蒸日上。同年，大新公司将其五楼的大新舞厅改建为大新剧场，来迎合新的娱乐需求。[1]

1946年成为上海大新公司由盛转衰的转折点。美国商品对华倾销，充斥国内市场，上海百货业面临困境，大新公司的营业额也不断下降。在黄金风潮中，愤怒的市民将沿街商铺的橱窗砸碎，大新公司的橱窗几乎无一幸免，损失惨重。[2] 相比之下，香港大新总公司的营业日益好转，蔡昌遂将经营重心逐渐移向香港，此后，上海大新公司的营业额逐渐下降，全年营业额远低于永安公司和新新公司。

1947年，蔡昌携全家定居香港，委托蔡惠民管理上海分公司，制定“多销货、少进货”的消极方针，逐步将资金抽回香港。

1948年，上海大新公司又在国民政府“限价”政策的影响下损失惨重，蔡昌对上海大新公司基本采取放弃态度。[3]

1 佚名：《大新五楼建新剧场》，《电影新闻》1941年第112期第446页。
2 紫虹：《大公司玻璃善后事宜：先施侥幸大新可怜，新新预备移花接木》，《快活林》1946年第42期第12页。
3 1948年8月19日，国民政府以总统命令发布《财政经济紧急处分令》，规定自即日起以金圆券为本位币，发行金圆券的宗旨在于限制物价上涨，规定“全国各地各种物品及劳务价，应按照1948年8月19日各该地各种物品货价依兑换率折合金圆券出售”。这一政策，使得商品流通瘫痪，一切交易转入黑市，整个社会陷入混乱。1948年10月1日，国民政府被迫宣布放弃限价政策。

后续：1949年以后

先施公司

1949年春，先施公司准备结束在上海的业务，主要负责人撤离上海，仅留少量人员在沪。1952年，先施公司大楼由上海时装公司、黄浦区文化馆及东亚饭店共同使用。这段时期的先施百货和东亚饭店经营情况很不景气，入不敷出，如1953年5月份上半月的电费是靠卖掉公司电风扇的钱凑数支付的，而先施公司已经无力支付当年5月下半月的电费、先施乐园的修理费、托路拆屋装修费共计14000万余元。因此上海市老闸区对先施公司提出三项管理意见：商场全部采取代销形式；将企业内部商场、旅馆、乐园三个部门分开，经济独立；将旅馆拆账制度改为固定工资，先施乐园重新修订保本数字，将商场职工的工资降为原来的七折或八折。[1]

先施大楼内部空间的使用功能在之后的岁月里仍在继续改变。1954年11月，先施公司进行新一轮改造，决定将先施百货商场铺面及二楼全部租借给国营五金公司，东亚旅馆及先施乐园则仍旧由先施原有机构负责维持经营，先施乐园因纳凉晚会的举办受到市民的青睐，因而营业状况一直不错。1954年12月1日，《上海先施公司为拟将所营百货门市各部门业务全部结束事呈中国店员工会上海市委员会私营企业部函》中提到："经香港总行董事会同意向政府申请商场全部出租，现蒙政府大力照顾，允将我公司二楼及铺面商场全部租用，因此我公司拟将所营寰球百货门市各部门业务全部结束，其余付业东亚旅馆及先施乐园仍保留继续经营。"这一决定意味着作为上海四大百货公司之首的先施公司，其经营寰球百货的这一业务，在1954年年底彻底结束。

1956年2月先施公司商议公私合营一事时，给上海市第一商业局的信中提及："上海分公司之内部组织：分公司经理部为总公司授权之最高机构，设立总写字间（即今总管理处），下设三个部门：百货，游乐场，旅馆，而以百货部为主要。……保持分公司办事所之建议：我公司系香港总公司之分支机构，前已详述，合营后私股代表对总公司仍负有一定之责任与关系，为便于执行此项责任与关系及处理公司善后事宜，似有保持设立一个办事处之必要，名义用'香港先施有限公司上海分公司'或'香港先施有限公司上海办事处'，留一二

1 上海市档案馆、中山市社科联编《近代中国百货业先驱》，第38页。

职员辅助办事，对外绝无商业行为，……此办事所均起对香港总公司担负桥梁作用。”[1]

至此，作为民族百货行业的先驱，先施公司在上海的业务全部结束。总体来说，作为上海市第一家寰球百货公司，虽然先施的盈利水平与永安公司有一定差距，但是先施公司的经营理念、规章制度皆被永安、新新、大新等同行所承袭，其在百货行业的首创之功是不容抹煞的，是中国近代零售业转型的重要节点。

先施公司香港总行继续营业，发展良好，在香港多处开设分店，台湾也有其分店。

1989年9月25日，先施公司大楼被列为上海市文物保护单位。

1993年，先施公司重返南京路，新址在南京东路479号。

永安公司

1949年，永安公司出版了《上海市湖北区第三段救火会复员纪念特刊征信录》；永安同仁联谊会出版了《会讯》《会员之声》；上海永安公司公会出版了《永安会讯》《百职报道》等。

1949年春，在四大公司另外三家公司纷纷撤离上海、高层人员离沪返港之际，永安公司总经理郭琳爽认为当前形势不至于结束上海永安公司业务，并坚持留守上海继续营业。然而新中国成立以后，上海市民购买力薄弱，国外高档货物鲜有顾客问津，同时新政府对进口商品赋税较重，永安公司因此改变经营方针，降低商品档次适应大众潮流，并在1950年4月份筹办廉价商品拍卖会，吸引客流。上海日用品公司也租用永安新厦的底层销售廉价商品[36]。次年，永安公司欠各银行款项已达30余亿人民币，公司高层计划出售部分房地产作为还债及营业运转资金。

1951年，永安公司在三楼专辟了“儿童世界”，经营各种儿童用品和玩具，并为儿童供应点心和冷饮，同时在商场影院里放映儿童电影。1952年，因大东舞厅被定性为奢侈行业，公安局建议尽早结束营业。大东旅馆也被迫面向大众，降低房价吸引客人，或者出租给政府机构作为宿舍之用。1953年，公司营业总额出现了解放以来首次盈利，全年利

36
日用品公司开幕
（“一百”前身）

店員鈴聲如驟雨
日用品公司開幕
貨物定價低廉顧客踴躍

【本報訊】國營上海市日用品公司今日開幕營業，因爲一般日用物品定價低廉，復因地段適中（永安新廈底層），顧客極爲踴躍，大門一開，顧客一擁而進，每個玻璃櫃台都擠滿了人，全公司只聽得一片驟雨一般的打鈴聲（店員催交賬員繳賬須打鈴）一般貨色定價均極低廉，雙斧牌香烟每包一百七十元，帆船牌毛線一萬四千餘元一磅，其他商店三百元一個玻璃杯，在那里只賣二百五十元一個，並且還有一批海關查獲充公的走私貨，定價更廉。一些顧客都在不自禁的說：「東西眞是便宜！」並希望在全市各區多開幾個分公司才好。（塵）

1 《近代中国百货业先驱》，第50页。

润为93 608 600元人民币。但这种盈利情况并未维持多久，次年2月起，营业额逐月低落，平均每月营业亏损达六七亿元，永安公司考虑公司二楼茶室、三楼酒菜厅即鸾凤厅结束营业，出租给市中百公司作为办事处，并协助原酒楼茶室职工60人转业。

至1955年11月，上海市第一商业局同意永安百货公司进行公私合营，随后中国百货公司上海市公司对永安百货公司提出改造建议：将永安公司经营方向改为专营儿童用品的专业商店，兼营部分百货用品和高档进口货品。1956年1月14日，永安公司正式公私合营[37 38]。[1]

1966年，永安公司更名为国营东方红百货公司，随后又改名为上海第十百货，同年，为了解决南京路人车拥挤的情况，永安公司将原大橱窗后退了3～5米不等，改为骑楼式人行道。

至1988年1月改为华联商厦，确定“穿在华联”的营业方针。2004年重新启用旧称“永安百货”，并对永安公司大楼进行修复改造，恢复永安大楼历史面貌，2005年恢复“永安”屋顶花园，开设空中百鸟园。[2]

而香港永安公司，曾在香港开设多家分店，随后部分店铺结业，现永安在香港仍有5间分店，营业面积3万余平方米，职工700余人，由郭泉后人管理，目前主席为郭志梁。

1989年9月25日，永安公司大楼被列为上海市文物保护单位。

新新公司

1949年李泽出狱后便携家人离沪返港，公司负责人李承基与萧宗俊也因为公司内部斗争严重，于同年5月份离开上海返回香港。到上海解放前夕，新新公司董事会的17位成员仅有3位留守上海，公司业务进一步下跌。公司业务委员会随后决定由金宗成、蔡儒枝、邢德修、程耀枢、杨星光、徐文骥组成新新公司临时委员会，负责处理公司日常事务。

1951年2月，新新公司屋顶原有的供游人登高远眺之用的10层尖塔，因年久失修，塔楼顶部外皮脱落，险些酿成惨祸，随即被拆除，仅保留原塔的塔基。同年12月，新新公司结束百货业务，铺面由中国土产公司上海市公司第一门市部承租，茶室和旅馆等附属事业则由新新公司临时维持会统一领导、分别经营。[3]

1 《中国近代百货业先驱》，第80–172页。

2 永办，木又：《经典与荣耀——永安百货九十年集萃》，《上海商业》2008年第1期第45–47页。

3 即中国食品公司上海市公司的前身，1954年4月1日，更名为“中国食品公司上海市公司第一门市部”。

37

公私合营后的永安百货

38

公私合营后永安百货营业场景

1952年10月，新新第一楼、新新旅馆、新新茶室相继宣告停业。1953年4月，新新美发厅迁至愚园路。从1951年至1955年，中国土产公司先后分三批租用新新公司铺面：第一批租用42 261平方呎（即平方米），租金为每月6859元，同时借用一批家具给第一商店用；第二批租用房屋面积为16 122.7平方呎，租金每月为3434元，同时借用一部分家具为公司本部所用；第三批租用28 324平方呎，租金为每月7748元。[1]

从1957年新新公司总管理处致上海市华侨事务处函稿可知，新新公司为租地建屋，与哈同洋行签订的租地合同是由1925年元月1日至1955年12月31日止，租约规定“期满后地面上一切装修设备无条件归业主所有”。正因为有此规定，1955年12月31日以后，该房屋产权已经不归新新公司所有。由于当时哈同洋行欠上海市人民政府款项，所有公司房屋产权被政府接管。

因新新实业公司创立于上海，其所有事业包括旗下六项企业（以经营放款和金融贸易为主的新大银行，以制造男女成衣和儿童服装为主的奇美服装厂，福安烟厂，新都饭店音乐夜总会，生产汽水饮料的绿宝（Green Spot）厂以及新新百货公司）皆在上海，在香港缺乏基础，故复兴无望。在经历30年的经营之后，新新公司随风散去，不复存在。

1989年9月25日，新新公司大楼被列为上海市文物保护单位。

大新公司

1950年4月，大新公司资方代理人离沪以后，由职工组织的业务维持委员会负责处理公司业务。大新公司在三楼开设“日用品合作推销场”，设专柜百余只，供各厂商专门使用，寄售商品。随后将二楼改为妇幼商场，将地下室改为销售廉价货品为主的大众商场，从而进一步节约房屋空间。同时，将大楼三层、四层租给国营中国百货公司。这些举措在1951年时，已经能使大新公司反亏为盈，大新公司职员也公推代表赴港，向蔡昌宣传政府政策，希望他早日返沪与全体职工共同经营企业，然而蔡昌由于年老体衰，行动不便，未能成行。从此以后，大新公司一直处于无资方、又无资金的局面，盈利的局面并未维持多久，很快又陷入困境。

1953年9月10日，上海市百货公司租赁了大新公司的房屋[39]，其租赁范围包括：大新公司五楼以下及地下室、酒楼屋顶部分，包括大楼后面原有宿舍楼及空地，以及西藏中路464至474号的铺面房屋。大新公司原出租给别人的，

1 上海市档案馆、中山市社科联编《近代中国百货业先驱》，第265页。

如五楼的音乐厅、书场，西藏中路铺面阁楼的华华农场；大新公司尚在使用的部分，如职工及职工家属宿舍，这些部分仍由大新公司处理，将来若退租或不再使用，由中百公司优先承租。设备方面，除大新公司一部分仍在使用的设备外，原则上全部由中百公司租用，其中易耗损物品，则由中百作价收购。[1] 至此，大新公司的百货业务宣告结束。大新游艺场以及公司大楼房屋出租事务则由职工组织的管理委员会负责管理。

1956年，大新公司进行公私合营，设立总管理处。次年，大新公司总管理处及资产负债由中国百货公司上海市公司接收，大新游艺场由市文化局接收。

香港的大新百货总公司后因内部决策的缘故也告结业。

1989年9月25日，大新公司大楼被列为上海市文物保护单位。

39
第一百货商店内景

1 《近代中国百货业先驱》，第295页。

小结

从四大公司的创办人经商经历可以看出，他们的原始资金积累都始于早年在澳大利亚的经营活动：永生果栏、永安果栏、生安泰果栏、香蕉产业……四大公司的业主，马应彪、郭氏兄弟、李敏周、蔡氏兄弟和水果行业结下了深厚的渊源。这其中，有其客观原因存在：开设果蔬商店具有投资小、成本低、资金回笼快、受当地政策的影响小等方面的优点，同时对于经营者的要求不高，也是最容易上手的一个行业。因而马应彪等人在其他劳动力行业发展受阻时零售蔬果、经营果蔬商店，也是最佳选择。但是，并不是每个人都能把一家小小的果蔬店发展成为颇具规模的水果批发王国，马应彪开设永生果栏，也正是因为前东家因经营不善等问题，需要变卖店铺。正是由于几位出众的经商天赋和经营头脑，果蔬店才逐渐发展成为颇具规模的杂货商店，并开展了其他业务，才能在澳大利亚白人统治的世界中，垄断了香蕉贸易行业，在商业经营中争得一席之地。澳大利亚的排华政策和"白澳政策"的双重打压，严重限制了华人在澳的生活和经营，因此马应彪等人携资回到故土，开始新的事业。同时，在这些创办人回国之后，其在悉尼的业务仍由家族兄弟继续经营，成为百货公司发展的后盾。

从先施、永安和大新公司在香港的发展来看，从水果行业转到百货行业是几经波折，并非一帆风顺。几位正是由于出众的商业头脑以及多年的从商经验才能将百货公司的规模一再扩大。总体来说，三家公司都是在香港迈出了回国创业的第一步，在香港萌芽、多次发展、业务稳定后，开始谋求别处的发展，比如广州、上海。上海的南京路，真正成就了百货公司的辉煌[40]。同时四大公司继续在各地开办分公司、发展业务，其足迹遍布中国主要城镇，甚至到了新加坡、纽约等地。

1949年前后，先施、新新、大新三家公司的主要负责人都离开了上海，只有永安公司的郭琳爽仍留在上海亲自主持、经营永安公司。南京路上的四大百货公司在经历了公私合营、政府接手、郭琳爽去世之后，这四家曾经辉煌的百货公司不复存在。先施公司成了上海时装公司；永安公司现虽仍名为"永安"，但它与郭氏家族已经没有关系了；新新公司现为上海第一食品公司；大新公司现为上海市第一百货公司。

40 四大公司发展路径

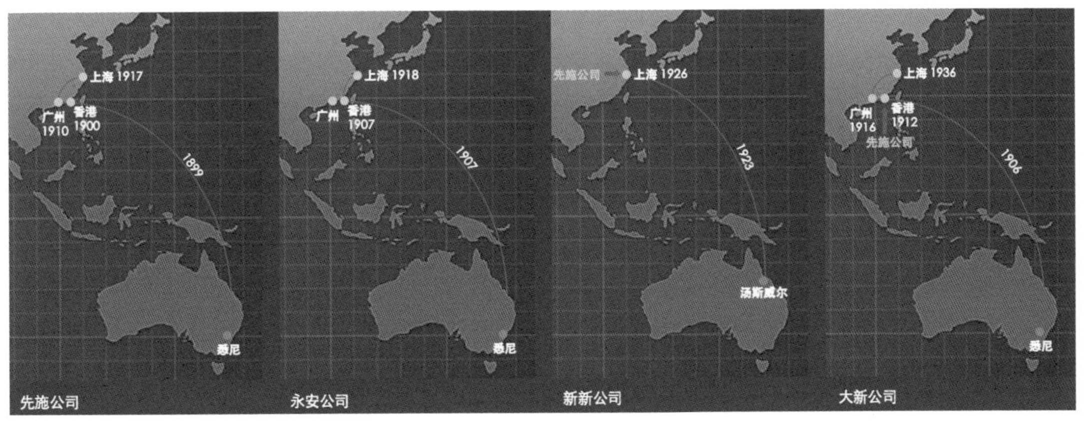
上海 1917
广州 1910
香港 1900
1899
悉尼
先施公司
上海 1918
广州
香港 1907
1907
悉尼
永安公司
先施公司
上海 1926
1923
汤斯威尔
新新公司
上海 1936
广州 1916
香港 1912
先施公司
1906
悉尼
大新公司

3

特性与共性：四大公司建筑研究

大戲院
Metropol Theater
寧波同鄉會
大新有限公司職員宿舍
五層樓酒家
上海大新有限公司
The Sun Co. LTD. Shanghai
大新遊樂場
西藏中路
LUHOH ROAD
(勞合路)
上海市警察局
老閘分局
Lou Za Police Station
泰昌製造木器工廠
泰昌公司
KWEICHOW ROAD
貴州路
上海新新有限公司
Sun Sun Co. LTD. Shanghai
南京東路
雲南中路
同昌車行
南國酒家
九江路
YUNNAN ROAD
(雲南路)
MOORE Memorial Church
慕爾堂
揚子舞廳
揚子飯店

1 四大公司相对位置图

NINGPO ROAD
三陽南貨棧
中國白十字會
The China White-Cross Society
TIENTSIN ROAD
天津路
煤業大樓
大上海飯店
東華旅社
浴德池
上海先施有限公司
先施樂園
Shanghai
五龍池浴室
三陽南北貨號
信大祥綢布莊
裘天寶銀樓
五洲大藥房
新鳳祥銀樓
中國內衣公司
ROAD EASTERN
南京東路
金華路 KINHWA ROAD (英華街)
上海永安有限公司
The Wing On Co.,LTD. Shanghai
大東旅社
ROAD
CHEKIANG ROAD CENTRAL
浙江中路
七重天
永安有限公司
The Wing On Co.,LTD. Shanghai
湖北路
HUPEH ROAD
中華百貨商店
老九綸綢緞局
洗清池
九江路
新樂劇場
新新旅社

"芸窗困雨类羁囚，寻胜同登最上头。
远瞩江河长似带，俯窥车马细如鸥。
几声歌管来芳苑，万点珠灯灿绮楼。
瑶草琪花看不尽，恍疑身在广寒游。"

——王虚舟，《吴鉴泉邀游先施乐园》

先施、永安、新新、大新这四家百货公司聚集在南京路的西段[1]，就像天外来客，横空出世。它们不同于南京路上原来的建筑，也不同于外滩沿岸的"舶来"建筑，自成一体，改变了上海的商业布局、娱乐空间，改变了上海的城市风貌，更是开创了新的建筑类型，为中国百货公司提供了一个范式。

先施公司：传统到现代的过渡

德和洋行和新仁记营造厂

先施公司大楼的设计者为德和洋行（Lester, Johson & Morris），其建筑分为七个单体[2]。[1] 参与建造先施公司大楼的营造公司总共有三家，分别是新和记公司（Sing Woo-kee）、新仁记营造（Sing Jin-kee）以及顾兰记营造厂（Koo Lanchow）。其中新和记公司负责先施公司1号楼，新仁记营造厂负责的是2、3、4号楼，顾兰记承担5、6、7三幢楼的营造工程。

英商德和洋行是上海最早以经营房地产为主体的商行之一，由史密斯（Edwin Maurice Smith）创办。但其何时成立已无据考察，据袁祖志、葛元煦所著的《沪游杂记》记载，1876年在圆明园路上就开有德和洋行，1887年《重修沪游杂记》中也有德和洋行在泗泾路一带的记载。而德和洋行档案关于雷士

1　作者将先施公司分成七幢单体建筑，各楼编号详见本章图2。也有学者将先施公司分成四幢建筑，见：华一民《先施公司建筑特色漫说》，《都会遗踪》2011年第1期第91–94页。

德（Henry Lester）的个人经历[1]中记载了他在英国取得建筑学学士学位以后，于1867年到上海，任职于工部局。因工部局规定，聘用期内的任何职员不得参与其主管业务范围内的商业活动，1870年，当雷士德与工部局的三年服务合同期满后，史密斯邀请他加入Shanghai Real Estate Agency。这是关于德和洋行的最早记载，也可以说明，德和洋行至迟成立于1870年。史密斯非常器重雷士德，甚至在1880年代他准备退休回国时，将其名下的房地产几乎全数转入雷士德名下，雷士德也成为德和洋行的主要股东。随后，该洋行主营房地产业务，公司的英文名字也随之改为Shanghai Real Property Agency，[2]雷士德经营房地产取得巨大成功，至1899年，雷士德在南京路拥有两块个人地产，共14.8亩（约9866.7平方米），其在南京路的土地拥有量居第三位，仅次于沙逊家族和汉璧礼。1908年前后，该公司歇业，1910年该公司重新营业，恢复建筑设计及土木工程等业务。1913年，他和另外两名英国地产商马立师（Gordon Morriss）和约翰逊（George A. Johnson）将德和洋行英文名改为Lester, Johson & Morriss，中文名称仍然沿用"英商德和洋行"，公司地址位于泗泾路1号。同时，该洋行的房地产业务仍在持续，到20年代中期，雷士德在南京路拥有的土地数量达到八块，总量达35.525亩（约23 683.3平方米），仅次于哈同。[3]

从德和洋行的发展经历和代表作品[表3-1]可以看出，先施公司是德和洋行改组以后第一个有影响力的作品，[4]其成功设计也为德和洋行招揽了不少优质项目。

建成时间	项目名称	项目地址
1917年	上海先施公司	南京东路646号
1921年	日清大楼	中山东一路5号
1922年	普益大楼	四川中路110号
1924年	字林大楼	中山东一路17号
1926年	台湾银行大楼	中山东一路16号
1932年	上海仁济医院	山东路145号
1934年	雷士德工学院	东长治路505号
1936年	上海三菱银行	广东路85号
1937年	迦陵大楼	四川中路346号

表3-1 德和洋行主要代表作品

1 德和洋行档案：《亨利·雷士德个人历史》。
2 郑时龄：《上海近代建筑风格》，上海教育出版社，1995。
3 《上海房地产志》编纂委员会：《上海房地产志》，上海社会科学院出版社，1999。
4 伍江：《上海百年建筑史：1840—1949》第10–26页。

新仁记营造厂原名石仁记营造厂，是上海早年最有影响力的宁帮营造厂之一，由石仁孝创办。1901年石仁孝去世后，将营造厂传给其徒弟何绍庭，何历经9年的努力经营，将该营造厂做得有声有色，并于1910年将名称改为新仁记营造厂。改名后第一项工程便是建国中路上原上海特区第二法院监狱。1922年，新仁记营造厂由独资改为股份合伙经营，由何绍庭及其徒弟竺泉通负责承接工程、组织施工，由何绍裕负责财务管理，营造厂进入全速发展的阶段。在20世纪二三十年代，新仁记在上海承建了一批著名的项目，如华懋饭店（现和平饭店北楼）、都城饭店、汉密尔顿大楼（现福州大楼）等等。在1932年“一•二八”事变以后，何绍庭因遭遇三次绑架，腿部中枪而无心营业，深居简出，并试图遣散新仁记营造厂。1937年“八一三”事变之后，何绍庭开始闭门谢客，并于1943年宣布解散新仁记。抗战胜利以后，新仁记重组，仅承接一些中小工程。1950年，何绍庭与竺泉通各自经营，并签订《共同使用牌号名称同意书》，何绍庭以新仁记何号营造厂的牌号营业，竺泉通则以新仁记通号营造厂的牌号承接工程。1952年，新仁记何号的职工与设备、材料全部并入华东建筑公司。[1]

在承接先施公司的2、3、4三幢楼之时，新仁记的事业刚刚起步，正处于迅速发展时期。其负责人在管理上对工程质量一丝不苟，施工过程中严格监工，建材选购上由固定员工负责。这也造就了新仁记日后房地产事业的繁荣。

先施公司的5、6、7号楼由顾兰记营造厂负责建造。该营造厂由川沙县蔡路乡人顾兰洲在1892年独资创办，是川沙帮[2]中最大的营造厂之一。顾兰洲出生于1853年，自幼家贫，父亲早亡，由其母抚养长大，11岁左右到上海学习木匠手艺，出师后到天津的轮船上做木工的同时主动学习英语。[3]他在30岁左右先后在杨斯盛创办的杨瑞泰营造厂和余积臣创办的余洪记营造厂工作，参加过海关大楼二期工程建设等一系列重要项目的营建，[4]并结识了怡和洋行、马海洋行、新瑞和洋行的一批外国人，在他们的支持下创办顾兰记营造厂，因此顾兰记承接的项目中有很大一部分来自这些外国洋行。

在建造先施公司大厦之前，顾兰记就已经承接过怡和洋行大楼、北京英国公使馆、上海太古洋行大楼等，修缮过上海英国领事馆、南京英国领事馆等，总计30多项大工程。[5]先施公司作为当时上海最大的建筑，众多营造厂竞相承

1 上海市地方志办公室：《何绍庭》，载《专业志》，2004-01-14，见http://www.shtong.gov.cn/Newsite/node2/node2245/node69543/node69552/node69640/node69644/userobject1ai67894.html.

2 上海近代营造业者依据地缘关系可分为“宁绍帮”“香山帮”“本帮”等，“本帮”以川沙籍的营造业者为主。根据《建筑施工志》记载，1880—1919年上海10家注册营造厂中就有6家为川沙人创办：杨瑞泰营造厂、顾兰记营造厂、裕昌泰营造厂、姚新记营造厂、王发记营造厂和周瑞记营造厂。见上海市地方志办公室：《建筑施工志》，载《专业志》，2004-01-14，见http://www.shtong.gov.cn/Newsite/node2/node2245/node69543/node69546/index.html.

3 吴思德：《川沙县建设志》，上海社会科学出版社，1988，第144页。

4 娄承浩，薛顺生：《老上海营造业及建筑师》，同济大学出版社，2004，第19页。

5 《老上海营造业及建筑师》，第41页。

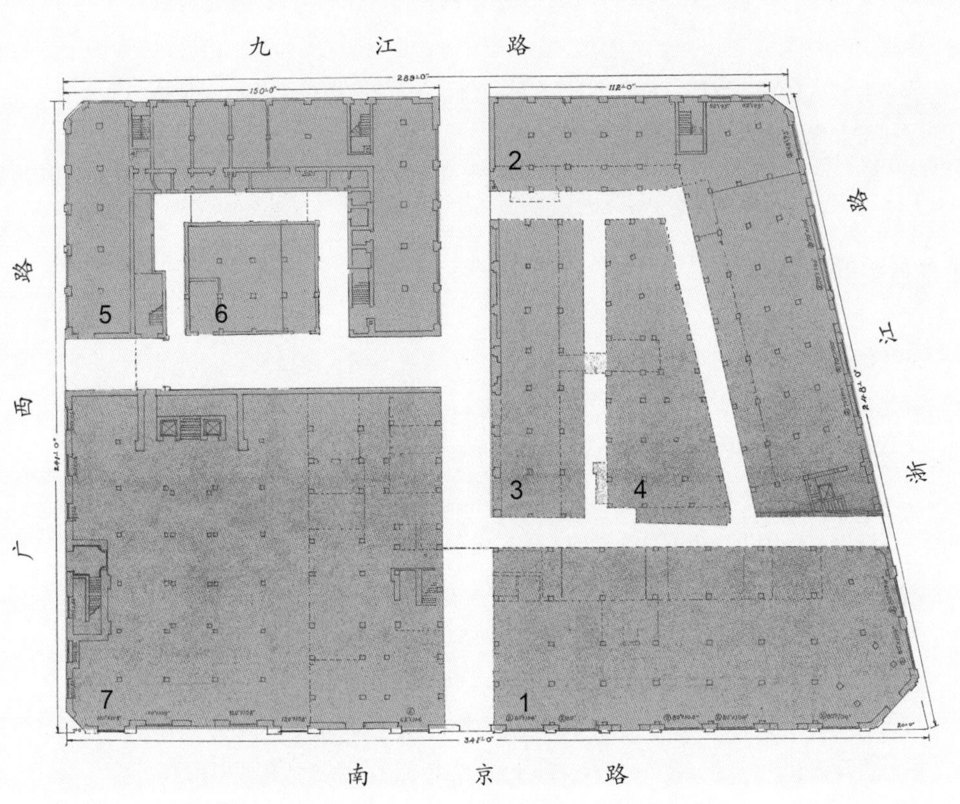

2

先施公司地盘图

接该项目，而顾兰记正是依靠马海洋行的关系才顺利揽下先施公司3幢建筑的承建工程。[1]

先施公司大楼完工以后，顾兰洲参与马海洋行经营的房地产业务，由他专门负责建造和经营的住宅总计逾2000幢。[2]

化整为零的平面布局

从先施公司的平面图可以看出，它与另外三个百货公司大楼最大的区别在于，其建筑总共分为七幢[2]。相比之下，永安公司大楼为两幢；永安新厦为单独一栋的整体建筑；新新公司虽然在一层平面中曾有通道将平面划分为南北两个部分，但是在二楼以上各层建筑仍是一个整体；大新公司从一楼到顶楼都是整体一栋建筑。促使先施公司这么做的原因有以下几点：

(1) 当时上海、广州，乃至香港的百货公司营业面积普遍较小。在马应彪等人筹划开设先施公司沪行时，上海仅有英商四大公司：福利公司、惠罗公司、汇司公司和泰兴公司。规模都不大，如福利公司当时仅为三层楼的房子，一层面积不到300平方米；福利公司路对面规模相对较大的惠罗公司，占地面积也不过500平方米左右。因此在租下南京路浙江路路口的10余亩地（7000多平方米）之后，马应彪一行人在考虑其用途时，断不会贸然将所有地块全部作为百货商店之用。

(2) 建筑师的经验使然。负责设计先施公司大楼的德和洋行，在设计先施公司之前没有设计大型百货公司的经验。对于他们来说，可以参考的现实案例，仅仅是马应彪在澳大利亚经营水果栏时印象最深刻的悉尼最大的百货公司安东尼·荷顿百货公司和大卫·琼斯百货公司，其次就是上海的英商四大公司，以及德和洋行设计师的学识背景。

(3) 使用功能的合理安排。先施公司作为上海首个民族资本开设的百货公司，其功能的安排和设置尚处于探索阶段。在不确定上海百货业发展前景的情况下，"将鸡蛋分篮而放"，设多种业务同时经营，是比较稳妥和保守的做法，有利于投资者的资金安全。因此，先施公司将其中一幢建筑和其他建筑的沿街面作为百货公司，在其他楼面分别附设了旅社、游乐场、浴室、酒楼、茶室、保险、银行等对外经营的业务，以及办公、员工宿舍、食堂、

1 高红霞，贾玲：《近代上海营造业中的"川沙帮"》，载上海市档案馆《上海档案史料研究》，第8辑，上海三联书店，2010，第25页。

2 上海地方志办公室：《上海建筑施工志·人物篇》，载《专业志》，2004-01-14，见http://www.shtong.gov.cn/Newsite/node2/node2245/node69543/node69552/index.html.

仓储等必要的内部功能。如此复杂而多样的功能，要杂糅在一个街区的建筑之内，同时要考虑到建筑良好的采光和通风等问题，一幢整体的建筑显然不是最合适的选择。

(4) 技术和设备等局限。1910年代，日光灯还没有引入到上海，室内照明以白炽灯为主，灯光比较昏暗，照明条件不够好，百货公司的室内照明仍依赖自然采光。先施公司在百货营业厅的正中间设置采光中庭就是大体量建筑解决采光问题的典型手段。而通风问题亦是如此，大空间的通风设备也是在20年代才引入上海。因此也可以看出，大空间在当时的上海并不是最佳的选择。

(5) 分期建设，缓解资金压力，争创“上海首家民族资本百货公司”的称号。在先施公司开业之初，仅1号楼的建筑是已竣工的，在1号楼对外营业创造利润的同时，其他楼先后竣工投入运营，而不至于等所有建筑全部竣工后才开始营业。体量小、相对独立的功能设置，的确为先施公司的资金周转提供了便利，也使先施更快投入运营并获利。在先施公司决定开设沪行的第二年，永安公司启动了其开设沪行的筹备工作，两家公司在香港、广州曾进行多方面的竞争，也将这一竞争意识带到了上海。谁的动作更快，谁先拔得头筹，对于两家公司来说都很重要。因此，尽快让自己的公司开张营业，成为上海第一家民族资本的百货公司，也促使先施股东们选择了这种布局方式。

(6) 在运营方面能够实现相对独立。让先施公司在非擅长的业务上有转让他人经营的可能，经营管理上也更为方便。如先施公司在浴室方面的经营经验显然不足，开办一年有余，浴室的营业状况并无起色。遂将浴室转租给佘春华，经过佘的一番改造，浴德池成为远东最高档的浴室之一，也是上海运营最成功的浴室之一。正是因为浴室处于独立的两幢建筑之内（3号楼和4号楼），使得其在主要出入口方面不与百货公司发生流线交叉（其主入口临着天津路），在管理方面也独立灵活。

在这一番综合考量之后，最终形成目前的建筑形式[2]：两条私家马路将地块分为三个部分，最大的地块（面积约为3160平方米）中，又有三条小巷贯穿其内，分为四幢相对独立的建筑（1至4号楼）；面积居中的地块（面积约为1680平方米）建一栋建筑（7号楼）；最小的地块（1400平方米）内分为两栋建筑（5、6号楼）。先施公司对经营内容的设定，从一开始就与英商四大公司不同。先施公司的每栋楼都有相对独立的经营业务：1号楼以百货和旅馆为主要经营业务[3-6]，2号楼则以百货为主[7-9]，3、4号楼经营浴室，5号楼则作为百货以及员工宿舍之用，6号楼主要为储藏和酒楼，7号楼的经营业务为百货和

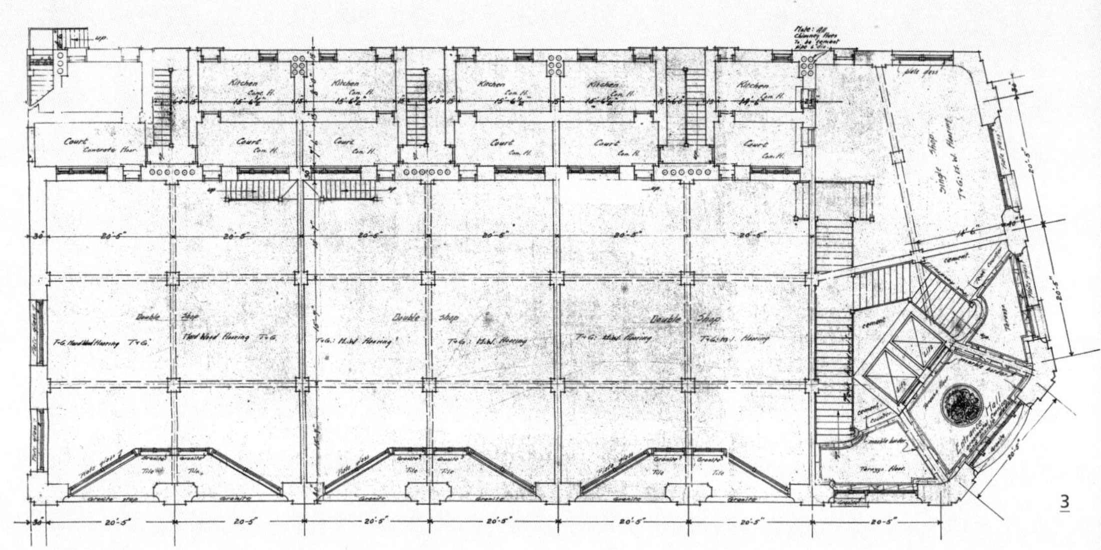
Kitchen
Court
Concrete Floor
Double Shop
Single Shop
Entrance Hall
Granite step
Plate glass
Terrazzo floor
20'-5"

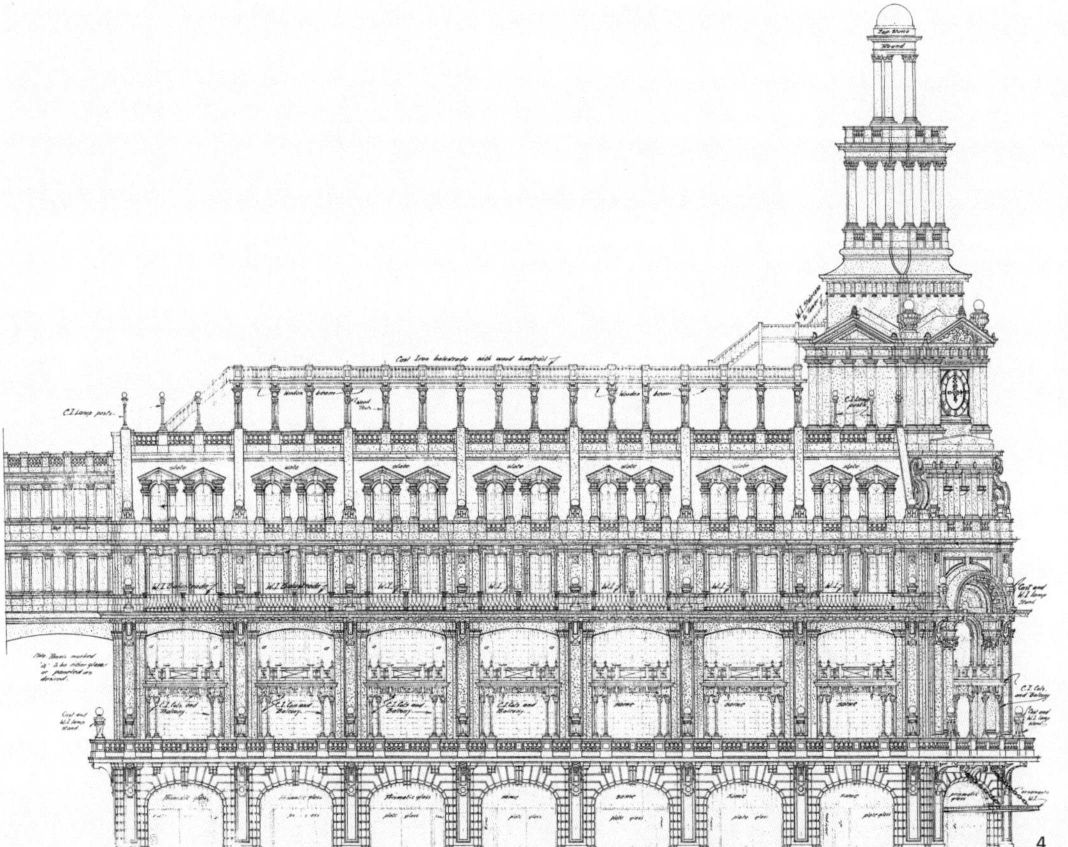

3

4

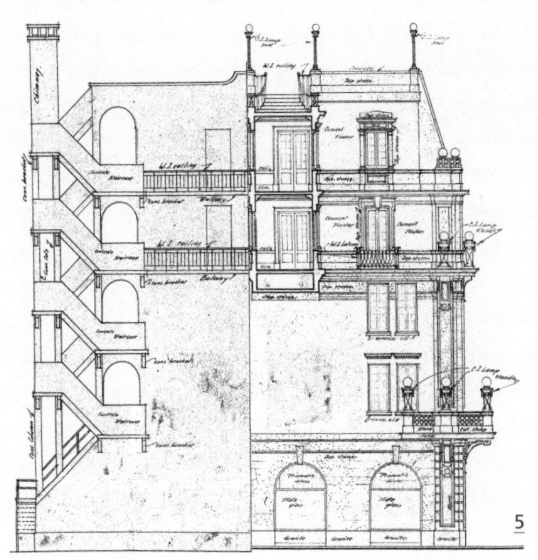

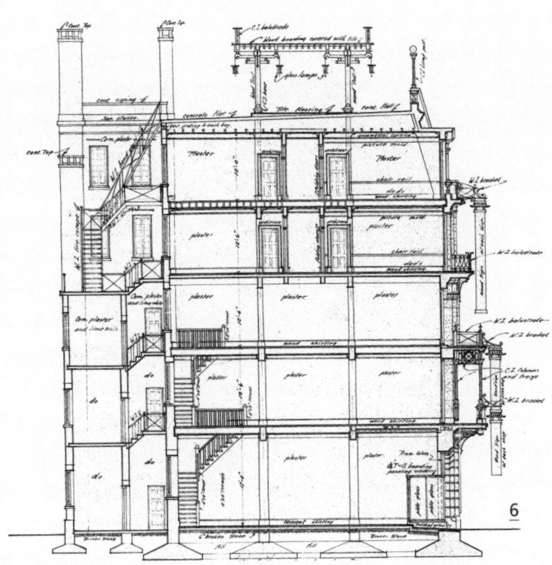

3
先施公司1号楼一层平面图

4
先施公司1号楼南（南京路）立面图

5
先施公司1号楼西立面图

6
先施公司1号楼剖面图

旅馆[10-12]。先施保险公司、银行等经营业务都设置在大楼里面。1号楼和7号楼作为沿南京路的最主要的建筑，楼层设置为五层（局部四层），5号楼和6号楼为四层楼高，其余三幢楼均为三层楼高。

在随后的经营过程中，先施公司的这种化整为零的处理手法不足之处也逐渐显露出来：

(1) 预留给百货公司的面积不足。百货公司的繁荣大大超出了马应彪等人的预计。最初将占地面积近1700平方米的地块作为百货商店和旅社，这其实是广州经营模式的一种延续，广州先施公司建筑分为两个部分，图[13]中左侧为东亚旅社三个开间，高六层；右侧为先施公司，三开间，高五层，其开间明显比旅社部分要宽敞。这种布局模式与上海先施公司的7号楼基

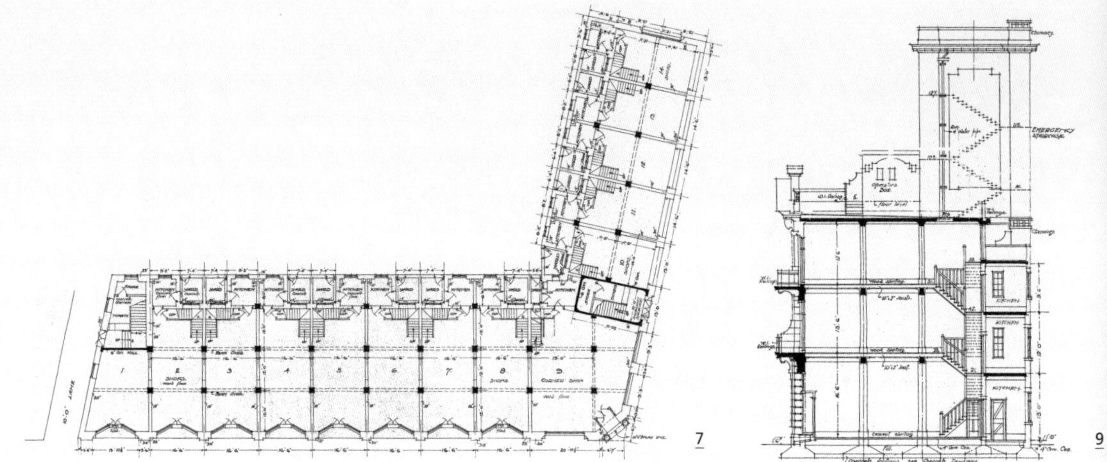

7

9

本一致，只是后者建筑规模更大一些。其中百货商店占用地面积1150平方米左右，共四层，总面积约为4300平方米，这么大的营业面积在当时上海的百货商店中已经是空前的。然而上海的消费能力远远超过其他城市，开业仅五年，先施公司的营业厅已经显得拥挤，永安公司的百货部分占地就是先施公司的一倍有余，达2500多平方米。与永安公司宽敞的营业空间相比，先施公司越发显得拥挤。

7

先施公司2号楼一层平面图

8

先施公司2号楼东（浙江路）立面图及转角立面图

9

先施公司2号楼剖面图

(2) 每个建筑的结构和柱网各有不同，大有局限，无法将所有单体整合成为大空间。在营业空间不够的前提下寻求扩建，一般有两种方法：水平方向上的扩展和垂直方向上的扩张。然而先施公司的平面布局决定了其建筑平面没有办法再向外扩张或调整，因此只能从高度上发展，即在屋顶上加建两层[14]，加建后百货营业面积将近6700平方米。但是这种平面形式明显不适合百货公司的营业，先施百货的业绩一直屈居于永安公司之下，后来开办的新新公司、大新公司也先后超过先施公司，受建筑形式所累也是其中一个重要原因。

两种商业空间共存

先施的百货部分营业空间分为两种形式，一种是面积较小的沿街商铺[15][16]，另一种则是面积较大的集中百货营业空间。前者主要分布在1、2、5号楼，店

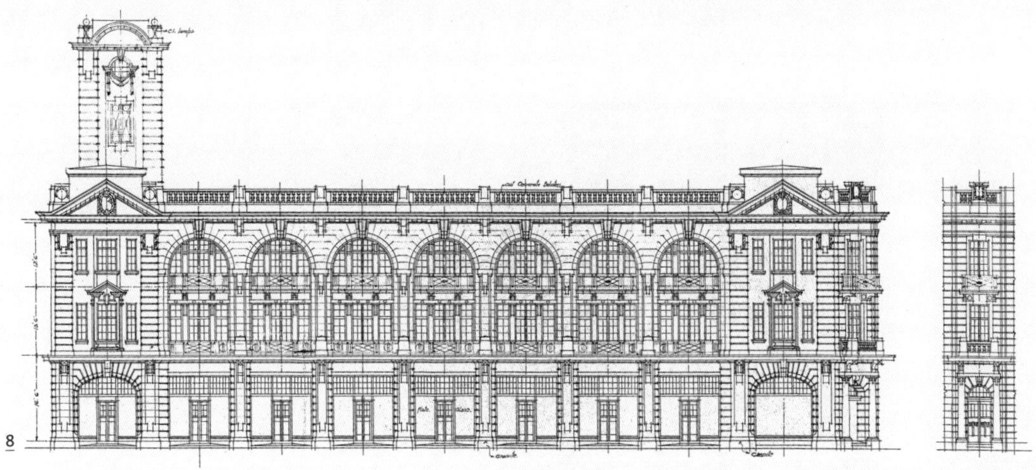

8

铺之间相对独立，每间占据一至两个开间，进深为建筑的厚度，店铺的最深处设有厨房和天井，每个天井都和建筑背后的小巷连通。此种店铺一般为多层形式，如1号楼的店铺为两层楼的，大部分店铺占两个开间，称之为“双铺”（Double Shop），内部有独立的楼梯通向二楼。2号楼则为单开间，称之为“单铺”（Single Shop），转角店铺面积稍大，称之为“角铺”（Corner Shop），每个店铺也有独立楼梯通往二、三层楼。5号楼的店铺则为两层楼。总体来说，这种店铺布局形式与中国传统“下店上住”或“下店上储”十分相似，先施公司最初起家的店铺即为此种形式。先施公司为几乎所有店铺单独设立的厨房、后院和楼梯保证了它们的独立性和生活便利性。[1] 这应该是传统店铺空间到大型百货商店空间的一种过渡形式。这种布局形式的优点是，可以为百货公司营业态势不佳的情况提供缓冲，先施公司可以出租部分店铺或者改作经营其他业务；其面积大小比较灵活，大者上下两层面积将近400平方米，小则面积仅23平方米的单层转角店铺，能够适应各种店铺的需求。弊端就是，受限于其开间和进深，这种空间对于更大的营业面积需求无能为力。这种形式的营业空间显然不是当时上海商业空间的发展方向，以至于随后的三家百货公司均没有采用，而是沿用了先施公司的另外一种营业空间，即面积较大的集中百货营业空间。

随着现代商业空间的发展，自20世纪90年代以来，大型商业空间中又出现了独立经营的小面积营业空间，一般称之为“精品商店”，类似于上述沿街商铺空间。但其是否受先施公司的影响，还需进一步论证。

1　仅5号楼两个转角店铺没有设置。

10

先施公司7号楼一层
平面图

11

先施公司7号楼
南立面图

12

先施公司7号楼
剖面图

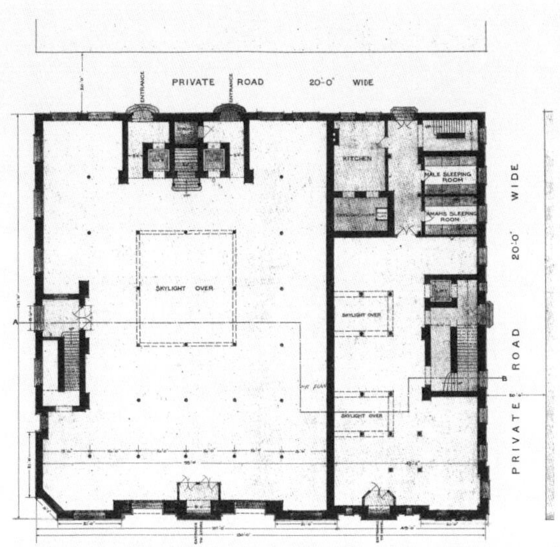

10

11

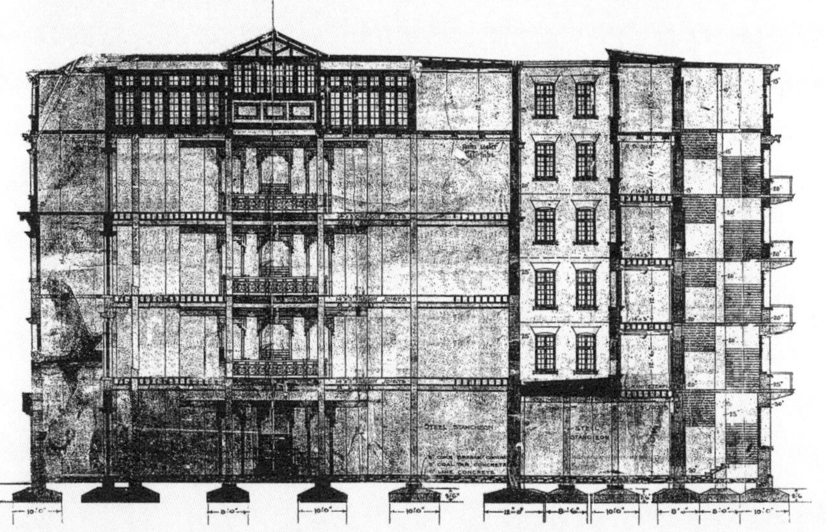

12

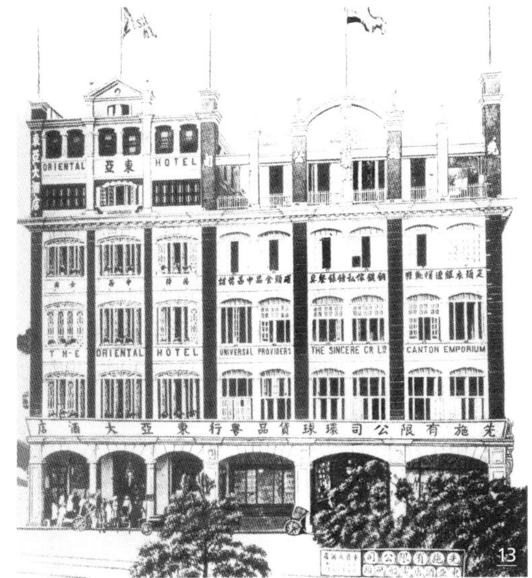

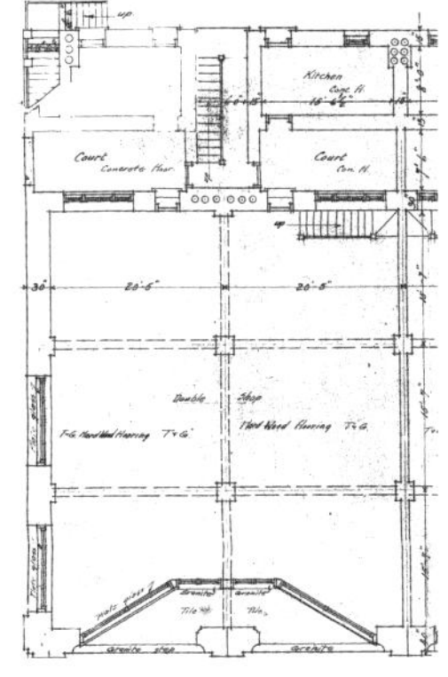

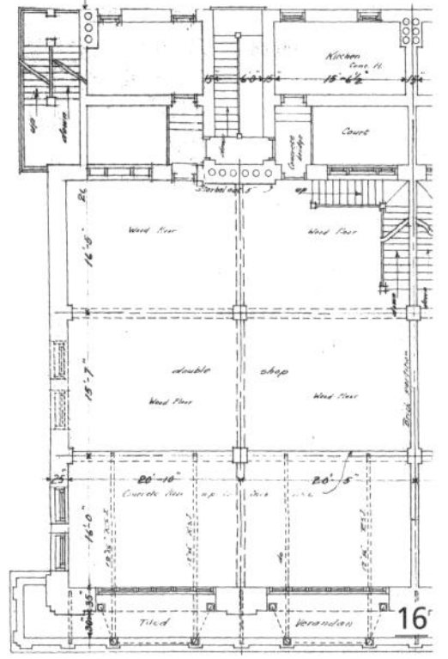

13

先施公司粤行

14

立面加高后的先施公司

15

先施公司

16

沿街商铺局部平面图（上下两层）

四层通高的中庭空间

先施公司7号楼的营业空间内，设置了一处面宽两开间、两个柱距深、四层楼高、上覆玻璃屋顶的中庭[12]。这种空间形式无论在英商四大公司或者在另外三家百货公司，以及先施公司香港总行、广州分行的建筑内，都是没有出现过的。这种特殊的处理方式，很有可能来自先施公司的设计者——德和洋行亨利·雷士德的个人经历。雷士德1840年出生于英国的南部港口城市南安普顿，[1]在伦敦接受建筑学教育，并获得建筑学学士学位，学成之后回到故乡，没过几年雷士德便坐船到达上海。[2]可以推测雷士德在伦敦学习的时间应该在1860年前后，他在伦敦学习建筑期间，与当时一些著名的建筑师都有交流，如佛良米（Lewis Vulliamy)、克拉克（G. Somers Clark）以及政府建筑师华脱豪斯（Alfred Waterhouse）等。[3]在1860年前后，英国现代意义的大型百货公司还没有开始起步，但是得益于工业革命生产了大量的铁和玻璃，英国的商业建筑中创造出新的建筑空间，这样的例子并不少见。[4]查尔斯·巴瑞（Charles Barry）设计的、建成于1840年的伦敦改良俱乐部（Reform Club）是当时轰动英国的带有中庭的建筑——用铁和玻璃创造出开放的、采光良好的建筑内部空间。同时期还有本宁斯（J. B. Bunnings）1847年设计的伦敦煤炭交易所，坎宁汉姆（John Cuuingham）1849年设计的利物浦海员之家，等等。[5]

1900年前后的上海，尤其是洋行、银行办公楼等建筑中已经普遍使用这种贯通的中庭。如建于1901年的华俄道胜银行，中间的大厅连接三层楼的空间，办公用房沿中庭四周布置，屋顶采用玻璃顶棚。或许雷士德是将上海洋行的建筑细部处理转译在了百货公司建筑中。在百货公司里用中庭来创造更宏伟的购物环境、象征业主的雄厚实力，对乐于接受新事物的马应彪来说并不是一件难以接受的事情。

多种风格混合的立面处理

先施公司的立面风格被不同的学者冠以各种不同的标签，如“新古典主义”

1 一说1839年。见雷士德工学院校友会“The History of the Lester School and Henry Lester Institute of Technical Education”，新浪博客，2011年7月1日。引用日期：2013年7月。http://blog.sina.com.cn/s/blog_451815c70100rt32.html.

2 德和洋行档案《亨利·雷士德个人历史》中记载为1867年，而1926年5月15日的《字林西报》中记载雷士德来上海的时间为1863、1864年。

3 房芸芳：《遗产与记忆〈雷士德、雷士德工学院和她的学生们〉》，上海古籍出版社，2007，第9页。

4 英国百货商店的发展受到消费合作社的影响而出现得比较晚，在19世纪末才出现比较成熟的诸如哈劳芝、简·白卡等大型百货商店。

5 萨克森：《中庭建筑——开发与设计》，戴复东译，中国建筑工业出版社，1990，第9页。

17
先施公司1号楼摩星楼正立面渲染图

（薛理勇《旧上海租界史话》）、“具有文艺复兴风格，局部有巴洛克式装饰”（伍江《上海百年建筑史：1840—1949》）、“古典主义与巴洛克风格的结合”（郑时龄《上海近代建筑风格》）、“商业古典建筑”（陈从周、章明《上海近代建筑史稿》）、“西方折衷主义”（黄金玉《广东移民对近代上海城市与建筑的影响》）等等。要评论先施公司的立面风格，还得从巴洛克建筑说起。

巴洛克建筑风格以意大利为典型。建筑师米开朗琪罗所开创的巴洛克风格，并没有完全推翻古典建筑的理论和比例，实质上是对古典建筑的再创造而形成一系列装饰语汇。该风格建筑具有非常强的动感和张力，具有浑厚的体量，强调空间的穿透性和光影的变幻效果；在细部装饰上，以断檐山墙、卷涡状山花、巨柱式等为标志性特征；在室内装饰方面，充分利用透视原理，使建筑、构件、壁画融为一体。然而并不是整个欧洲的巴洛克建筑都是将上述原则贯彻到一个建筑中去，如英国和法国的建筑，往往是巴洛克风格和古典主义风格相结合：建筑立面一般以古典主义风格为主，在其重要部位则使用巴洛克风格建筑语汇进行装饰。这种基于手法主义思想，从两种不同风格中吸取构件和装饰母题的建筑风格，也被称之为折衷主义风格，在19世纪后半叶，由英国建筑师带到上海，德和洋行也是其中一分子。[1]

此后，该风格对上海的建筑造成了巨大的影响。上海的巴洛克风格装饰母题摒弃了原有的宗教背景和文化根源，纯粹作为形式和构件被借鉴和挪用。上海20世纪20年代前后的建筑广泛运用这种处理手法，并将建筑语言和商业效果相结合，用巴洛克风格的装饰来创造戏剧性，吸引路人的眼球。这一时期上海公共租界建造的大部分建筑，都显示出这种风格，即整个立面以古典主义风格为主，在建筑的重要部位，如转角、主入口、檐口等处使用巴洛克细部装饰。其中最典型的便是德和洋行设计的先施公司。

先施公司沿南京路的立面，1号楼东南转角为主入口，是整个建筑群最重要的立面[17]，也是巴洛克装饰元素使用最多的部位：二层使用爱奥尼巨柱式，柱上方承托着弧形断

1　郑时龄：《上海近代建筑风格》，第195页。

18

南京路街景，20世纪20年代末，从左到右依次为天韵楼、新新公司塔楼和摩星楼

檐山墙，五层山墙缩进形成巨大的卷涡，出挑阳台上以巴洛克风格的栏杆装饰，以及巴洛克式的券洞处理。1号楼沿南京路其他部分立面[4]，则以开间为单元，形成连续有韵律的界面。底层采用石板贴面，横向的勾缝非常明显，强调了水平线条，也使建筑显得更为稳重；底层和二层之交设有平台，供二层使用。每个开间都有塔斯干式巨柱贯穿两个楼层，铸铁双柱作为二层阳台的装饰，都具有典型的巴洛克建筑特征，而最上方两层的开窗及窗边柱和山墙装饰则具有明显的古典主义建筑特征。从20世纪20年代末的南京路街景照片[18]中可以看到，先施公司的塔楼比原先设计建成的要高，层数也比建成之初多，其细部也有了变化。这是由于1924年加建了两层之后的塔楼，其立面上的巴洛克元素也明显比原先弱了[19]。与1号楼相比，7号楼沿南京路的立面则古典主义风格更加浓厚一点[20]，这一点和建筑的功能有莫大关系：1号楼沿南京路的所有用房都

19
先施公司摩星楼现状

20
先施公司7号楼近景

是作为商铺使用，而7号楼则靠东部分是作为东亚旅社来经营，相对应的建筑立面中巴洛克建筑元素的运用会偏少，古典主义风格的装饰则多一些。整座建筑只有两处主入口上方的装饰、三处墙面窗上楣装饰着的山花，以及屋顶突出女儿墙山墙两侧的卷涡是典型的巴洛克风格，其他大部分的立面元素则以古典主义风格为主。

先施公司沿浙江路的立面，由1号楼和2号楼的东立面组成。1号楼作为最主要的商店营业部分，其东立面仍然延续南京路立面的元素。而2号楼[8]则几乎去除了所有巴洛克装饰元素，呈现出比较纯粹的古典主义风格：连续的券洞、三角形的山花、墙面做分割线条装饰、立面横三段竖三段的构图法则等等。2号楼浙江路与天津路的转角塔楼也是如此，并没有强调入口的装饰。先施公司沿广西路的立面处理和浙江路立面基本一致：连续五跨的半圆形券洞开窗，墙面做粗线条的装饰，柱子做壁柱状稍突出于墙面。

先施公司天津路立面则处理得更为简单一些。一层由稍微突出于墙面的壁柱划分每个开间，靠近浙江路的两个开间用透明平板玻璃做橱窗，其余开间均用可拆卸的六扇板门，个别开间较大处板门数量增多，板门上设亮子。这种立面处理手法既不是巴洛克式的，也不属于古典主义的范畴，它应该是中国传统商业店铺门面处理方式的延续。立面其他部分，三个有出入口的开间利用壁柱

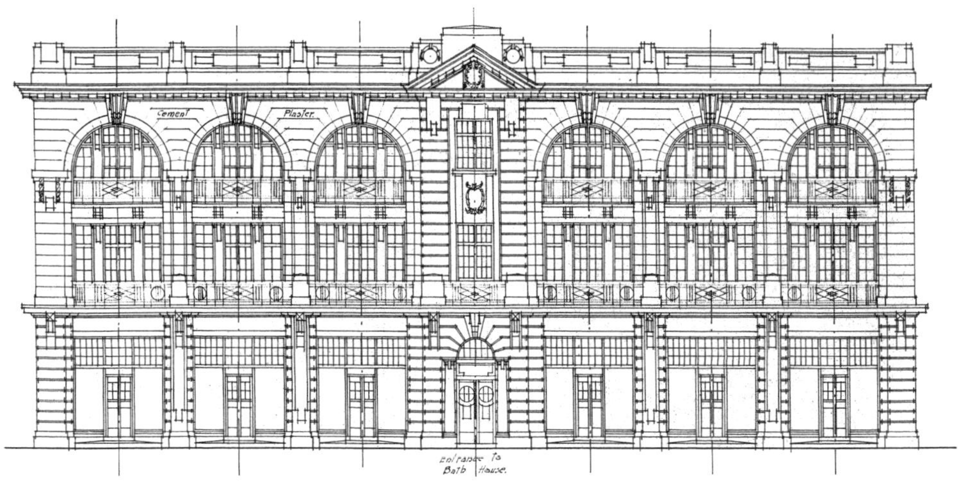

21
先施公司3号楼西立面图

做竖向线条的塔楼装饰，为顶层屋顶花园做疏散出口的大门外沿做长圆形门洞装饰：门洞上部分为半圆形，中部做锁石装饰，在门洞脚部做向内收进的圆弧装饰。这种装饰在巴洛克和古典主义风格建筑中均比较少见，笔者认为可能与中国传统古典园林中的门洞有关系。二层以上的立面处理均为常规的开窗，第四层的窗上稍有装饰，其他均为素净窗户。总体来说，沿天津路立面呈现出少量的古典主义风格和中国传统建筑风格。

先施公司基地内部沿两条私家道路和三条小巷的立面也值得分析。1—4号建筑分别被三条小巷隔开，小巷宽度仅3米，仅工作人员和货运车辆进出[2]。所以，沿小巷的建筑立面也就不那么重要，采用相对简化的立面处理手法，如1号楼的北立面、2号楼的南立面、4号楼的东立面等等。另两条私家道路的宽度有6米，作为分隔建筑之用的同时，也作为个别建筑的主要出入口道路之用，其立面也就比较考究，如3号楼的西立面[21]，5、6号楼的南立面[22]。3号楼的西立面是浴德池浴室的主要入口立面，呈中心对称布局，中部由贯通二、三层楼的壁柱形成竖向线条，入口处做半圆形拱券，门的两侧设多立克柱式；顶上做三角形山花，山花内做圆形植物纹样装饰。主入口两侧均为三开间，每个开间内处理手法一致：一层作为沿街商铺之用，入口设在每个开间的正中间，入口两侧立面均为平板玻璃橱窗。二、三两层的外立面开窗形成整体且巨大的半圆形券洞，均有阳台突出于券洞的立面。总体而言，该建筑立面是古典主义风格。5、6号楼的南立面是作为一个整体来设计的。究其平面布局，6号楼呈凹字形，将5号楼的三个方向围合，仅面向私家道路的南立面暴露在外。由于5号楼的主要功能是东亚酒家，除了靠天桥连通其他各楼之外，其主要入口就布置在南

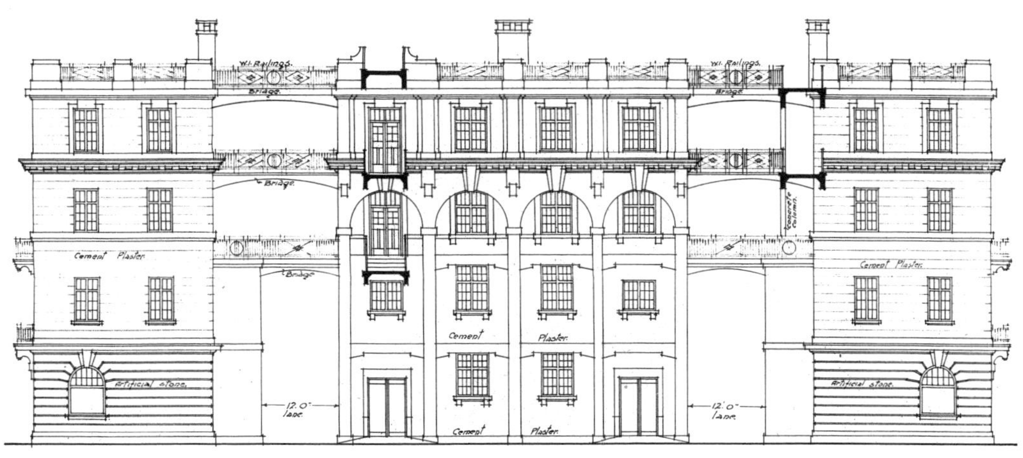

22
先施公司5、6号楼
南立面图

立面。南立面呈对称布局，从三楼开始东西两侧都用天桥与6号楼相连接。立面最大的特征便是三层通高的半圆形券洞，从底层一直延伸到三层平面。

从立面上看，券洞似乎是券廊的形式，立柱与建筑墙面及开窗面有一定的距离，而实际上立柱紧贴着墙面。6号楼的南立面在整体构图中相当于背景的角色，常规的开窗和装饰成粗毛石的一层墙面，更好地烘托出5号楼的建筑立面。5、6号楼的建筑风格也是属于古典主义风格。

综上所述，先施公司的立面风格，应该是以古典主义风格为主，局部有巴洛克风格，还掺有少量中国传统建筑的风格。

永安公司：大型百货公司的雏形

公和洋行和魏清记营造厂

永安公司的建筑设计方为公和洋行（Palmer & Turner Architects and Surveyors，P & T），建筑承建方为魏清记营造厂（一期）和裕昌泰营造厂（二期）。

公和洋行在香港的历史可以追溯到1868年，由英国建筑师威廉·萨尔维（William Salway）创立。1870年，测量师威尔森（W. Wilson）加入P & T。1880年代初，建筑师卡文·巴马（Clement Palmer）加入该事务所，并在1883年赢得香港汇丰银行总行大厦的设计竞赛，奠定其在事务所的地位，巴马成为

23
永安公司效果图

之后近30年事务所的主持建筑师。1884年结构工程师丹拿（Arthur Turner）也加入该事务所，两人成为P & T的主要负责人，1891年事务所正式更名为“巴马丹拿集团”。1895年巴马和丹拿被授予英国皇家师学会（RIBA）会员资格[1]

1907年巴马退休，标志着巴马丹拿公司在香港的鼎盛时期结束，随后该事务所在香港的业务量日趋减少。1912年，事务所委派威尔森（George Leopold Wilson）和洛根（M. H. Logan）前往上海开设分所，并开始使用“公和洋行”这一中文名称，几年以后，威尔森和洛根成为事务所的正式合伙人与主持人，并将总部迁往上海。一直到20世纪40年代，威尔森作为事务所中的中坚力量，对事务所的发展起着关键作用。在这段时间内，公和洋行在上海设计了一批颇具水准的建筑作品，成为当时上海实力最强的建筑设计机构之一，外滩建筑群中约有10座出自他们的手笔。

抗日战争以后，公和洋行从大陆撤出，重回香港，继续发展业务，其中文名称也重新采用“巴马丹拿”。至20世纪70年代，公司员工从60年代初的60多名发展到700多名，并在中国澳门、中国台湾，以及新加坡、泰国、马来西亚等多个地区和国家发展业务。2003年，该事务所在全球排名第52名。

永安公司可以说是公和洋行鼎盛时期的设计作品，它与外滩建筑群中的十

1 “P&T GROUP HISTORY”, accessed 2013-8-13, https://web.p-t-group.com/en/about/history.php.

来座建筑代表了公和洋行商业建筑设计的最高水平。[1]

负责承接永安公司大楼一期的营造厂是魏清记营造厂，其创办人魏清涛（1854—1932）为浙江余姚人，其祖上一直在上海经营木材生意，魏自幼在上海学习木匠手艺，在19世纪末成立魏清记营造厂，是上海营造业中绍兴帮的代表人物。魏清涛早年也曾参与建造海关二期工程。其成名项目就是永安公司大楼，随后承接了商务印书馆、西侨青年会大楼、青年协会大楼等大型项目。魏的项目并不局限于上海，早在1914年，魏清记就在武汉设立营造分厂，承接了汉口谌家矶造纸厂、电话局大楼、江汉关大楼、亚细亚大楼、花旗银行大楼[2]等规模和难度均较大的项目。

永安大楼二期工程由裕昌泰营造厂承建，该营造厂是谢秉衡、张裕田、乐俊堂三人在1910年合伙成立。谢在三位合伙人中居最重要位置，他早年在新姚记营造厂任监理。在裕昌泰成立的最初4年间，谢先后揽下了外滩三大工程：亚细亚大楼（中山东一路1号）、怡和洋行大楼（中山东一路27号）、有利大楼（中山东一路3号）。[3] 随后又承建了永安公司的大楼，并与永安公司业主结下良好关系。民国九年（1920），裕昌泰解散，谢成立创新营造厂。

多次修改的布局及方案

永安公司大楼是分两期建造而成的，两期建筑由一条私家马路分隔开来。公和洋行负责设计该建筑的时候，有几处比较大的修改和调整。

首先是用地范围的变化。郭乐兄弟向哈同租用土地时，是希望租用南京路、浙江路、九江路和金华路围合而成的整个街区。但其地块内东边沿浙江路的茶楼因营业合同并未到期而拒绝搬出。从永安公司最初的屋顶平面图上可以看到[24]，建筑师在现有茶室建筑和新建大楼之间留出一个带屋顶的通道，通道内设置服务楼梯以及厨房和卫生间，从永安公司最初方案平面图[25][26]可以看出，一期地块除了茶室和通道占用的面积，其余地块临着南京路的部分作为商场使用，靠近私家马路的部分则作为旅社；在旅社和百货商场交接的部位，设置天窗来争取更多的采光。幸运的是，在永安公司动工之时，茶楼业主决定提早结束业务，搬离该区域，永安公司的大楼得以作为一个整体来建造。

其次是立面塔楼的修改。虽然南京路浙江路交界处仍被茶楼所占据，公和

1　更深入的研究可参阅姚蕾蓉：《公和洋行及其近代作品研究》，同济大学，2007。

2　金普森，孙善根：《宁波帮大辞典》，宁波出版社，2001，第248页。

3　上海地方志办公室：《谢秉衡》，发布日期2004年1月14日，引用日期2014年1月14日，http://www.shtong.gov.cn/Newsite/node2/node2245/node69543/node69552/node69640/node69644/userobject1ai67917.html.

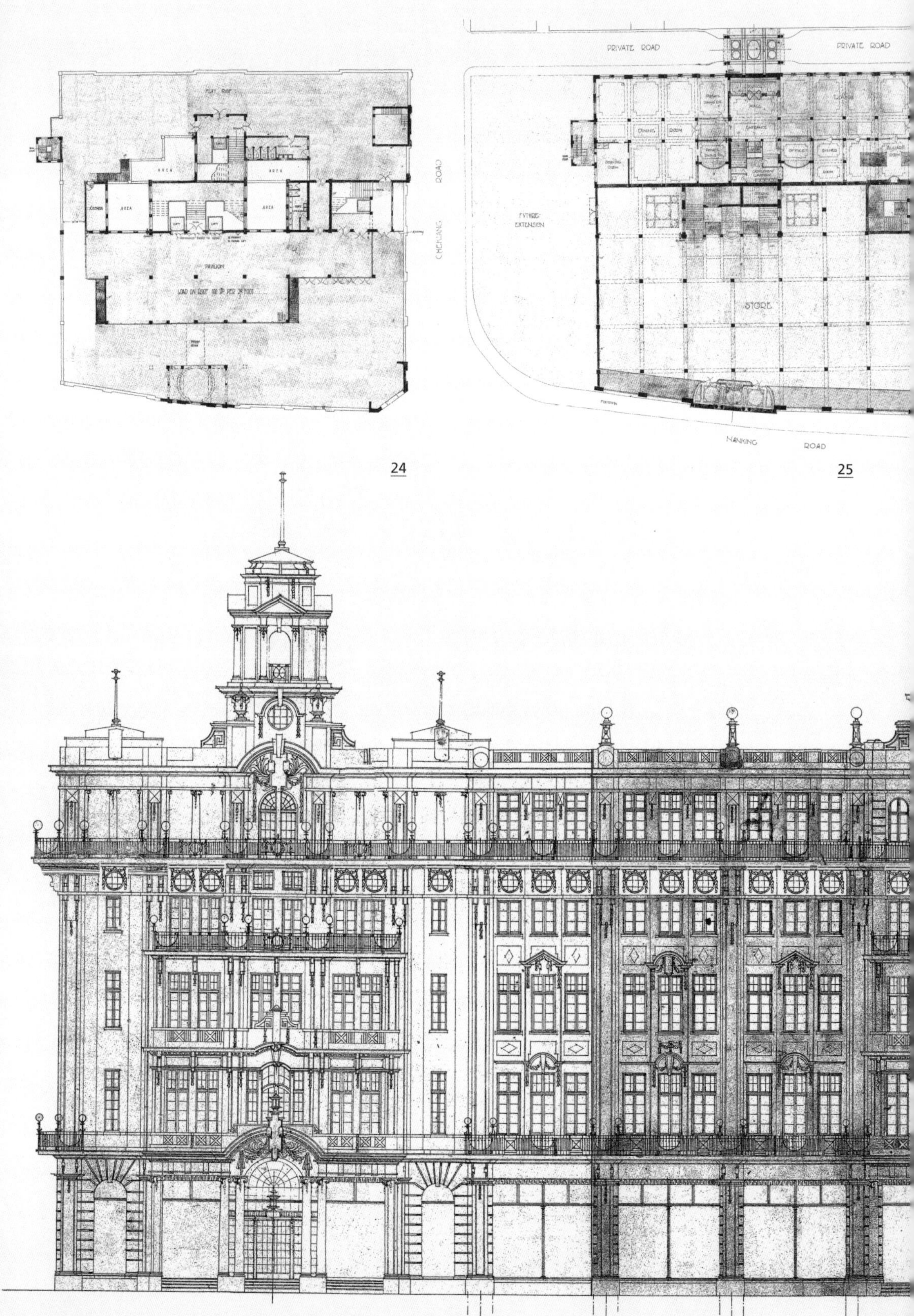

PRIVATE ROAD
PRIVATE ROAD
FLAT ROOF
AREA
PAVILION
CHEKIANG ROAD
FUTURE EXTENSION
DINING ROOM
STORE
NANKING ROAD

24

25

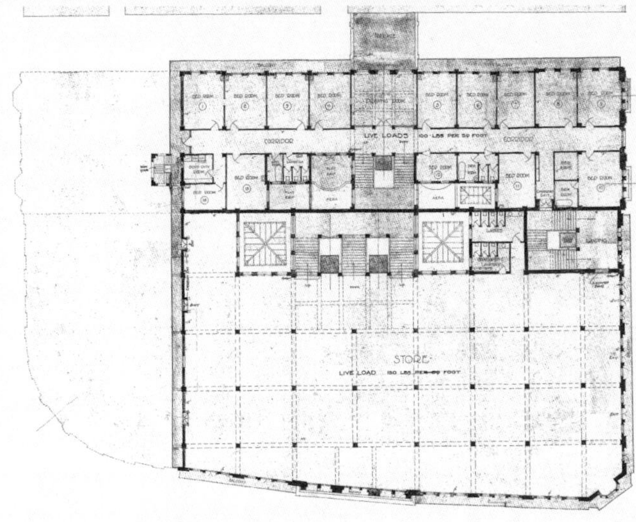

26

27

24
永安公司一期屋顶
平面图

25
永安公司一期一层
平面图最初方案

26
永安公司一期二层
平面图最初方案

27
永安公司一期南京路
立面图

洋行的最初方案还是为永安公司设计了整个地块完整的、理想的立面[27]。图中可以看出，南京路立面的中心位置、南京路浙江路转角口两处各有一塔楼，然而这两处塔楼并没有因茶馆的迁出得以实现。永安公司在与先施公司的高度竞争中舍弃了转角处的塔楼，集中财力建造沿南京路居中的塔楼：倚云阁。这里是距离先施公司摩星楼最近的点，两座塔楼隔着南京路对峙而立[28]。

另外一处较大的改动是永安公司的二期工程。在最初的方案中[29][30]，总共有5栋独立的建筑，由4条小弄堂分隔开来。从建筑平面推测，业主与建筑师对该部分最初的设想是，九江路和浙江路沿街面的两栋建筑作为茶室之用，沿金华路的一栋建筑则预留为浴室，中部两栋房子则设计为独门独院的新式里弄，作为独立的商行使用，每栋4户，共计8户。茶室和独立商行均为两层楼的房屋，其立面为上海当时比较常见的里弄样式。然而是什么原因让永安公司的负责人完全推翻了这种布局形式，而将其作为一个整体来设计，已经无从考证。可以确定的是，如果说旧的方案是上海传统商业模式的延续，建成的方案则显然更加符合新的商业建筑的要求，其建筑规模、层数、建构方式都能更好地显现出永安公司作为百货业巨头的地位。建成的新方案占满整个地块的剩余部分，共4层，局部3层。建筑中部留出一字形天井作采光通风之用，也将建筑划分为南北两个部分[31]：南边部分的一、二两层作为各种商行、大东餐厅和大东旅社附属娱乐用房，最上一层则作为旅馆的客房使用；北边部分则全部作为客房使用，由天桥联系其北部的商场营业厅。

趋于成熟的百货商场和旅馆平面

就百货商店和旅馆两种功能相结合的百货公司而言，永安公司的布局可以说是最合理的。先施公司的功能安排虽然满足了各个客房的采光要求，但是严重束缚了百货商场的发展；新新公司显然优先考虑了百货公司的发展潜力，牺牲了旅馆部分的利益。[1] 作为当时上海最大的设计机构之一，公和洋行为永安公司设计的建筑平面，既考虑到了百货公司日后的各种发展可能，也合理地安排了旅馆客房的管理以及各种建筑物理要求，同时为未来功能的转换也提供各种便利。天井的采用，很好地解决了大空间向小空间转换的问题，并解决了采光和通风问题。从其一期平面图中可以看到，永安公司在建筑的中部设置了4处天井，在其周围布置楼梯、卫生间和走廊等辅助功能，而面向私家道路和马路的部分因其良好采光则分配给旅馆的客房。二期平面亦是同样的逻辑，“一”

1 见p. 121，“一个整体的大体量建筑”一节。

28

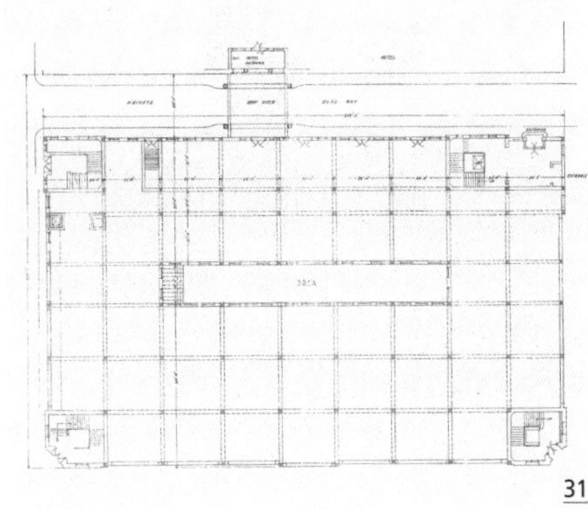

31

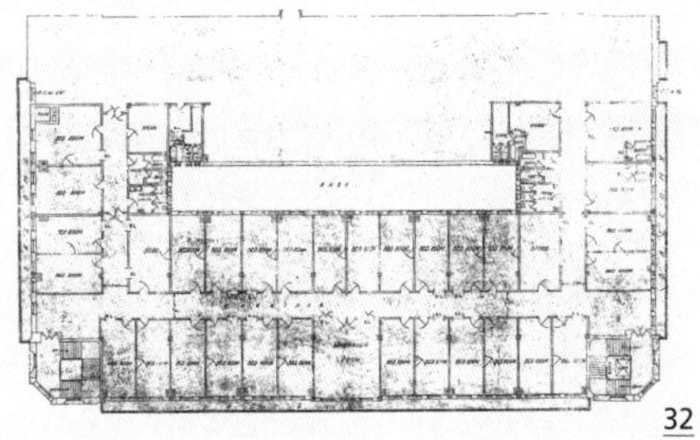

32

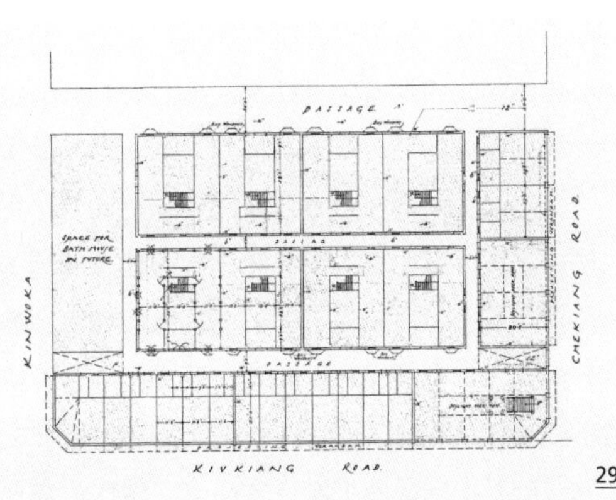

29

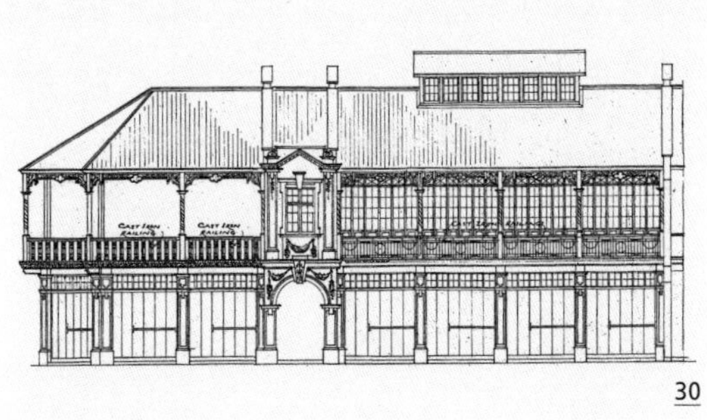

30

28

绮云阁（左）与摩星楼（右）现状

29

永安公司二期工程方案平面图

30

永安公司二期工程方案立面图

31

永安公司二期一层平面图

32

永安公司二期二层平面修改图

字型的天井从一层贯穿到屋顶，其周围围绕着相对次要的客房以及辅助用房，同时它也为其南边的大空间补充了采光。在之后的改造中，此种布局模式也体现出其优势：比如在1919年，永安公司曾将二层平面天井南边的部分改作旅社客房，改造后的布局依然很合理[32]。

古典主义风格的建筑立面

要论述永安公司的立面风格，还得从其设计方——公和洋行说起。公和洋行是20世纪初至30年代，上海最大、最具影响力的事务所之一，其代表作品包括有利银行、永安公司、汇丰银行、沙逊大厦等，外滩建筑群中就有10座建筑是出自该事务所的手笔，几乎占了外滩建筑群的半数。永安公司是其在上海的第四个项目，公和洋行在永安之前的业务有江湾跑马场、有利银行（1913—1916）、公共租界工部局（1913—1922），在永安公司（1916—1918）之后的五年间则设计有扬子水火保险公司（1918—1920）、格林邮船大厦（1920—1922）、汇丰银行（1921—1923）、海关大楼（1925—1927）。这一时间段内，公和洋行设计的建筑以古典主义为主，局部有多样的变化。把这一系列建筑的立面放在一起，就可以看出公和洋行早期的设计基本上是一脉相承，有其自身发展的规律，甚至有学者评论，正是公和洋行将"上海的西方古典主义建筑风格发展到顶峰"。[1]

对比公和洋行在这十余年间设计的建筑，可以看出，其均以西方古典主义风格为主，一方面得益于公和洋行的建筑师们的学院派教育背景，另一方面也体现出建筑师们对于建筑的形体、材料和细部的把握能力。同时这一时期的建筑立面大多都有塔楼这一元素。从有利银行开始，立面转角的顶部有一座方形的塔楼成为该类建筑的显著特征。随后的永安公司也延续了这一特色，格林邮船大楼则是在立面的中部设有凸出于屋面的塔座，海关大楼的钟塔使其成为外滩最引人注目的建筑之一。汇丰银行被誉为远东最优美的建筑，其穹窿也是最具古典主义特色的。

1 郑时龄：《上海近代建筑风格》，第164页。

永安新厦：商业帝国的建构

哈沙德洋行和陶桂记营造厂

永安新厦[33]由哈沙德洋行设计，陶桂记营造厂负责建造。

哈沙德洋行由美国建筑师艾略特·哈沙德(Elliott Hazzard)和菲利普斯(E.S.J. Phillips) 创立，20世纪20年代末30年代初，该建筑设计事务所在上海很有影响力，[1] 曾参与设计了上海众多知名的俱乐部、影院、公寓以及银行大楼。[2]

哈沙德因何来到上海已经无从可考，其子迈克尔·哈沙德（Michael Hazzard）认为是当时的美孚石油（Standard Oil）公司推荐哈沙德到上海处理几个进展不顺利的项目，并给他提供了为期两年的合同。而另一说则是早在1918年就在中国成立自己事务所的建筑师亨利·墨菲（Henry Murphy）想要为其上海分所寻找合适的经理人,哈沙德是最佳人选。不论为何，哈沙德一家于1921年1月1日抵达上海，他们就住在墨菲位于广东路的公寓里。作为当时远东地区唯一一位美国建筑师协会的成员，哈沙德在上海大展身手。[3]

33
永安新厦

1923年墨菲结束了上海分事务所的业务以后，哈沙德就作为独立的建筑师在上海承接业务。1924年，哈沙德的工作室有四名员工，包括他的妻子Kent Crane和E. Lane，同年他开设了副业——中国木工机干燥窑公司，专门制造木门窗。

随后哈沙德在上海设计了一系列优秀建筑，如美国乡村俱乐部（1923—1925）、西侨青年会（1928）、基督教科学总部（1934），以及最著名的永安百货公司新大楼（1933—1937），他的业务也扩展至汉口和厦门等地，如汉口标准石油公司办公楼(Socony Office, 1923)、厦门美国领事馆(1928)。[4]

1 伍江：《上海百年建筑史：1840—1949》，第145页。

2 关于哈沙德的研究，详见附录《艾略特·哈沙德：一位美国建筑师在民国上海》。

3 Jeffrey W. Cody, *Building in China: Henry K. Murphy's "Adaptive Architecture" 1914–1935* (Hong Kong: Chinese University of Hong Kong, 2001).

4 Tess Johnston, Deke Erh, *The Last Colonies:Western Architecture in China's Southern Treaty Ports* (Hong Kong: Old China Hand Press, 1997), p. 74.

1937年后，大部分外国建筑师撤离上海，哈沙德选择留沪。但是其事务所的业务量急剧下降，他设计的标准石油公司的办公大楼项目也因日本侵华战争而终止。哈沙德的其他项目进展也很慢，随后他将工作室迁到枕流公寓，仅留一名工作人员。珍珠港事件以后，美国乡村俱乐部成为美国侨民的避难所，哈沙德也辗转于几个避难所，其事务所不再承接业务。1943年4月，他因肺炎在上海去世。[1]

建成时间	项目名称	项目地址
1924年	汉口标准石油办公楼	地址不详
1925年	美国乡村俱乐部	延安西路1292号
1926年	厦门美国领事馆	地址不详
1926年	华安大楼	南京西路104号
1928年	西侨青年会大厦	南京西路150号
1929年	枕流公寓	华山路731号
1930年	新光大戏院	宁波路586号
1931年	上海电力公司	南京东路181号
1931年	中国企业银行大楼	四川中路33号
1931年	海恪大楼	华山路370号
1933年	基督教科学派（现上海医学会）	北京西路1623号
1933年	永安新厦	南京东路620-635号

表3-2　哈沙德洋行主要代表作品

陶桂记作为永安新厦地面以上部分房屋的营造方，其创始人陶桂松也是上海川沙人，年轻时到上海瓦筒厂里做木模工作。在魏清记承建永安大厦时，陶就在其工地做瓦筒工作，由于其工作认真负责，魏将一部分工程转包给陶做。1920年，陶桂松在成都路140弄创办陶桂记营造厂，1922年，陶承接了永安纺织公司在兰州路上的一座厂房，与永安公司结下深厚渊源。郭乐、郭顺对厂房工程质量十分满意，于1924年委托陶建造自己在南京西路、铜仁路上的两处住宅。随后，陶又承建了永安公司在吴淞的第二厂房和淮安路上的第三厂房，此时陶桂记在上海营造业界已经小有名气。

正是永安新厦的承建工程，让该营造厂名声大噪。此后，陶桂记营造厂又承接了江西路福州路口的建设大厦工程、外滩中国银行新厦工程、沪光大戏院工程（1939）、美琪大戏院（1940）。1948年，陶桂记营造厂由陶桂松的两个儿子继承并继续经营，承接了上海龙华飞机水泥跑道、中国银行仓库（南京）

1　Ellen Johnston Laing，“Elliott Hazzard: An American Architect in Republican Shanghai”，载中山大学艺术史研究中心《艺术史研究》，第12辑，中山大学出版社，2010，第273–323页。

和明故宫检阅台（南京）等工程。1949年以后，陶桂记营造厂参与过山西榆次经纬纺织厂和南京龙潭水泥厂等工程项目。

永安新厦的基础是由锦生记营造厂承建的。锦生记创始人黄建良师承上海最著名营造厂之一裕昌泰营造厂的股东谢秉衡，而后者曾是姚新记营造厂的负责人。

“远东第一”的摩天巨厦

从1920年代开始到1937年前后，上海的政治局势暂时稳定，经济平稳增长。永安公司从中获得了很大发展：公司自开业至1931年，营业额呈逐年上升趋势，至1931年年销售额达14 277 000元大洋，毛利为2 548 000元，净利为1 373 000元。[1] 永安公司每年分配的利润都在当年利润总额的50%左右，没有分配的利润则以“建筑预备金”“营业准备金”“汇水预备金”等名目储存在公司内。同时，上海永安公司在开业之后至1931年底共增资三次：1919年由股东现金投资增资50万元港币，1927年增资250万元港币，以及1931年增资500万元港币。[2] 从以上数据可以看出，此时永安公司的财务状态已经和刚刚进驻上海时完全不同，其资金储备使其完全有能力建造一座摩天巨厦来彰显其百货巨头的地位。[3] 永安公司股东们对公司的前景也有非常美好的憧憬，决定买下其边上日升茶楼所处的地块，建造属于其公司的大楼，以便将来在和哈同谈判原永安大楼的续租问题时可以起到制衡作用。

另一方面，永安公司买下的这块地皮呈三角状[34]，其占地面积不及原永安公司的三分之一。如果仅仅在建筑基地内建造一座多层建筑，显然在不久的将来又会出现空间不够的局面，并有捉襟见肘之局促感，更不能吸引有着猎奇心态的上海市民前来观光购物。因此往高处发展便成了一种必然的选择。

再一方面，在20世纪30年代的上海，想要从建筑高度上吸引各方人士，其高度必然在20层或更高。1915年前后，永安公司建造之时，上海的高层建筑寥寥无几，永安和先施公司几乎成了南京路的制高点[35]。该照片拍摄于20世纪20年代，可以从西至东看到南京路全景，整条南京路以最后建造的新新公司为制高点，而在新新公司之前，则是先施公司为制高点。自20年代开始，上海公共租界内时有高层建筑拔地而起，如1924年的字林西报大楼（10层），1925年的锦江饭店（57米，19层），1928年的沙逊大楼（13层），1934年的国

1 上海社会科学院经济研究所:《上海永安公司的产生、发展和改造》，上海人民出版社，1981，第63页。

2 《上海永安公司的产生、发展和改造》，第69页。

3 一说永安新厦的建造总共花费为500万元港币。

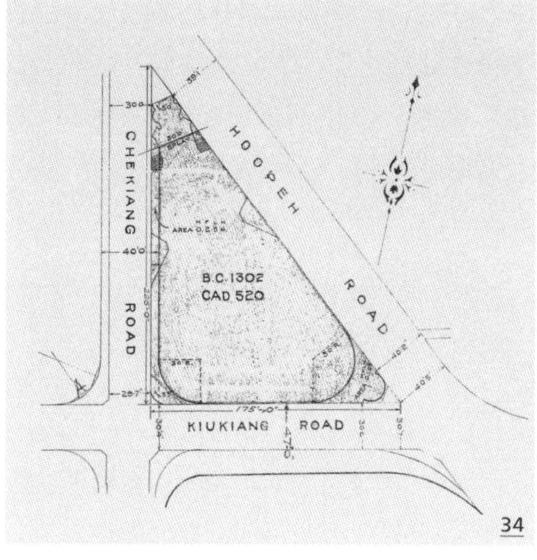

34
永安新厦地盘图

35
20世纪20年代初的南京路街景

36
从永安新厦屋顶向西看新新、大新、四行储蓄会大厦等

际饭店（82.5米，22层）等等。到1930年代，永安公司想要建造一座吸引上海人眼球的建筑，就必须一而再、再而三地拔高其建筑高度。

20年代末30年代初，欧美滞销的大量建筑材料倾销到上海，高层建筑的建造和材料成本大大降低，同时，上海高层建筑的设计、结构、施工、设备等方面都已经成熟，这也促成了永安公司的新大楼采用高层建筑的方式来建造。1932年，永安公司高层计划建造永安新厦之时，便已经有了该楼与四行储蓄会大厦争夺"上海最高建筑"头衔的雄心。同年报纸上一则关于永安新厦的广告，标题便是"远东第一高楼"。[1] 次年，另一则广告则宣称它是"上海第二高楼"。[2] 1936年，该大楼据说有24层，[3]"比上海当时最高楼房足足高出24英尺(约7.3米)"。[4] 从永安新厦向西眺望[36]，其建筑高度的确比四行储蓄会大厦高，成为上海名副其实的"第一高楼"。

装饰艺术（Art Deco）风格的立面形象

按风格来论，永安新厦的建筑立面是属于装饰艺术风格的，其最主要的特征就是，建筑体量逐层收分，平面呈纯粹的几何形状，立面几乎没有装饰，强调垂直竖向线条，各个面的顶部收头处有少量图案装饰，立面的柱子和窗户之间的窄墙形成贯穿整个立面的竖向线条，使整个建筑看起来更为细长。[5]

永安公司最终选用这种全新的与原大楼截然不同的建筑形式和立面，一个重要原因就是：郭琳爽出任永安公司的董事长兼总经理。[6] 作为郭泉的长子，郭琳爽1921年在岭南大学获得农学学士学位，随后赴英、美、日、德等国考察商业。回国以后，于1929年到上海永安分公司任副总经理之职，当时永安公司的日常事务主要管理人为杨辉庭，在他的打点和经营下，永安公司已经是上海最大最好的百货公司，其业务远超先施公司和新新公司。郭琳爽在1933年接替杨辉庭出任公司董事长兼总经理，标志着全新的一代已经发展成熟。新的接班人为永安公司扩大了"折子户"，开设"邮售业务部"和"代客送礼"，发行"永安礼券"等等，实施了一系列颇具创新性的商业经营方案。同时，郭琳爽早年远赴欧美考察之时，已经对美国经济和商业发展有所了解，因为免受

1 "New Wing On Building Now Being Built," *China Press*, May 4, 1932, p. 11.

2 "Wing On Department Store to Have Tower in Far East on New Annex," *China Press*, June 6, 1933, p. 1.

3 永安新厦实际建成为22层，加上地下一层和夹层，故而宣传为24层。

4 "New Wing On Skyscraper Is Fast Nearing Completion," *China Press*, July 9, 1936, p. 9; "24-Story Wing On Tower Ready: Shanghai's Tallest Building Will Be Opened Soon," *China Press*, supplement, March 31, 1937, p. 51.

5 许乙弘：《Art Deco的源与流：中西"摩登建筑"关系研究》，东南大学出版社，2006，第142页。

6 永安公司原本由马祖星管理财务和总务。1929年马祖星去世后，郭琳爽接任副司理。1933年杨庭辉辞去司理一职后，郭琳爽任司理。

37
上海电力公司

38
跑马场沿线景象，1946年

战争的影响，美国百货业在20世纪20年代的发展远胜于欧洲各国。郭琳爽认为美国势必会成为世界金融的中心，因此他对于美国背景的哈沙德有更多的好感，这一点可以从郭琳爽一直在美国订购多种商业杂志这一事迹中得到印证。所以，在永安新厦寻找合适的建筑师时，哈沙德作为远东地区唯一一位美国建筑师协会成员就受到郭琳爽的青睐。

20世纪20年代，上海装饰艺术风格开始流行，哈沙德敏锐地捕捉到这一流行气息，并将其率先运用在中国电力公司（1931年建成）的建筑设计中。该建筑顶部层层收进，立面呈现明显的三段式，中间层为竖向窗带，上层檐部做放射状装饰和V形几何浅浮雕图案，窗下墙布置装饰物等等。这些元素在随后的中国企业银行大楼和永安新厦中都有运用[37]。在邬达克设计的国际饭店落成开业之后，装饰艺术风格成为上海最流行的建筑形式。国际饭店终结了哈沙德设计的西侨青年会大楼作为跑马场北圈天际线制高点的地位[38]。哈沙德对这座建筑也怀有钦佩之心，在永安新厦的细部装饰中也能很清楚地看到国际饭店的影子。

逐层收进的建筑体量

从外部造型上来看[39]，永安新厦一个最显著的特征就是逐层收进的体量，越向上，其体量就越小。从9层平面开始，最终20层仅剩50平方米左右，每一层的建筑体量集中在靠近南京路的尖角上[40-44]，其目的便是让市民站在南京路上随时都能看到这座高耸入云的建筑，从而彰显永安公司的商业地位。

建筑9至12层，平面呈扇形，依着地块的边界，尖端面向南京路，尾端则对着九江路，建筑面积每层约为340㎡；13、14层建筑平面缩减成一个四周切

39
从南京路西望
永安新厦

小角的正方形平面，正对着南京路，在靠南京路这边仅缩进7英尺，即2.1米左右，每层面积约为120㎡；再往上的15至19层，建筑平面呈希腊十字形，建筑面积每层为109㎡，作为小型办公写字间的租用；到20层，建筑外轮廓只剩下希腊十字中心的正方形，面积为52㎡左右；21、22层正方形的四角再一次切小角，剩余面积仅为50㎡，扣除必要的交通部分，剩余仅约为35平方米，供游人登高远眺之用。[1]

当然，以最经济的方式在视觉效果方面让建筑达到最高的高度，以此来说明永安新厦建筑形态的成因是不足以令人信服的。这个摩天巨厦还隐藏着郭琳爽的一个巨大野心，这还得从伍尔沃斯大楼（Woolworth Building）说起[45]。

伫立在纽约曼哈顿商业金融中心的伍尔沃斯大楼，由卡斯·吉尔伯特（Cass Gilbert）设计，总高234米，60层，在1913年建成之初就成为纽约下城的标志性建筑，占据“世界第一高楼”达16年之久。[2] 该建筑为钢结构，其外观具有哥特教堂建筑的典型特征：中心对称；立面和内部采用大量拱券、尖塔、飞扶壁等哥特建筑的细部。它不仅仅局限于对古典建筑的简单模仿，而是“以不间断竖线条为主导的摩天楼的构图原则，成为古典模仿时期的收山之作”。[3] 该大楼的业主弗兰克·伍尔沃斯（Frank Woolworth）也是经营一家大型百货公司——伍尔沃斯公司（Woolworth Corporation）而发家的。[4] 因其建筑立面的

1　就像永安公司建设之初的天韵楼、先施公司的摩星楼，乃至1990年代初建成的东方明珠塔，都有一个功能，即供游人从高处欣赏风景之用。人们偏好这种行为的原因之一可能与好奇心有关：登上最高处的位置，能够看到平时看不到的景象。另一原因是站得高、视野开阔，更能使人心情畅快，不仅民国时期，古代中国的文人雅士都有这一爱好。因此，永安新厦大楼顶上布置了这一功能，就显得十分合情合理了。

2　在1929年被克莱斯勒大楼超越。

3　傅刚：《欲望之塔——纽约百年摩天楼》，《时代建筑》2005年第4期第32–37页。

4　该百货公司创办于1879年7月，以店内大部分商品定价5或10美分而闻名，是美国零售业销售方式的

40

永安新厦一层平面图

41

永安新厦9–12层平面图

42

永安新厦13–14层平面图

43

永安新厦17–19层平面图

44

永安新厦21层平面图

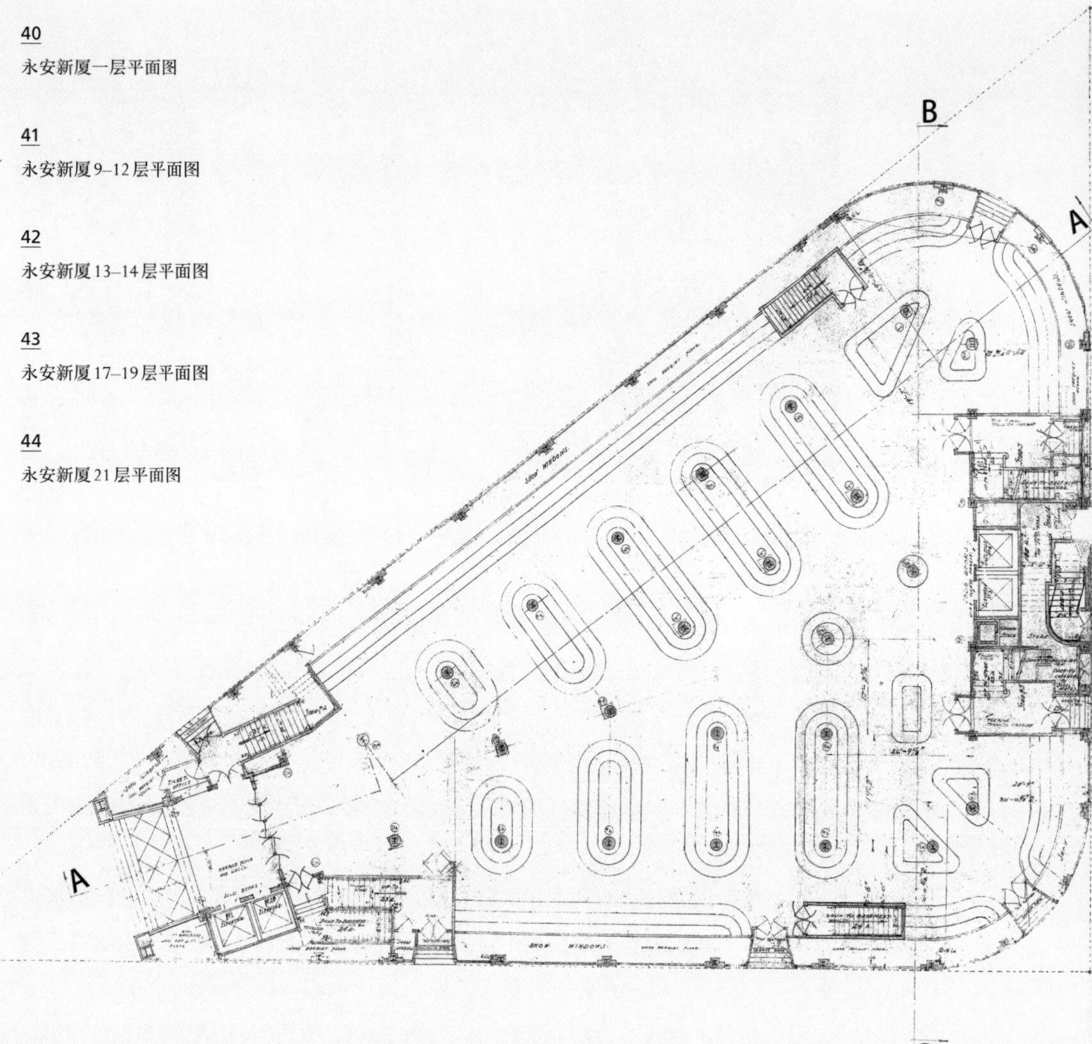

40

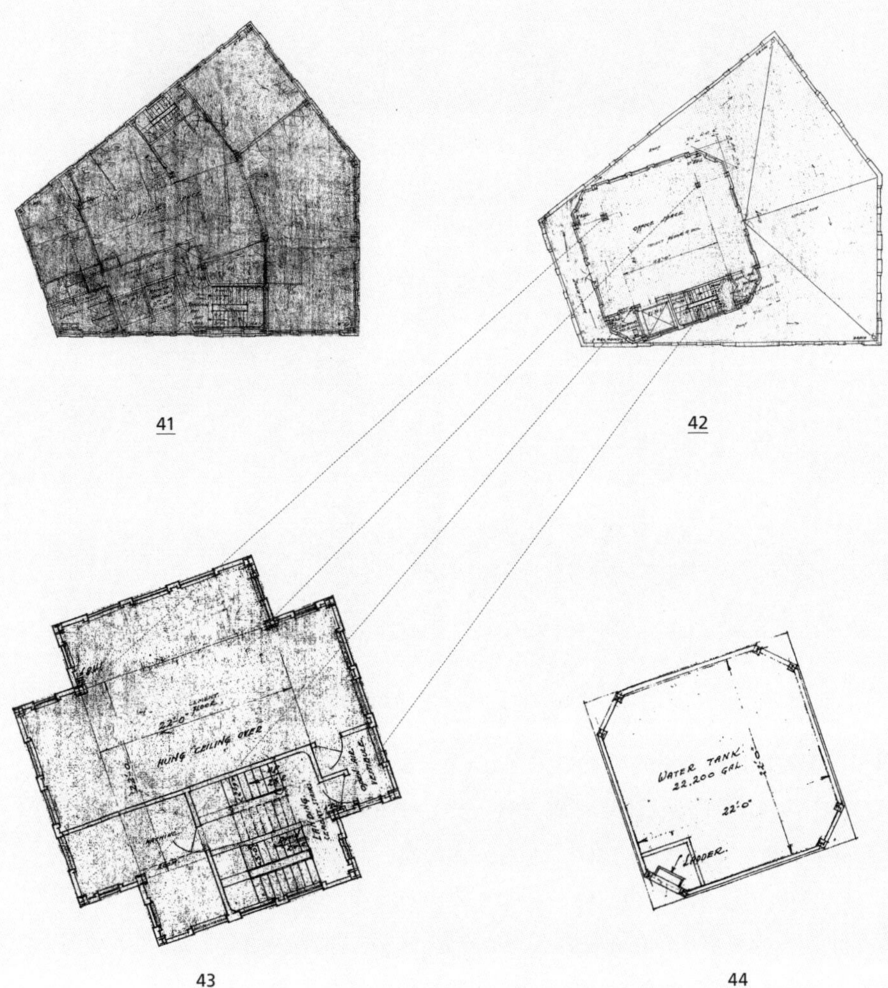

41

42

43

44

45
伍尔沃斯大楼

46
永安新厦现状

新哥特风格，该建筑被称作“商业的教堂”（Cathedral of Commerce）而被纽约市民所知晓。其高耸的塔楼就像教堂的钟楼一样，呼唤着市民前来消费。

将伍尔沃斯大楼与永安新厦的照片46放在一起对比，两幢建筑的相似性不言自明。[1] 永安新厦的设计者哈沙德曾于1900—1919年间在纽约生活，以职业建筑师的身份工作，亲身经历了伍尔沃斯大楼的竞赛、建造、开业以及辉煌时期，该建筑对哈沙德关于百货公司商业大楼设计构想的影响也是至关重要的。1919年哈沙德离开纽约前往上海之时，曼哈顿已经有以伍尔沃思大楼为首的高层建筑53幢。[2] 或许在上海百货行业的龙头为其新的百货大楼寻找合适的设计者之前，这个被誉为“在建造与纽约类似的建筑方面有丰富且广泛经验的建筑师”[3] 已经有了他心目中完美百货大楼的构想。

同时，根据郭琳爽早年游学以及考察的经历，他应该参观过或者至少是了解过伍尔沃思这个美国最大的百货公司。当永安公司需要建造一座全新的百货

一大革命。经过长期发展至1912年，公司积累6500万美元财富，与西尔斯并列成为美国最大的零售公司。

1 Ellen Johnston Laing, “Elliott Hazzard: An American Architect in Republican Shanghai,” 308.

2 罗伯特·M. 福格尔森：《下城：1880—1950年间的兴衰》，周尚意、志丞等译，上海人民出版社，2010，第11页。

3 “China United Opens Its New Building with Noteworthy Attendance,” *China Press*, October 12, 1925, p. 6.

大楼之时，很容易理解郭为什么选择建造一座像伍尔沃斯大楼那样的摩天楼：他想达到的也正是伍尔沃斯已经获得的成就。也就是说，郭琳爽想通过永安新厦来创造一座中国的商业教堂。

另一方面，这种逐层退进的处理手法，在当时上海大肆流行的装饰艺术风格建筑中并不少见。离永安新厦仅仅700余米之遥的四行储蓄会大厦，建成于1934年，是上海最著名的装饰艺术风格的建筑，建筑顶部也是层层收进的形式。

两层通高的入口门厅

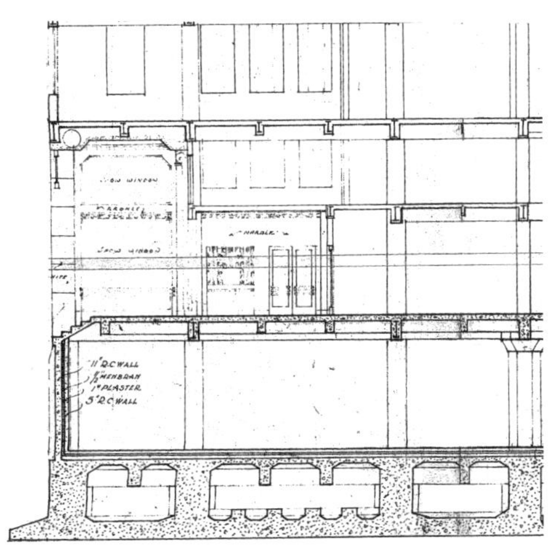

47
永安新厦剖面图局部

这里的“两层通高”，指的是一层和夹层通高。从永安新厦的剖面[47]可以很明显地看出，由主入口进入永安新厦，先是到达比较开阔的、两层通高的入口门厅，门厅内布置着电梯和楼梯，穿过门厅随后进入层高相对较矮的营业厅，再经过两个柱距，营业厅的高度又恢复到与门厅同高。这种入口空间变化，在其他百货公司是不常见的。哈沙德事务所之所以为永安新厦设计了一个这样的入口，归根结底，与高层办公这一功能相关。永安新厦高层办公功能与百货商场共用一个主出入口，为其办公楼设计的宽敞入口，也成为百货公司的一个特色。这也能够解释为什么永安新厦和大新公司同样都有夹层空间，而其入口形式却大不一样。

百货商场和高层办公楼的结合

1949年以前的上海，将百货公司与餐饮、娱乐、办公结合的高层建筑，大概只有永安新厦了。商场是需要有大空间来集中展示商品的，而高层空间每层的可达性较差，因此永安公司高层考虑增加另一种经营方式，即高层部分可作为办公楼出租。从永安新厦一层平面图中也可以看出，建筑的主入口附近，有独立的电梯和楼梯通往高层办公楼部分。通过这种处理手段，进入高层办公楼部分的人流无需进入百货营业厅，减少了不同目的人流流线的交叉。

包围整个立面的雨棚

在早于永安新厦的几个建筑中，如永安公司、先施公司通常利用二层出挑阳台来作为雨棚，新新公司则通过一层建筑向内缩进，以骑楼的形式为过往人流提供遮风避雨的地方，同时为其展示商品的橱窗提供一个游人能驻足观赏的空间。而永安新厦既没有二层阳台，一层地面也没有足够的空间让其向内缩进，只能通过与立面通长的雨棚[48]来营造和延续这种“骑楼”的感觉。永安新厦的雨棚设在一层夹层的楼板处，临浙江路、九江路、湖北路三个立面都设有雨棚，而面向南京路的尖角处由于入口门厅变为两层通高，故此处雨棚中断。在设有雨棚的立面下，除去建筑出入口部分，其余全部配上大面积的平板玻璃作为橱窗使用，以最大限度地展示商品。

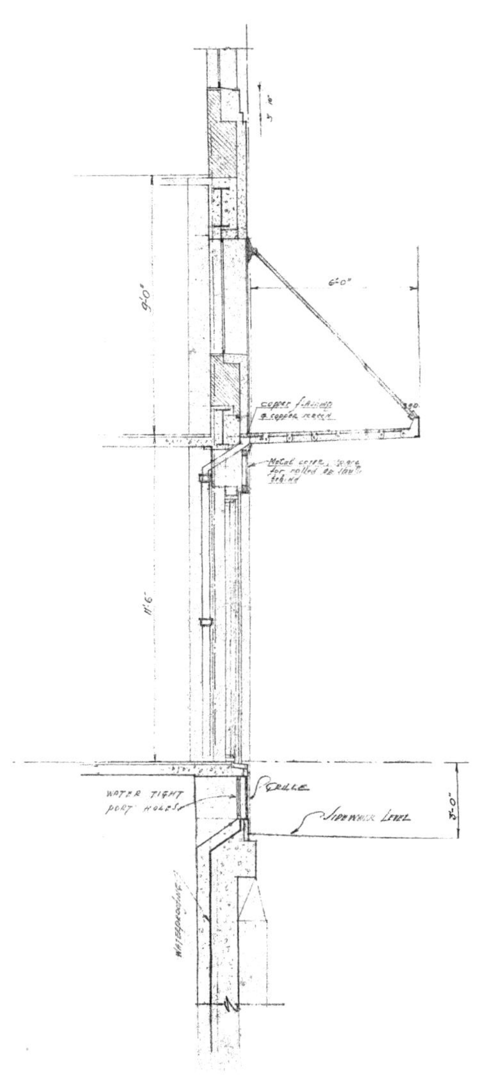

48
永安新厦雨棚节点图

新新公司：日日新，又日新

鸿达洋行和鸿宝建筑公司

鸿达洋行是由匈牙利建筑师鸿达（C.H.Gonda）一手创办的。第一次世界大战结束前后的巴黎正开始流行Arts Décortatifs风格的装饰纹样，年轻建筑师鸿达在巴黎也深受这种艺术形式的熏陶。一战结束后，鸿达从巴黎来到上海，住在法租界劳利育路120号（今泰安路），不久便成立了自己的事务所，接受一些小型的设计委托，一直默默无闻。直至1923年新新公司的刘锡基和李敏周找到他们，并委托他们设计一座有别于上海当时大行其道的新古典主义和局部巴洛克装饰相结合的百货大楼[49]。这座“充满巴黎时尚气息”的新建筑让鸿达洋行一炮而红，鸿达洋行将这种风格一直延续到1930年前后，才转向其他风格。[1] 其代表作品有新新公司（建于1926年）、东亚银行（建于1927年）、光陆大楼（建于1927年）以及国泰电影院（建于1932年）。新新公司是其前期的代表作品。

新新公司营造方为香港联益营造厂（Lam Woo & Co.），但其负责人以及营造厂相关资料不详。

另一说为鸿宝建筑公司（Gonda & Busch），即建筑师鸿达与宝氏（Emil Busch）合伙开办的建筑公司。后者为德国执照建筑师，1904年在汉口金宝利公司任建筑师，第一次世界大战爆发后他开办宝昌洋行，除营造包工业务外，还经营锯木厂和木材加工厂。1917年中国对德奥宣战后，宝氏便无活动踪迹。1920年代初其在上海恢复营业，承接建筑设计和土木工程，兼营地产和房地产。一说他和鸿达合伙开办的鸿宝建筑公司于1928年才成立，什么时候结束则未见记载。

一个整体的大体量建筑

早于新新公司建造的先施公司和永安公司，其建筑或多或少都分为多个单体（先施公司分为7栋，永安公司分成2栋），而新新公司的布局与永安公司相

1　钱宗灏：《阅读上海万国建筑》，上海人民出版社，2011，第56–59页。

49
新新公司
20世纪20年代

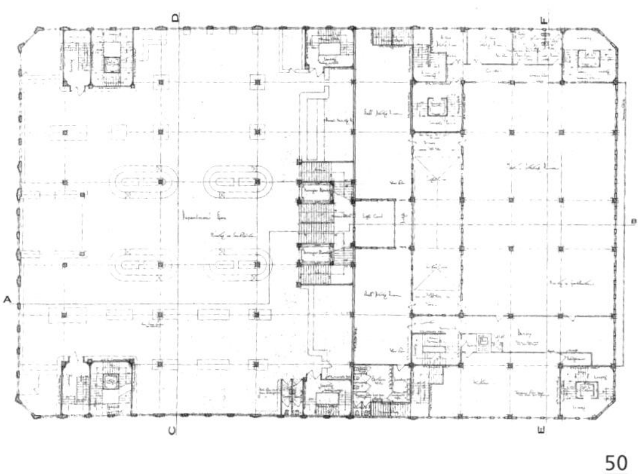

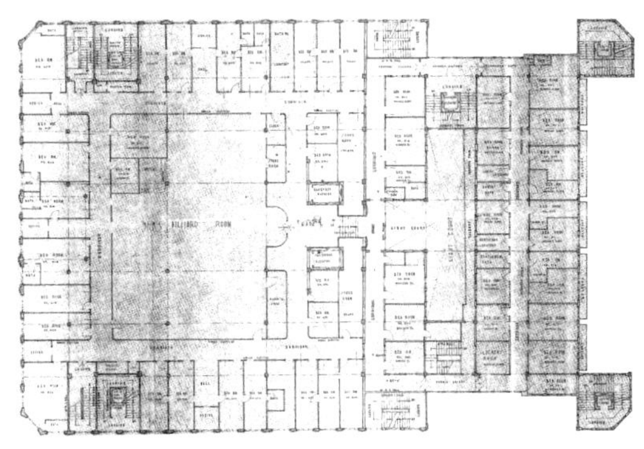

50

新新公司二层平面图

51

新新公司1939年五层商场部分改建旅馆平面图

似，但所有功能都布置在一个建筑体量里面，依靠建筑中部的T字型天井为中部的楼梯和旅馆客房及附属房间提供采光[50]。这种布局模式最大的好处便是百货部分的营业面积比较大，而且倘若日后百货行业兴旺发展，同层的其他用途房间都可以改造为百货商场的营业厅。相信新新公司在采纳这种平面布局形式之时也是吸取了先施公司的经验，并期待百货行业还有更好的发展空间。

然而事与愿违，新新公司开业不久，公司内部就因高层之间的矛盾导致营业状况低迷。在1920年代末李泽出任新新公司经理以后，公司的状态有所回升，但是1931年大量欧美廉价商品倾销到上海，对上海的百货业和民族工商业都产生了不利的影响，不仅新新公司，永安和先施公司百货的营业额也有一定程度的减少，其高层纷纷决定扩大旅馆业务的规模来平衡百货业的不景气。新新公司也紧随永安、先施将其百货部分缩减，扩大旅馆规模。

但新新公司这种大体量的建筑平面并不适合改造为旅馆客房这种小空间。1939年，新新公司高层决定将百货部分的五层，原作为大空间办公之用的房间，改造为旅馆的客房以及台球房。从改造平面图[51]可以看出大空间改为小空间的局限性：旅馆客房需要有直接的自然采光，所以全部沿着建筑的外墙而设，中部作为辅助用房和台球房。因其平面过于庞大，可以看出旅馆的客房长宽比已经不甚合理，进深与面宽之比几乎达到3∶1，客房又细又窄；因其柱子间距原本不是为客房而设，在改造成客房以后，几乎每个客房的开间都不一样，而且个别柱子刚好竖立在房间中间，这是不利于房间的使用的；中部的台球室面积超过400平方米，而台球这一娱乐项目用房，在永安、先施和新新公司原来的布局中，占用的面积都不到200平方米。

底层向内缩进的骑楼

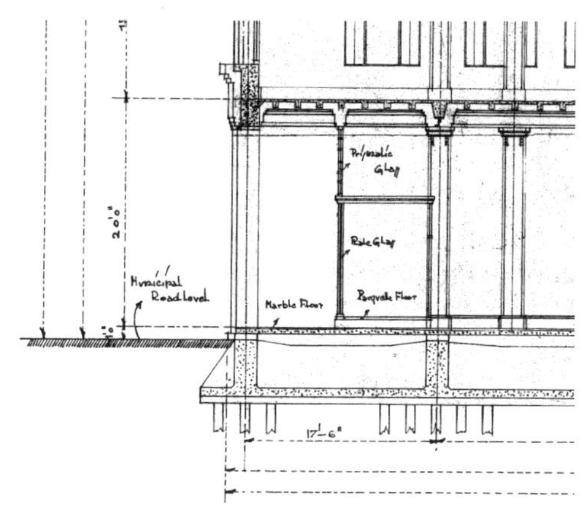

52
新新公司骑楼处剖面图

正如前文所述，商业空间一般是要追求利益最大化的，其建筑通常占用所有能够占用的资源，永安公司和先施公司都是通过二楼出挑的阳台，来形成玻璃橱窗之前的临街空间，永安新厦和大新公司则以贯穿整条立面的雨棚来形成临街空间。将街道上空占用，街道的下方则自然成了为该公司服务的公共空间。[1] 新新公司则是将其一层外墙向内退进两米有余[52]，形成骑楼，来创造出柱廊空间，该处理方式一方面减少了建筑内部的使用面积，另一方面，在行人和玻璃橱窗之间横亘起一道心理上的屏障。虽然建筑师鸿达已经尽量减少柱廊所使用的柱子，沿着南京路的立面仅四根柱子，但是进入一个内凹空间去观看商品所产生的商业效应是不及直接临街而视的。新新公司的这种处理手法在上海近代的商业空间中是比较少见的，其原因一方面可能与建筑师有关。来自匈牙利的鸿达在巴黎接受欧洲正统的建筑学教育，在欧洲，将建筑底层向内缩进形成走道，并配以连续的廊柱，是商业建筑的特征，这种处理手法从古希腊时期就已经开始，并一直延续到20世纪前后，18世纪的巴黎拱廊以及拱廊街是其最繁盛时期。欧洲大部分商业建筑都呈现出这一特征，正是这种商业建筑语言对鸿达有着深刻的影响，以至于在新新公司的建筑设计中，鸿达遵循了同样的思路。[2] 另一方面，骑楼的形式在上海虽不多见，但在炎热多雨的岭南地区，是一种常见的商业空间处理手法。新新公司的骑楼也可以看作是岭南建筑文化在上海的一种延续。至于新新公司的高层为何能接受这样损失部分营业面积的方案，可以想象，当时新新公司的负责人对其公司的定位要求就是“新”，包括几乎所有的建筑、布局特点，都要和“新”有关。只要是与上海现有其他百货公司不同的，并且代表着西方新潮的设计理念的，他们都比较容易接受。

新潮的风格立面

正如上文所述，新新公司对建筑形式最主要的诉求就是“新”，所以李敏

1　这一侵街现象在中国北宋时期就已经存在，四大百货公司在其建筑外立面上悬挂的布幔也属于这种类型。

2　以巴黎为典型。

周等人没有选择公和洋行、通和洋行等上海知名的大型设计事务所，而是委托了当时默默无名的、在上海只接过小型住宅设计及室内设计的鸿达洋行，并要求其为之设计最时尚新颖的建筑。鸿达为新新公司找了当时巴黎最时新的建筑立面元素作为参考，设计了新新公司的立面。从立面设计图[53]可以看出，该建筑除了入口处的四根立柱，已经基本没有古典建筑风格的元素。建筑立面分上、中、下三个部分：下部为柱廊和玻璃橱窗；中部则是由窗间墙构成的竖向线条，为整个立面定下基调；上部以六层出挑的连续阳台形成的横向线条作为分割线，

53
新新公司南京路立面图
（塔楼修改后）

形成建筑的屋顶部分。整个建筑非常简洁，没有曲线线脚和山墙，新新公司一建成就与当时上海的建筑形成鲜明对比，轰动一时，成为鸿达洋行的成名之作[54]。

立面四角的塔楼

新新公司新潮简洁的立面分为三个部分，其中最为复杂的是屋顶部分。新新公司的平面分南北两个部分，其四角共设有六部楼梯，楼梯相对应的屋顶设置角亭，靠近建筑中部的四个角亭为四方形平顶，靠天津路一侧的两个塔楼平面呈五角尖顶形式[55]。靠南京路立面两个端部再设两个角亭，呈矩形切去一角的五角形式，屋顶为层层叠涩状逐渐收分的尖顶。鸿达把新新公司最高的尖塔布置在立面的正中心位置，塔分五层，每向上一层其平面就向内收缩一圈[53]。这一做法可能是鸿达装饰艺术风格的发端，在其紧随新新公司之后的几个方案中都有遵循。

54
新新公司现状照片

55
新新公司剖面局部

拱形屋顶的电影院

从新新公司的剖面图可以看到电影院的剖面，拱形屋顶利用桁架结构支撑，覆盖在电影院座位和舞台的上方[55]，这一处理手法在另外三家百货公司内部均未见到。在小空间的顶层设置一大空间，这种处理手法是比较普遍的，尤其适合像先施、永安这些以功能多样化为特征的百货公司。但是后几个百货公司的大空间只是该层平面划分中的较大空间，其屋顶形式、空间性质和同层其他房间都是同质的，而新新公司的电影院屋顶结构方式、空间形态、层高等方面与整座建筑的其他部分完全不同。这种处理手法是非常新颖的，很容易让人联想到巴黎玻璃拱廊街的空间和巴黎百货公司中庭空间。[1]

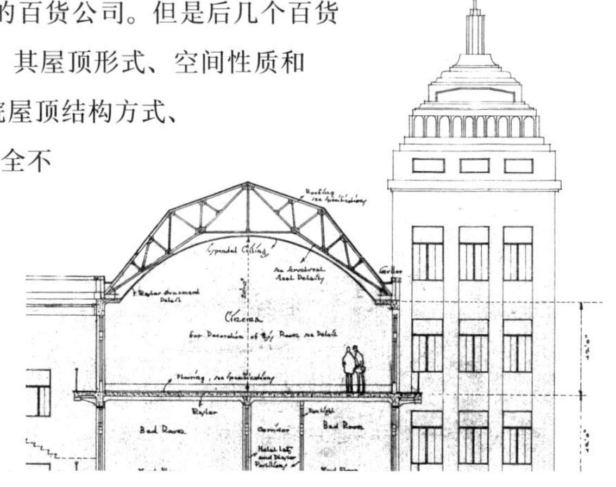

1 谭峥：《拱廊及其变体——大众的建筑学》，《新建筑》2014年第1期，第40–44页。

玻璃和木质隔断的使用

前文已述，新新公司建筑最大的特点就是“新”，包括对玻璃的使用。“玻璃电台”是当时上海市民对新新电台的称谓，也是新新公司开业后很长一段时间内吸引顾客的一个重要手段，在一段时间内甚至成了新新公司的代名词。其最大的特点就是电台周围的墙体并非传统意义的实墙，而是用大面积玻璃围合而成的、通透的隔断。人们透过玻璃可以看到电台操作间里的播音员是如何操控播音设备、如何播音的。玻璃房内部的景象就像橱窗一样，向外面的人展示着一个既熟悉又陌生的世界。

新新公司另一个与其他公司的不同之处便是，进一步解放了室内空间：部分室内的隔墙采用了木质隔断，包括四层楼的内部办公室之间的隔墙以及餐厅、广告部的隔墙；公共部分和办公部分之间的隔墙，采用的是砖墙或者混凝土墙，公共部分主要餐厅的隔墙，则采用通透的木质隔断；员工用房的各个房间与疏散楼梯之间的分隔采用实墙，而房间与房间或走廊之间的分隔则采用木质隔墙。在公私明确分隔的同时，设计者还考虑到干湿的区分，比如广告部与卫生间相邻的墙体采用实墙，而与走廊之间的墙体则采用木质的隔断。

木质的隔断非常轻薄，其厚度仅为实墙的四分之一左右；同时，还可以在隔断上做出各种花纹的雕饰，使其成为屏风隔断，增加空间的通透性和趣味性——如新新公司的主餐厅；再者，木质隔断因其布局灵活，拆装方便，也成了办公部分房间隔墙的首选，可以根据各个时期不同功能的面积要求来随时地做调整，而不需要大费工程。

大新公司：现代百货公司的范式

基泰工程司和馥记营造厂

大新公司[56]由基泰工程司设计，馥记营造厂承建。

1917年，毕业于美国马萨诸塞州工业学院并获得建筑学学士学位的关颂声，1919年回国后在天津警察厅就职，时任工程顾问。[1] 1920年，他在天津创办的基泰工程司，是近代最早的中资建筑公司之一，也是海外留洋、学成归来最早开设建筑师事务所的第一代建筑师之一。成立之初，基泰工程司的英

1　佚名：《基泰工程司及合伙人介绍》，《申报》1933年10月10日。

56
大新公司

文名为S. S. KWAN & Co. ARCHITECTS & ENGINEERS TIENTSIN, CHINA（中国天津关颂声建筑&工程事务所），从联系项目到建筑设计都由关颂声独立运作。1924年，从美国宾夕法尼亚大学学成归来的朱彬加入该事务所，事务所的英文名改为KWAN, CHU & Co. ARCHITECTS & ENGINEERS（关、朱建筑&工程事务所），朱彬主要负责基泰的财务，以及基泰在北京和沈阳分所的业务。杨廷宝在1927年加入基泰工程司，成为该事务所建筑设计方面的主要负责人。随后杨宽麟、关颂坚相继加入，使得基泰从原本一两个建筑师运营的小型事务所模式转变成为初具规模的、专业的建筑设计事务所，基泰的英文名也改为KWAN, CHU & YANG ARCHITECTS & ENGINEERS（关、朱、杨建筑&工程事务所）[57]，由关颂声、关颂坚主管外业，从事社会活动、承揽业务，朱彬从事经济计算、内务管理，杨廷宝则相当于总建筑师，杨宽麟是该事务所的结构工程师。

基泰工程司早期的大部分业务是在天津本地，如

基泰工程司設計繪圖

PLEASE RETURN ALL DRAWINGS TO
KWAN, CHU, & YANG
ARCHITECTS & ENGINEERS.
S.S KWAN. P. CHU. Q.L.YANG. T.P. YANG. S.K.KWAN
10 KIUKIANG ROAD SHANGHAI.
DEPARTMENT STORE BUILDING
THE SUN CO. LTD.
NANKING & THIBET ROAD SHANGHAI

SCALE	DWN.	PROJECT	1253	DATE
1"=8'-0"	CHD	SHEET	14	JAN.18-34

上海大新公司新樓圖

57
基泰工程司图签

1921年建成的永利工业公司大楼、1927年建成的中原公司。由于业务的发展，基泰工程司先后成立沈阳基泰工程司（1926）、南京基泰工程司（1927）、北平基泰工程司（1935）、重庆基泰工程司（1938），以及上海、广州和香港基泰工程司。1927年关颂声将基泰总部移至南京中华路青年会，谋求更大的发展。1931年“九一八”事变后，关颂声因拒绝任伪满洲国工程部长而遭监禁，后经营救脱险回到上海。之后基泰工程司的业务主要集中在南京、上海及周边城镇，同时，由于该事务所几位创办人都和清华大学有很深渊源，20世纪30年代，清华校长罗家伦曾委托杨廷宝主持了清华大学新规划、图书馆扩建、生物馆、气象台以及清华园教授住宅区明斋的设计工作。上海基泰工程司的成立时间不详，1932年以后其办公地点位于外滩九江路113号银行区的大陆银行大楼，基泰公司的办公室在该楼第8层，分户门厅与客厅连通。杨宽麟、杨廷宝、朱彬、伍子昂、梁衍、关颂坚、关颂声均在上海基泰工作过。[1]

1941年关颂坚离开天津基泰工程司后，天津基泰工程司和北京基泰工程司合并成为华北基泰工程司，由张镈负责管理和设计事务直至1948年张镈离开。[2] 随着京津地区的解放，华北基泰工程司的业务也宣告结束。

1949年，关颂声去了台湾，朱彬去香港重新开设基泰，杨廷宝任国立中央大学教授兼系主任，基泰工程司在大陆的业务接近尾声。从1920—1949年间，基泰工程司因与国民党要员关系密切，参与了大量重要的实践项目。它在几个大城市开设事务所，也培养了一大批专业设计和绘图人员，对我国建筑事务所人员素质的提升作出很大贡献。

在承接上海大新公司的设计任务之时，基泰工程司已经名声在外。南京国民革命军遗族学校（1929）、南京谭延闿[3] 陵墓（1932）、上海九江路的大陆大楼（1932）等比较有影响力的项目都已经建设完成。大新公司也另外聘请了美国麻省理工大学土木工程硕士毕业的王毓蕃作为工程顾问来管理该项目。

大新公司地面以上的建筑由馥记营造厂承造。据较早进入馥记营造厂的技术人员潘志浩介绍，馥记的创办人陶桂林生于1892年，是江苏启东县人，父母早亡，12岁时便到上海投奔其叔父。在其叔父的介绍下进入福生木器店当学徒，并晚间去夜校学习英文。随后，勤奋好学的陶桂林又学习看图、制图、放样，很快从普通木工升级为高级木工，即翻样师傅。[4] 先后在外滩字林西报馆工地做翻样师傅，以及工地上的“看工先生”，[5] 后来进入美孚洋行、余洪记工作，积累工作经验和人脉。

1 刘怡，黎志涛：《中国当代杰出的建筑师 建筑教育家杨廷宝》，中国建筑工业出版社，2006，第40页。
2 武玉华：《天津基泰工程司与华北基泰工程司》，天津大学，2010。
3 谭延闿（1876—1930），曾任中华民国首任国民政府委员会主席。
4 江苏省政协文史资料委员会：《江苏文史资料集粹：经济卷》，江苏文史资料编辑部，1995，第7–20页。
5 相当于现在工地上的技师或施工工程师。

1921年，陶桂林成立了馥记营造厂。起初限于资金，营造厂很小，仅为靠近武定路的几间平房，前面作为营造厂的办事机构，后面住家，类似于家庭作坊。这个时期馥记的大部分项目为富商的私人住宅，如巨鹿路675号刘吉生府邸，[1] 陶桂林不惜工本，对工程质量要求极高，交付的房屋做工上乘、装饰考究。这一系列私人住宅承包项目逐渐为馥记打开名声。

1927年，馥记营造厂承包了第一个大型工程项目：广州中山纪念堂。随后大项目接踵而来，馥记承建了一系列重要项目，如上海国际饭店、大新百货公司、南京中山陵、南京灵谷寺阵亡将士纪念塔和纪念馆、浙江农业大学、浙江农林学院、青岛海军船坞、重庆美丰银行大楼，以及浙赣铁路上的贵溪大桥、南昌市赣江大桥、潼关的黄河大桥等。1927—1937年间是馥记营造厂的全盛时期，全厂职工大约2万余人。在承接大新公司的工程之时，馥记营造厂已经是当时营造商中的佼佼者，代表馥记主持大新公司工程的工程师为金福林，他主持的上海四行储蓄会22层大厦（即国际饭店）项目刚刚结束。[2]

抗战期间，馥记辗转入川，先后承建了几个兵工厂的项目以支援抗日战争，在重庆海承建了政会大礼堂、国际联欢社、美国驻华使馆俱乐部等重要项目。抗战结束后，项目工程师高贵林远赴欧洲考察，1946年返沪，承建了外滩交通银行、南京美军顾问团公寓等。[3]

1949年，陶桂林去台湾继续经营建筑营造厂，承建了旧台北松山国际航空站大厦、中山科学研究院等。1973年陶迁居美国，其事业由其子陶锦藩继任。

值得一提的是，1931年陶桂林发起成立上海市建筑协会，并出资承担《建筑月刊》的出版发行，对中国近代建筑业和建筑研究的发展有巨大的贡献。

在大新公司为其公司大楼进行公开招标时，共有六家营造厂前来投标，包括馥记、新金记康号、仁昌、新昌、张玉泰、新明记，最后大新公司董事局决定将工程交给馥记营造厂承造，工期限定为300天。[4]

中国本土建筑事务所设计

上海大新公司和另外三家百货公司的不同点之一是，它是由本土建筑事务所设计的。作为基泰工程司主要建筑师的杨廷宝，1924年毕业于美国宾夕法尼亚大学，接受了正统的美国学院派教育，同时受美国创新精神的影响。与

1 钱宗灏：《阅读上海万国建筑》，第27页。

2 该项目1931年5月动工，1934年8月完工。大新公司项目于1934年11月动工。

3 上海地方志办公室：《上海建筑施工志·人物篇》。

4 上海市档案馆：《上海档案史料研究》，第11辑，上海三联出版社，2011，第253页。

当时很多建筑师一样，杨也致力于寻找一条将中国传统建筑与现代建筑相结合的道路。在接手设计大新公司之时，基泰工程司刚刚完成了北京天坛的测绘工作，[1] 因此从大新公司的方案中也能看出天坛的影响。

带有中国传统建筑元素的装饰艺术风格立面

大新公司董事局主席蔡兴对建筑立面曾做出要求："沪行门面外观图样采用立体式，惟须要光面，概不用一切花草。倘必要衬以花草者，以简单为佳。"[2] 这句话为大新公司的立面定下了基调。

将建筑、室内设计、工业设计的某种装饰风格称之为装饰艺术风格（Art Deco），是20世纪60年代以后的事情了，但是这种装饰形式在1920年前后，就已经崭露头角，并从1925年的巴黎国际装饰与工业艺术博览会开始盛行。装饰艺术风格强调从历史上各个时期的经典图像中获得灵感，提取元素，并以洗练的手法加以几何化重塑，从而创造出迎合现代审美趣味的艺术形式。大新公司在其立面上采用的中国古典建筑元素的装饰也是属于这一风格：最高一层有挂落纹样的装饰物，柱子的顶部有垂直线条的图样装饰，楼梯间的顶部装饰着竖向片状构件，整个立面简洁且材质均为素面，强调竖直向上的形象。

自动扶梯的设置

大新公司营业厅内的自动扶梯在当时全国系首创，为该公司带来了川流不息的客流和日益增长的营业额。事实上，如何在建筑里面设置一种构件或者装置，能让顾客省去等电梯以及爬楼梯的烦恼——这样的想法在广州大新公司的设计里就已经有所体现。建造于1919年的广州大新公司[58]，因顶层游乐场人流非常集中，光靠电梯的运营并不能解决人流的疏散问题，因此业主在建筑物的东侧室外建造了一道螺旋形的坡道，供人力车、小汽车上下。需要到游乐场的顾客，并不需要自己攀登楼梯，而是坐上人力车，由车夫直接拉上9楼的天台花园。[3]

1 1934年11月，北平市政府开始着手制定北平市文物整理计划，次年2月至3月间，基泰工程司对天坛进行现场勘察，拍摄了大量的现场照片，稍后完成了天坛建筑勘察报告、天坛修缮计划书和修缮施工图纸、天坛修理须知等诸多工程技术文件。详见曹鹏，温玉清：《1935年天坛修缮保护工程经验管窥》，《天津大学学报（社会科学版）》2011年第3期第146页.

2 裘争平：《1934年上海大新公司建筑委员会议事录》，载上海市档案馆《上海档案史料研究》，第11辑，上海三联书店，2011，第252页。

3 吴庆洲：《广州建筑》，广东省地图出版社，2000，第154–155页。该建筑于抗战时期毁于火灾，1949年后由林克明主持复建。

58
广州大新公司西堤分行

有了广州大新公司坡道的使用经验，大新公司的高层对自动扶梯的使用就比较容易接受。1932年8月4日，《北华捷报》刊登的大新公司筹备报道也确认了他们将引进自动扶梯的计划。[1] 在第二次大新公司建筑委员会议中，自动扶梯的安装已经确定下来，“所装自动梯，应由铺面上行至二楼，由二楼上行至三楼”。[2] 20世纪20年代自动扶梯刚刚发明并完成其应用设计，30年代的上海就已经在使用了。中国自动扶梯的使用几乎与世界同步，就是得益于大新公司对其的接纳与采用。自动扶梯对于建筑的意义在于：它大大提升联系楼层的可达性与便捷性，使顾客更方便地到达更高的楼层；同时对人流起到引导和拉动作用，扶手电梯非常强的空间指向性和人流运输功能能在顾客不费脚力、不离开原有购物空间的情况下将其带到下一个购物空间；顾客在乘坐电梯的过程中能够体验到全景式的购物空间和商业氛围，在电梯徐徐上升的时候，顾客的视线逐渐提高，原本站在地面的时候仅能看到一排柜台，此时能纵览室内全景，几乎能看到所有的柜台和每个柜台前人们熙熙攘攘购物的场景。这是对人们购物欲望的一种强烈刺激，也是现代商业空间的一种典型模式。

除自动扶梯之外，大新公司的电梯也采用了比较先进的自平式电梯，即电梯停稳以后，轿厢内的地坪和外面楼层的地坪是一样高的。[3] 而在大新公司之前几家公司的电梯，在停稳以后轿厢的地坪和室内地坪总会有高差，容易绊倒顾客。

大新公司自动扶梯的历史意义，甚至被载入《现代上海大事记》，1936年1月10日，“大新百货公司……为国内独家拥有自动扶梯装置的商场，开业三日，为争睹和乘坐自动扶梯的顾客如潮水涌来，后又首辟地下室商场，为沪上独创”。

1 “New Building for Nanking Road,” *The North-China Daily News*, August 4, 1932.
2 裘争平：《1934年上海大新公司建筑委员会议事录》，第244页。
3 上海市档案馆、中山市社科联编《近代中国百货业先驱——上海四大公司档案汇编》，上海书店出版社，2010，第280页。

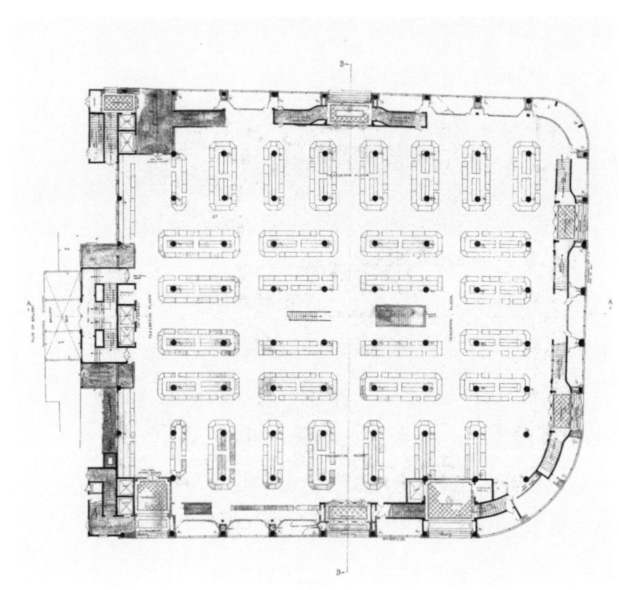

59
大新公司一层平面图，1936

更为“专业”的百货商场

如果将大新公司的一至三层平面图和其他三家公司的平面图对比，就可以发现大新公司最大的不同之处是，其平面图中，除去楼梯、电梯等必要的交通和辅助设施，其余全部作为百货商场营业厅，拥有更大、更纯粹的空间[59]，这样的平面布局看起来无异于今天的百货商店。这也是大新公司和另外三家公司不同的地方，后三者把旅社业务作为与百货业同等重要的一项业务，以便在日后发展过程中做出调整，而大新公司摒弃了旅馆功能，专营百货。大新公司这一处理的原因如下：其一，更专注于百货业的经营，从1912年开始创办，至广州几家分店的设立，再到上海分店，大新公司均没有涉足住宿行业，这使得他们更专注于百货业的经营。其二，没有住宿行业并没有影响大新公司在游乐场、餐饮等行业的经营，相反，因为没有旅社行业对小空间的要求，其百货部分营业面积更为宽阔，后期空间改造和再利用的局限性更小。再者，20世纪30年代的上海已经有大量的各色旅店，各种等级、规格适合不同阶层的人们，这个行业已经是竞争巨大的、利润摊薄的行业，不适合大新公司涉足。

地下一层商业的引入

正如《现代上海大事记》中所述，将地下一层也利用为商场，也是大新公司的创举。百货公司的地下室并不罕见，永安公司和新新公司都有仅作为设备用房的地下室，如将地下室用作锅炉房、水泵房等。大新公司将其辟为商场，是大新公司在广州及香港20余年经营百货业的经验所得：地下室的可达性非常强，顾客从门口进来，只需要下一层楼梯便能到达，在没有自动扶梯的情况下，其可达性和便利性是高于地上二层的，因此地下室商场非常容易吸引顾客去购买。然而地下室的缺陷也是十分明显的，如防水、采光和通风存在问题，大新公司为此煞费苦心：屋面楼板采用井字梁板，来增加室内高度；提升一层地坪高度——提高地下室屋顶的高度，将地下室地面架高将近一米、底下留出通风间层；加强地下室防水工程；使用通风设备等。以上举措，都是为了改善地下室环境的先天不足。[1] 蔡兴是建造地下室的坚定拥护者，他曾经提议，“对于地窖方面之光线及空气上，如仍认为未尽妥善者，可将突出地面之高度，加多一尺”。[2] 从这一句话中可以看出，大新公司高层宁可将地面层升高，使入口处的台阶增多，也要让地下室的光线和空气尽可能达到最佳状态。

然而即使通过上述各种手段，中国人对于地下室的心理感受仍是“非必要则不用”的态度。大新公司也充分考虑到这一根深蒂固的观念，对于地下室的使用和规划也是非常合宜的：首先，地下室的周围一圈由各种服务用房和设备用房占据，如机器房、收货包裹间、进货间、仓储间等。其次，留出中间靠南的三分之二面积作为商场之用，内有电梯和楼梯直达一楼和楼上各层。再次，地下室商场所布置经营的商品，也基本上有以下几个原则：上海市民日常使用的、比较便宜的必需品置于地下室，如廉价商品部；重量比较重、不便搬运的商品置于地下室，如五金部；会散发各种气味的商品置于地下室，如各种地方特产、干货、南货等等。

小结

从四大公司的设计方和营造方可以看出，在20世纪30年代以前，上海大型的建筑项目基本上是由外国建筑师垄断，中国建筑师大规模地参与到城市建设中去是从1930年前后，第一批留学国外的建筑师学成归国从事建筑活动开始的。而中国人开办的营造厂则更早地参与了建筑活动，在20世纪初就已经和外国人开办的营造厂形成分庭抗礼之势。到建造先施公司时，国人开办的营造厂数量已超过外籍人士的营造厂。30年代上海的33幢10层以上的高层建筑主体结构，全部由中国营造厂承建。[3] 据1946年的资料统计，上海营造厂有929家，外籍营造厂仅有一家。[4]

四家百货公司以各自的形式建造了摩天巨厦，每一栋建筑都有其独特的特点表3-3。但仔细观察这些独一无二的建筑，读者们也会发现，这些建筑有着很多共同之处。

1 佚名：《大新公司新屋介绍》，《建筑月刊》1935年第3卷第6期第4页。
2 上海市档案馆：《上海档案史料研究》，第11辑，上海三联书店，2011，第253页。
3 何重建：《上海近代营造业的形成及特征》，载汪坦《第三次中国近代建筑史研究讨论会论文集》，中国建筑工业出版社，1991，第118–124页。
4 上海营造工业同业会：《上海营造工业同业会会员录》，上海营造工业同业会，1946。

	先施公司	永安公司		新新公司	大新公司
		永安老楼	永安新厦		
业主	马应彪等	郭乐、郭泉等		李敏周等	蔡昌、蔡兴等
建筑师	德和洋行	公和洋行	哈沙德洋行	鸿达洋行	基泰工程司
营造商	新和记公司 新仁记营造厂 顾兰记营造厂	魏清记营造厂 裕昌泰营造厂	陶桂记营造厂 锦生记营造厂	鸿宝建筑公司 （Gonda & Busch）	馥记营造厂
建成时间	1916—1918年	1917—1920年	1937年	1924年	1935年
占地面积	约7050m²	约5770m²	约1830m²	约3550m²	约4000m2
建筑高度	主体建筑约24m， 摩星楼高度约12m	主体建筑36m， 天韵楼高度约15m	89m	主体建筑27m， 塔楼高度40m	约42m
百货营业面积	约8276m²	约7850m²	约7300m²	约7660m²，1939年改造后的面积与改造前百货营业面积基本持平。	约15 900m²
1941年公司资本	1000万元（港币）	1500万元（港币）	350万元（法币）	600万元（港币）	

表3-3　四大公司建筑基本信息

多种功能共存的建筑综合体

英商在上海开设的大型百货商店比民族资本百货商店要早二三十年，但其功能是相对纯粹的，以经营各类别的商品形成一个较大的零售商业空间。在先施等四家公司开业之前，上海还没有功能如此复杂的建筑综合体。先施公司沪行的开办，为功能复杂的商业综合体开了先河。

四大公司最广为人知的业务是百货业，但它事实上是集商业、住宿餐饮业、文化体育和娱乐业、金融业于一体的综合性商业建筑，[1] 有点类似现代购物中心（Shopping Mall）。1946年的《工商通讯（上海）》杂志曾发表这样的文章：“永安公司大家都知道它是一个百货大商场，从铺面到四楼，寰球百货应有尽

1　行业分类参考《国民经济行业分类与代码（GB/4754-2011）》，F商业：批发和零售业；H住宿和餐饮业；J金融业；R文化、体育和娱乐业；O居民服务、修理和其他服务业等共20个行业。http://www.stats.gov.cn/statsinfo/auto2073/201406/t20140606_564743.html.

有，惟很多人还不知道他尚有很多‘同胞兄弟’，直接间接都是永安资产。你办了货色假如无处可住，它有头等房间大东旅社供应；你想散心解闷，现代化的请你弯进大东舞厅，旧式化的有天韵楼游艺场，五花八门，各戏俱全；假如要吃的话更可随心所欲，大菜间、茶室、冷饮部、七重天、咖啡室，你有什么胃口就有什么供你满意，吃个痛快而已。假如你需要保险，那永安人寿保险水火保险公司已在新厦等你。你要爱用国布的话，那永安纱厂的出品也是赫赫有名，在纱布业中首屈一指，杨树浦有永安一厂，吴淞是永安二厂，三厂在麦根路，后又在蕴藻浜开设永安第四厂，纱厂外漂染还有大华印染厂，惠通纱厂也属于永安纺织公司之范围。"[1] 足以说明永安公司大楼是一个综合性的商业消费场所，而永安公司是一个集团公司，涉及百货、住宿、餐饮、金融、保险以及纺织业等。先施公司也不例外，在先施公司大楼里面，主要的功能是百货商场，同时还有东亚酒楼、东亚旅馆、先施乐园等附属企业，先施化妆品发行所、先施公司货栈、东亚理发厅、先施保险公司上海分公司都设置在先施大楼内。同时先施公司还在闸北会馆路（今中兴路）、虹口华德路（现长阳路）开设有铁器、木器工厂等。[2]

又如新新公司在其百货大楼的6、7两楼层开辟了游乐场，后因娱乐方式的改变，旧的娱乐方式不再满足日益膨胀的娱乐需求，游乐场改辟为新都饭店音乐夜总会，并在场地中央做了弹簧舞池，请菲律宾的乐队现场演奏，[3] 大楼内甚至设有“新新玻璃电台”。

如表3-4所示，四大公司的业务种类远比我们想象的多，其很大一部分并不设在南京路上的这几幢建筑中，本书不做深入叙述。而对于南京路上的这几幢建筑，其功能也是复杂多样的，总体来说其功能设置有相似的地方，即底下几层为营业铺面，茶室、旅馆、酒家等安排在其上几层，屋顶均辟为屋顶花园，有不同的命名，设置不同的娱乐项目 60。

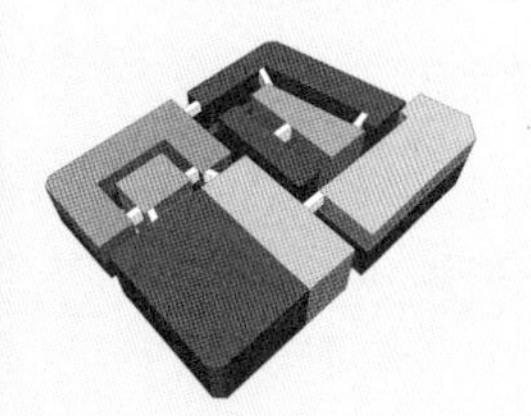
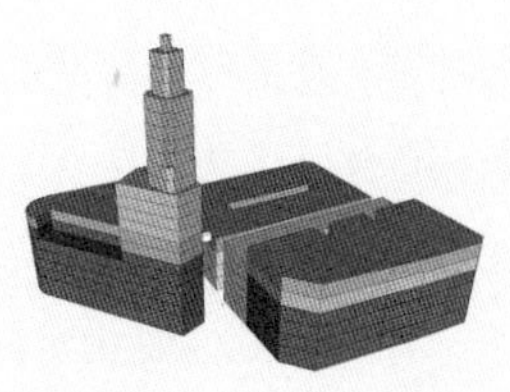
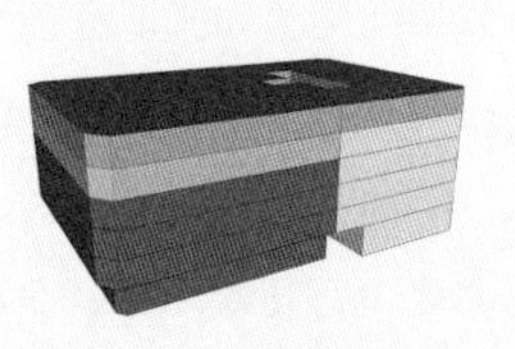

百货 食宿 文娱 其他

60
各百货公司功能分布图

1 肖人：《全国第一大商场永安公司面面观》，《工商通讯》1946年第3期第14—15页。
2 上海市档案馆：《上海档案史料研究》，第10辑，上海三联出版社，2011，第174页。
3 李承基：《中山文史 第59辑：四大公司》，第70页。

	先施公司	永安公司	新新公司	大新公司
百货	先施百货	永安百货，永安新厦百货，进出口贸易业务	新新百货，批发及代办进出口货品	大新百货
娱乐	先施乐园，摩星楼，安乐大剧场、繁华剧场以及五个说书场	大东舞厅，天韵楼游乐场，永安天韵戏院，永安剧场，音乐厅，跑冰场，“倚云阁”	新都剧场，新新舞厅，新都溜冰场，新新花园	舞厅，音乐厅，书场，跑冰场，大新游艺场（剧场和电影院），屋顶花园
餐饮	东亚酒楼（又一楼），东亚茶室	大东酒楼，大东茶室，咖啡馆，七重天餐室	新新第一楼（酒楼），新新茶室，新都饭店	大新茶室，大新酒家
住宿	东亚旅馆	大东旅社	新新旅社	
金融	储蓄部，先施保险公司	永安保险公司上海分公司，银业储蓄部	新大银行，保险部	
工厂	先施铁器木器工厂	永安第一至第六纱厂	绿宝汽水厂，奇美服装厂，福安烟厂	
其它	先施化妆品发行所，先施公司货栈，东亚理发厅	垦业部（房地产业务），永安货仓	新新电台，新新美发厅	画厅，商品展览场

表3-4 四大公司的主营内容

四大公司从开业之初，其业务就已经很多样，随着时间的推移，流行趋势的变更以及生活、消费习惯的变化，百货公司会主动调整各个部分的功能：1938年5月永安公司将舞厅改为跑冰场，并在跑冰场一侧开设茶座，供游人在溜冰之余喝茶解渴、解暑；1939年永安公司将账房迁入永安新厦五楼，旧账房用作职工食堂，食堂则改辟为永安剧场；大东酒楼将其三楼靠近厨房的部分房间拆除，增辟西餐厅；1946年，天韵楼因已不适应潮流而结业，原有场地辟为保龄球馆和展览场。[1] 也有因国内政治经济环境改变而做的不得已的改变，如在“八一三”事变后，新新公司开放了6、7楼的游乐场和4楼的旅店，作为从战区逃亡出来的难民的收容所，收容难民、施粥施饭，解决难民的温饱问题。[2] 同样在日本人占据上海期间，永安公司也成了员工的避难所，据永安公司老员工汤可贞回忆：“有一次日本人把整个公司包围了，我们出不去，外面的人也进不来，我们就在大东旅馆里面过夜，几个人一个房间。吃呢，又不能到外面买菜，我们就吃南货部的粉丝、金针菇、木耳等干货。”[3] 1949年之后大新公司原三楼的绸缎、呢绒布头、鞋子等部门搬至商场二楼，妇女儿童服装用品部门

1 神风：《屋顶花园从此休矣！天韵楼等将改餐厅》，《海光（上海1945）》1946年第8卷第14期。

2 李承基，黎志刚：《李承基先生访问记录》，“中央研究院”近代史研究所，2000。

3 蒋为民：《时髦外婆：追寻老上海的时尚生活》，上海三联书店，2003，第266页。

迁至一楼铺面，时装洋服部门结业；四楼的总账房和货栈搬至三楼，画厅停办；二楼的钟表、毡毯被褥部门，地下室的五金部门搬至铺面，原本铺面的咖啡茶座撤销等。[1] 1952年上海市公安局对永安公司大东舞厅做批示：舞厅具有奢侈性，存在的时间不会长，应早作转业准备。1954年永安公司二楼辟为廉价商场。

百货

百货商店（Department Store）不同于超级市场（Super Market）。相对而言，百货公司售卖比较昂贵和大型的商品，每种商品都会分门别类而设，每一个部门相对独立。上海的百货公司也是如此，分部而设，四大公司每个部门的设置与安排均大同小异[表3-5]。

	先施公司	永安公司	新新公司	大新公司
地下一层	无	无	无	五金部、南货参燕、冷饮、廉价商场、收货送货部和设备间
一层	洋什部、五金西药部、文房烟草部、罐头部、批发部、南货茶食部等	五金部、烟草部、罐头部、茶食部、南货部以及文具部等	罐头部、烟酒部、文房书籍部、化妆部、小五金部、参燕部、南货部、西药部、巾袜部、服饰部	男士西装用品、手帕袜子部、化妆品部、糖果饼干洋酒罐头部、水果-烟草部、鲜花热带鱼文具用品部、药品部、雨伞提包部、照相机料部、咖啡茶座
二层	绸缎部、疋头部、中西鞋部、女服部、皮货部、玩物部	绸布、服装等部门为主	布匹部、花边部、绸缎部、西服部、男女鞋部等	玩具、运动用品部、首饰漆器部、乐器部、钟表部、电器瓷器玻璃器皿部、毡毯被褥部、家私皮件部
三层	钟表首饰部、光学部、电器瓷器部、音乐部	珠宝首饰部、钟表和珍玩部等出售贵重商品的区域	电器部、玩物部、瓷器部、灯饰部、漆器部、玻璃部、金银首饰及钟表部	绸缎皮货部、呢绒布料部、时装洋服部、鞋子部、妇女儿童服装用品部
四层	家私部	销售大件商品为主，家具、地毯、皮箱部门	木器部、家具部等	展厅等非百货营业

表3-5 四大公司百货部门具体类目和位置

1 上海市档案馆、中山市社科联编《近代中国百货业先驱》，第66–308页。

先施公司百货部分共四层，设19个部门，具体详见上表。[1] 1923年，百货部门又有一次大的调整，原沿南京路的一楼南货茶食部搬迁至浙江路沿街商铺，原二楼的中西餐厅合并到三楼，空余出来的空间都设为商场，并将东亚旅馆与商场打通。这样的调整最大限度地增加了百货部门的营业面积，但仍然捉襟见肘，于是次年先施公司决定在原有屋顶上方加建两层楼，增加商场的营业面积。加建工程于1924年完工。永安公司和新新公司也是类似的布置。

大新公司百货部分的设置与其他公司稍有不同，因为它有一地下室，尽管光线、通风比较差，可达性和便利性却非常好，针对这些特点，大新公司将有气味的商品、体积大或质量重的商品以及部分办公设备间安排在地下一层。地面以上的安排同其他公司基本一致。1949年至1953年，大新公司在地下室增设毛巾、被单、鞋子、内衣和图书五个部门。一楼增设化妆品、橡胶鞋、内衣、玻璃器皿、巾袜、南货、塑胶品和绒线八个部门。二楼则增设被面、衬衫、袜子和内衣四个部门。取消一楼的咖啡茶座，将三楼的妇女儿童服装用品部门，二楼的钟表、毡毯、被褥等部门以及地下室的五金部门搬迁至一楼铺面；原三楼的绸缎、呢绒布头、鞋子三个部门搬迁至二楼，并在二楼开设妇幼商场；原三楼的时装洋服部取消；四楼的账房和货仓则迁至三楼，画厅停办。三楼空余的空间辟为日用品合作推销场，供各生产厂商寄售各自商品。后为进一步节约使用房屋面积，将三、四楼的商场办公业务清空，租给国营中国百货公司。[2]

四家百货公司的功能设置是相互参考、相互借鉴的，布局模式也是长时间总结下来的、相对合理的。比如永安公司在开业之前，就参考先施公司的部门设置，当时先施公司南京路入口处是茶室，穿过茶室，才到达商场，郭泉认为这不是合理之举，遂将营业柜台直接对着商场入口。商场一楼的布置一般都是日用百货，这类商品和普通市民的生活息息相关，行人游客走在南京路上，很容易瞥见店内商品从而进店购买。楼上布置的商品往往不是日常生活常用之物，或者是大部分有连带关系的货品集中销售，如家庭用器皿、和婚娶相关的一系列货品会集中在一起销售；[3] 或者是对环境要求比较高的商品，比如唱片；又或者是比较贵重的商品集中一处布置在楼上，便于防范和管理；再者是绸缎布头类货品，容易污损，但又需要打开来销售，占用地方较多，而且需要光线明亮的环境，方便顾客辨认花纹和颜色，这类货品一般也是设置在楼层较高的地方；一般妇女和儿童两大类别的货品也会放置在一起，考虑到儿童不可能单独购物，大多是由妇女带来，将这两者合并在一起，[4] 有助于营业额的提高。大新公司对其地下室的布置也是如此考量，如五金部的商品大多比较重，体积较

1 佚名：《先施二十五年经过史》。
2 上海市档案馆、中山市社科联：《近代中国百货业先驱》，第308页。
3 大新公司二楼布置方法。
4 上海市档案馆、中山市社科联编《近代中国百货业先驱》，第308页。

61

62

63

64

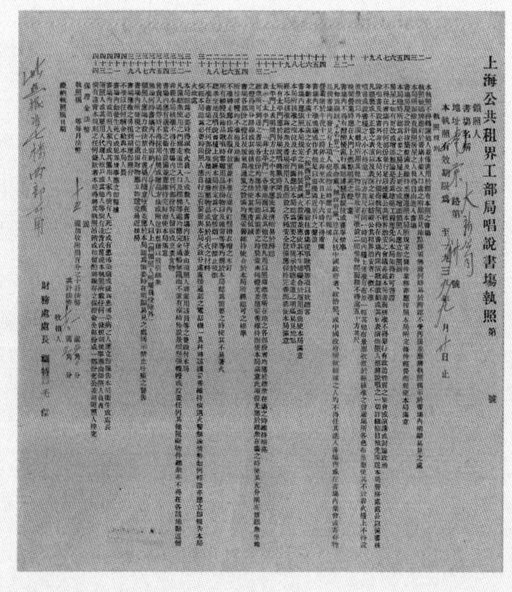

上海公共租界工部局唱說書場執照 第 號

65

61

大东跳舞场广告

62

天韵戏院门票

63

新都剧场电影票

64

云裳舞厅代金券

65

大新公司说书场营业执照

大，放在地下室便于搬运和陈设；而南货参燕部的各种地方特产会有各种气味，将其和其他商品隔离单独放在地下室有利于提升商场的购物环境；收货送货部同样也是出于便于搬运、管理货物考虑，单独设置进出口和电梯，不与商场的顾客流线交叉，而设置在地下室。同样，设备间也设置在地下室。地下室的剩余空间仍可以作为营业用房，然而其因光线、空气较差，不适合作为买卖高档商品的场所，大新公司就将其辟为廉价商场和冷饮部。

这种布局模式显然和法国巴黎的百货商场布置方法不同。据法国作家左拉所著的《妇女乐园》里描述："存货多所发挥出来的十倍大的力量，多少种商品集中在一起，相互支持，相互推动；从来不脱销，永远把当令的货物摆在那里；顾客们从这一柜台到那一柜台觉得被吸引住了，这里买料，那里买线，又在别的地方买一件大衣，一件一件都备办齐全，然后又碰到一些没料想到的东西，不禁要买些又漂亮又不合用的物件。"[1] 在左拉的描述中，精明的百货店主故意将相似的必需品放置在不同的地方，妇女购买了一样东西后，需要买另一样，则需要穿过整个商场，甚至跨越楼层，这样在途中她们会看到无数其他类目的商品，会不由自主地购买一堆堆自己原本没有想要买的东西。

游乐场及娱乐

四大公司都设有游乐场和娱乐设施。

先施乐园中有安乐大剧场、繁华剧场以及五个说书场，总共有2619个座位，常年有京剧、评弹、越剧、沪剧、中外电影、歌舞演出，还有舞厅、弹子房、屋顶花园等游艺设施。

永安天韵楼游乐场剧场主要营业内容是京剧、话剧、电影、绍兴文戏、歌舞表演、杂技表演、群芳会唱、口技和独角戏[61]等，还有影院、大东舞厅[62]、溜冰场、弹子房、屋顶花园等。

新新公司游乐场中附设绿宝、新都、新声、新新等剧场[63]，共有座位504个，演出剧种有京剧、越剧、沪剧，其中新都剧场专演京剧[2]，溜冰场的场地宽大，晚上则改作舞厅[64]。

大新公司六楼到十楼为游乐场，其座位数达2849个，设有天台十六景，[3] 以京剧、越剧和沪剧、话剧、滑稽、魔术、国术等表演项目为主，还设有书场[65]、舞厅、溜冰场、弹子房、乒乓球房等游艺设施。[4]

1 左拉：《妇女乐园》，侍桁译，上海译文出版社，2003，第63页。
2 徐幸捷，蔡世成：《上海京剧志》，上海文化出版社，1999，第322页。
3 薛理勇：《旧上海租界史话》，第221–230页。
4 上海文化艺术志编纂委员会：《上海文化娱乐场所志》，上海文艺出版社，2000，第253页。

四大公司的游乐场是20世纪上半叶游乐场三大典型类型中的一个代表。以永安公司为例，至30年代中期，永安公司共设置过14个各种类型的娱乐场所，[1] 具体如表3-6所示。

永安老楼娱乐设施的配置：

楼层	设施名称	数量	设施名称	数量	设施名称	数量
3楼	戏院	座椅496	歌场和书场	座椅245	—	—
4楼	电影院	座椅700	歌场和书场	座椅200	—	—
5楼	剧院	座椅476	歌场	座椅200	书场	座椅158
6楼	—	—	歌场	座椅112	书场	座椅240
7楼	—	—	A茶室	54张台子	B茶室	61张台子

永安新厦娱乐设施的配置：

楼层	设施名称	数量
5楼	电影院	座椅490
6楼	歌场和书场	座椅160
屋顶花园	茶室	18张台子

表3-6　永安公司娱乐设施的配置

从上表可以看出，永安公司的娱乐设施是具有相当规模的。如两个电影院共计座位数量1 190座，两个剧场的座位数也达972座，歌场和书场的设置最多，有7个，座位数达到1 315座，茶室的座位数也有266座。按照电影院每天周转4次，剧场一天周转2次，歌场和书场每天周转4次来计，永安公司的娱乐设施日接待游客11 300人次。游乐场是以中下层市民为主的大众娱乐场所，它的主要顾客“游民要占多数，油头粉面的学子和西装革履的少年次之，公务员和机关职员仅少数”。[2] 游乐场价格比较便宜，营业时间从下午1点至午夜，1930年代每位游客购买的入场费为3角5分钱，[3] 相比其他任何类型的娱乐消费，游乐场是最经济实惠的。因此，永安公司天韵楼日日游客如织。据统计，20年代末到40年代初，天韵楼及娱乐设施每天的人流量在5 000人次以上，周末则能达到9 000人次以上。[4]

1　楼嘉军：《上海城市娱乐研究（1930–1939）》，华东师范大学，2004，第155页。

2　《电声》，1934年第3期第578页。

3　这里所指仅仅为门票费，不包含其他消费。如果要看电影，也要另付2角钱。1921年的入场券价格是1角5分钱，1926年为2角。

4　上海档案馆档案，档案号U1-4-0002407，第26–28页。如1941年9月20日（星期六），天韵楼全天接待游客人数为9035人，9月22日（星期一）游客量为6903人。

旅店

中国的现代旅馆业，是在19世纪后半叶由西方人带入的。第一家现代意义的饭店即是上海礼查饭店（Astor House），现名“浦江饭店”，[1] 由英国商人阿斯托豪夫·礼查(Astor Richard)于1846年在金陵东路外滩附近开设。1906年，汇中饭店（Palace Hotel）的成立促使礼查饭店全面升级其建筑设备。改建以后的礼查饭店是远东地区最豪华、设备最现代化的饭店之一，包括24小时供应热水、每间客房一部电话、豪华大餐厅等等。无论外侨开设的旅店如何争奇斗艳，民族资本开设的、同等豪华程度的旅馆便是以先施公司为首的百货公司附设的东亚旅馆和大东旅社了。

据统计，1925年前后的上海，由中国人开设的最大的旅馆有四家：大东、东亚、远东、一品香，其中两家是四大公司的先施公司（东亚旅馆）和永安公司（大东旅社）开设的。[2]

在百货商店中开设旅馆，并不仅仅是为了照顾外地游客，让他们在购物之余有休息的地方，旅馆更是百货公司的一项主业，其豪华的设置吸引达官显贵来此住宿、消费、联络感情。据永安公司大东旅社老职工回忆：“大东旅社开幕以后的头几年，旅客主要来自香港、澳门等地，也有北京来的大官。县长、营长之类还不够资格住大东旅社。民国当时很多去南京首府的广东籍高级军政人员路过上海时，大多也会入住大东旅社。”[3] 先施公司的东亚旅社也曾经接待白崇禧等国民党将领，可见百货公司附设旅馆的规格是很高的。

先施公司在开设广州分行时就有开旅馆的经验：东亚酒店于1914年在广州开业，共五层，建筑内部设施完备，配有浴室厕所，供应冷热水，并附设酒吧、西菜馆和理发室等。东亚旅馆在先施公司沪行开业之时一同开业，其客房设备为沪上一流，完全可以和外商开设的旅馆相媲美，内部设有电梯、电话、电铃、电风扇、暖气炉、冷热水、男女浴室，以及自来水、厕所灯，并附带有东亚酒楼、理发间、弹子间、阅报室和酒吧，甚至还有专程火车站接送、订车沪上游等服务。1960年旅馆改名为“东亚饭店”。当时中国人并不习惯去酒吧消费，东亚旅社酒吧的主要顾客一直是在上海的外国人和来往上海码头的水手等。

大东旅社在1918年9月6日对外营业，那是永安公司开业的第二天。旅社内设有大东酒楼、弹子房和酒吧间；酒楼里面分设中西菜馆，每天有服务人员将菜单发放至各个房间，旅客点的饭菜可以由服务人员送至房内享用。酒吧间是为招待外国游客和侨居上海的外国人准备的，然而大东旅社的外国旅客并不

1 “浦江饭店”，维基百科，见http://zh.wikipedia.org/wiki/%E6%B5%A6%E6%B1%9F%E9%A5%AD%E5%BA%97.
2 上海社会科学院经济研究所：《上海永安公司的产生、发展和改造》，第56页。
3 同上。

多，通常是抵沪的外国轮船上的水手前来消费。1928年，永安公司开办了大东舞厅，在供旅馆客人娱乐的同时，也对外营业。大东旅社和东亚旅馆在规模和设备上都是上海旅馆业中数一数二的。

大东旅社开业后的15年间，营业状况良好。在开业后的最初两年，房间数仅60余间，到1920年永安大楼第二期工程完工以后，房间扩充至140多间，1929年又增加了10余间。大东旅社的生意非常红火，在1920年以后，每天80%的客房是有客人入住的，到了节前节后的半个月，房间入住率达到100%。节假日也是天天客满、一房难求。上海以及周边县市的富人乡绅或海外华侨都会提早订套房，“全家老少来这里洗个热水澡，享受一下豪华设施和热情的款待”。[1] 在上海“孤岛”时期，日本人占据了上海公共租界，永安公司的旅馆便成了员工的避难所。[2]

新新公司的新新旅社开张之时，旅社行业的奢靡之风已经有所收敛。由于交通的发达，上海游客的增多，旅社的需求量一直呈上升趋势。新新酒店在刚刚开业之时，其主入口设置在九江路上，客房近40间均位于新新公司大楼北面部分的三、四两层，包括套房以及标准房，内设棋牌室、盥洗室、厕所等等。

大新公司没有旅馆的配置。

总体来说，百货公司附设的旅馆营业状况良好，年年获利。同时永安公司和先施公司、新新公司在华侨群体中有非常高的信誉，华侨来上海也都愿意住在大东旅社或东亚旅馆，这样他们既可以与广东同乡加强联系，也可以让华侨亲眼目睹百货公司的营业情况，以便更多地吸收他们的存款。同时华侨们启程回去时，又带着大量永安、先施的商品，从而扩大百货公司在海外的声誉。

> “这（大东茶室）也是老上海值得怀念的一个角落。那茶室是广东人开的，就设在南京路上。随便什么时候走进去，泡上一壶大红袍，可以足足呆上半天甚至一天。不断有各种甜食和刚出屉的小笼包子送到桌前，可以按照自己的口味和钱包来任意挑选。那时，我们都还是单身汉，谁先来谁就先占好桌子。随后，圈子越来越大。于是，我们就一边嚼着马拉糕或虾饺，一边海阔天空地无所不谈。”
>
> ——傅光明选编，《萧乾散文》

1 桂国强，余之：《百年永安》，文汇出版社，2009，第34页。
2 蒋为民：《时髦外婆》，第266页。

餐饮

上海在开埠之前，餐饮业已经相当兴盛了，据1843年到沪的英国旅行家罗伯特·福钧（Robert Fortune）记载，"饭店、茶馆、糕饼店移步可见。它们小至挑着烧食担子、敲打竹片引人注意、身上所有家当还不值一个美元的穷人，大至充塞着成百个顾客的大酒楼和茶园。你只要花少量的钱（一元相当于一千至一千二百文），就能够美美地吃到丰盛的饭菜，还能喝茶"。[1] 在上海开埠以后，随着上海租界内人口的数次爆炸式增长，[2] 上海租界内的市面越来越繁荣，进一步促进了饮食行业的繁荣。在1870年左右，上海就已经有徽菜馆和粤菜馆，到19世纪末，上海租界内的知名酒馆规模都已经很大，室内装潢也非常华丽，其中广东菜馆以宵夜出名，价格相对于其他酒馆也更为便宜。[3] 百货公司的餐饮业务就是在这一背景下展开的。然而，正是因为先施、永安、新新三家由广东籍人士开办的粤菜馆——东亚酒家、大东酒楼、新新酒家，使得粤菜在上海餐饮业的地位日益提高，最终成为盛极一时的餐饮代表。[4]

先施公司在其百货营业厅的一至三楼都设置有茶室。广式茶楼的营业内容并不仅仅是提供茶水，"饮茶"一词所指代的是上茶楼喝茶吃点心，点心则以虾饺和叉烧包最受欢迎。先施公司一楼的茶室也是如此经营，然而一楼的茶室占据了大部分南京路沿街的面积，人们进入先施公司则需要先穿过茶室，才能到达百货部分，这对百货的营业是很不利的。也正是因为这个原因，1929年，先施公司将茶室移至靠近浙江路的沿街商铺中。位于二、三楼的茶室，则主要为东亚旅社的顾客服务，就设置在旅馆客房的楼下。

先施公司的东亚酒家又名东亚又一楼，位于先施大楼的五楼，内部装潢奢华，灯光华丽，属于豪华酒楼。东亚酒家里配有中餐厅和西餐厅，加上东亚旅社，共有136名普通服务员，12名高级服务员，4名管理人员，42名厨师，"出店"41人，总职员达253人。[5]

30年代开始，上海的饭店酒楼流行聘用歌星来驻场演唱助兴，先施公司也不例外，除了聘请歌星丽蓉、吕晶晶、李晶洁、柳影、严玲等联合演出，还开设独幕讽刺歌唱戏剧的表演形式。1948年12月，东亚酒家在夜晚开出了"古装舞会"专场来吸引客人。

永安公司的二楼也设有茶室，名为大东茶室，作为服务于大东旅社的附属

1 郑祖安：《1843：一个英国学者眼中的上海》，《上海滩》2000年第5期第27页。

2 1853年上海县城爆发的小刀会起义，1860年太平军进攻上海，1911年辛亥革命的爆发等事件，促使上海县城的市民以及全国来沪避难的乡绅商贾都涌进租界，导致租界在这几个时间点上人口呈现爆炸式增长。

3 唐艳香，褚晓琦：《近代上海饭店与菜场》，上海辞书出版社，2008，第15页。

4 顾承甫：《老上海饮食》，上海科学技术出版社，1999，第31页。

5 陈独秀，李大钊，瞿秋白主编：《新青年》，第7卷，中国书店出版社，2011，第438页。

设施，同时也对外开放。茶室内有白衣黑裙的女性服务员将茶点水果送至茶客桌上，茶室内环境幽雅、舒适，适合看书、写稿，[1] 是当时文艺界人士汇聚之地，有文艺作家也有新闻记者，在大东茶室交流作品，互通稿源。30年代，作家巴金与萧乾、黄源、杨朔、孟十还等人聚首的地点一般都在大东茶室。

永安公司的大东酒家设置在三楼，面积达1200平方米，是豪华的高档酒楼，可供上海豪门举行大型酒宴。1935年11月23日，上海著名明星胡蝶和潘有声的结婚喜宴就设在大东酒家。

永安公司在其新大楼永安新厦的七楼，设置了全上海一流的酒楼——“七重天”，酒楼内设一小型舞池，配备有火车座椅、沙发软垫，每张桌子上放置一盏小灯。[2] 酒楼的消费定位颇高，专门接待上海上流人士。1949年以后七重天酒楼连同永安新厦的塔楼均改为七重天宾馆，是一家涉外二星级宾馆，1999年前后，宾馆进行全面改扩建，其业务有联华超市、七重天歌舞厅、七重天咖啡吧、佐丹奴时装销售部等，营业至今，并有诗人董林为其作诗《夜过上海七重天宾馆》。[3]

李泽出任新新公司总经理之后，将六楼原有的餐饮部改为新都饭店，其宴会厅可以摆放近百桌酒席。该饭店还配置乐队，平时作为音乐夜总会之用。该饭店规模之大是当时上海首屈一指的，完全能胜任上海豪门举办大型筵席的要求，如杜月笙的公子婚礼酒宴，就是在新都饭店内举行的。在音乐夜总会里，当时上海很多有名的歌星艺人也受邀去驻唱，如欧阳飞莺就曾经在该夜总会驻唱长达9个月。[4]

大新公司也有附设酒店，名为大新酒家。大新公司在开业之初资金周转紧张，无力支撑娱乐和餐饮部分的营业。因此在1936年7月，大新公司将这两部分出租给他人经营。但是，大新公司的百货经营态势非常好，很快积累了足够资金，遂将酒店和游乐场收回，自主经营。大新公司又在其四楼开设了茶室，五楼开设了大新酒家。大新酒家内部也设有散座和包间。

总体来说，四大公司的附设餐馆设有西餐馆，而其中餐均属于粤菜菜系，这和创始人的广东籍出身关系密切。店内设备装修颇为高级，也有人评价“虽然菜肴无甚特色，价钱却比一般的广东菜馆贵”，[5] 但是四大公司的地理位置绝佳，饭店的生意一直十分红火。

1 桂国强，余之：《百年永安》，第34页。
2 邢建榕：《四大公司的开业和命名》，《上海史话》1987年第3期第45页。
3 董林：《十年诗选》，大象出版社，2011，第182页。
4 吴剑：《何日君再来：流行歌曲沧桑史话（1927–1949）》，北方文艺出版社，2010，第326页。
5 张绪谔：《乱世风华：20世纪40年代上海生活与娱乐的回忆》，上海人民出版社，2009。

其他功能

四大公司的经营模式基本相同，即以百货为主，同时设有储蓄部、娱乐、餐饮、旅馆等。除上述五大项功能之外，百货公司还发展出其他业务。

浴室：先施公司设置的浴德池浴室，开业于1917年，是上海最著名的大型浴室之一。位于先施公司的3号楼和4号楼两幢建筑中，营业面积达1200多平方米，共有员工75人。一楼为低档的堂口；二楼为中档的堂口；三楼则为高档房间，内有大池、单间浴缸、软管淋浴等设施；还设置有特等房间，内部装有隔音和空调设备，可供包房洗澡。同时浴室内有理发、擦背、修脚、敲背、推拿、快洗衣服和擦皮鞋等业务。[1] 然而浴室的经营老板不仅需要是了不得的“黑白通吃”的人物，而且还需要熟悉业务、擅长管理。先施的管理人员在经营浴室方面显然经验不足，浴德池在1933年因业务清淡而被迫停业，转租给中法药房的老板徐晓初，徐并没有使浴德池的经营好转，在1938年，他将该浴室转售给出身浴室又善于经营浴室的佘春华。佘对浴德池做了大的调整：在楼内安装了电梯，每个楼面设置南北两个堂口，内有白玉大池和进口瓷盆。三楼整个层面都设成高级房间，共有54个，每个房间都是特定的高级沙发配有丝棉枕头、铜盆、铜痰盂、柚木茶几、台灯、红木方凳等，房间内装有活动电话，冬天有热水汀供暖，夏天则有“西门子”吊扇纳凉。服务人员保持在200人左右，保证每个客人有2~3名专人服务。改造后的浴德池浴室，在同行里无人能及，有了“远东第一流”之称。它服务的对象非常广，包括商界、学术界、文艺界等各界名流，闻兰亭、蒋经国、于右任都曾光顾浴德池。[2]

理发部：新新公司于1926年开设了理发部，最初仅7张座椅，主要用于公司职员的理发修容，也对外营业。1939年扩大了营业业务，进口全套理发工具和设备，分设女子部和男子部，座椅增加为26座，职工增加到50人，名称也由理发部改名为新新美发厅，其因设备新颖、工作人员手艺了得，成为上海著名的高级美发厅。[3] 1953年迁至愚园路经营。现名称为“上海新新美容美发管理有限公司”，地址迁至浙江中路466号。

储蓄部：先施公司、永安公司和新新公司都设置有储蓄部和银业部开展银行业务，商业和营业并举，吸收存款。新新公司储蓄部的营业厅就设置在新新旅社的大堂。其他两个公司储蓄部也在各自公司的大楼里，具体位置不详。1930年南京政府颁发禁止企业商号吸收储蓄的法令，上海政府并不热心此事，也没有彻底执行。但1931年1月底，因黄楚九去世引发日夜银行和大世界游览

1 傅立民、贺名仑：《中国商业文化大辞典》，中国发展出版社，1994，第1706页。
2 上海档案馆编：《上海档案史料研究》，第3辑，上海三联出版社，2007，第85页。
3 上海社会科学院《上海经济》编辑部：《上海经济：1949–1982》，上海社会科学院出版社，1983。

66
永安人寿保险公司广告

储蓄部的挤兑热潮，进而引发金融震荡，促使上海政府于同年2月25日在《申报》上发布禁止公司商号吸收社会储蓄的禁令。但其最后真正实施的仅仅是“不得通过登报招揽吸收社会储蓄”。[1] 三家百货公司的储蓄部经历这次波折之后，仍然继续营业。

保险业：先施保险公司上海分公司和先施人寿保险股份有限公司上海分公司的办公地点就设置在先施公司的大楼里面。永安水火保险股份有限公司和永安人寿保险股份有限公司的上海分公司办事处都在永安大楼的五楼里面 66。

展厅：大新公司的四楼，开辟出一块区域作为展厅之用。展厅内持续有展览展出，吸引了不少上海市民前来观看。如刚刚开业不久，1936年12月19日至31日的“敖恩洪、卢馥、卢毓联合援绥影展”；1939年举办的一系列抗日展览，如6月关良油画展，7月上海美专新制24届西画系毕业纪念画展，10月陈抱一、周碧初、宋钟沅等人联合油画展；[2] 1941年陆小曼的个人画展；1942年程十发的个人画展；1949年赵家璧美术展等。大新公司的展厅 67 是当时上海最著名的展览场所之一。

跑冰场：在20世纪30年代，溜旱冰成了一种时尚，永安公司、新新公司和大新公司先后开辟跑冰场。68

电台：新新公司和大新公司都开设有电台，永安公司的屋顶花园也曾短暂架设过电台设备。这一点在“新技术、新设备的引入”一节中有详细论述。

大新公司在其一层铺面西南角设置了吸烟室和公共电话间，另外还设置了问讯处，有些类似于今天百货商店的服务中心，专为顾客解答问题；地下商场设有平价的冷饮部。

每个百货公司在细节上都做得比较独到。如大新公司在其百货营业厅内的电梯旁，都设有“购货指南”的指示牌，[3] 指引顾客便捷到达目的地。

1 朱荫贵：《中国近代股份制企业研究》，上海财经大学出版社，2008，第122–125页。
2 高春明：《上海艺术史（下）》，上海人民美术出版社，2002，第705页。
3 上海市档案馆、中山市社科联编《近代中国百货业先驱》，第308页。

67

中国家庭雏型展览展出的旧式快船

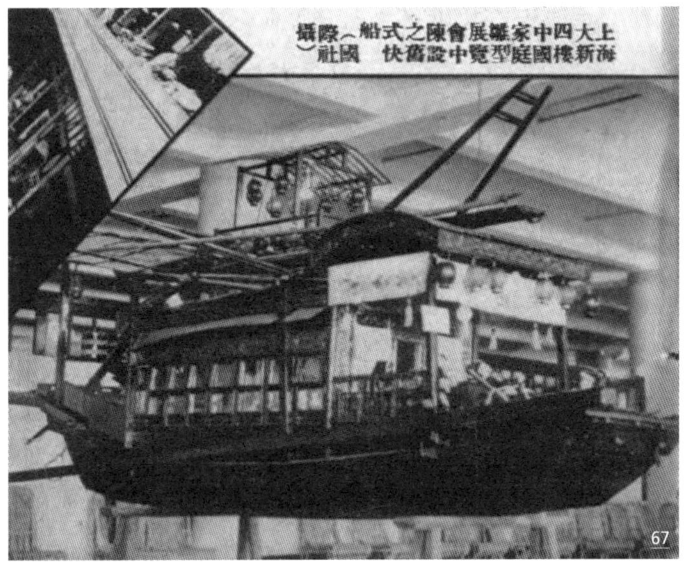

68

大新跑冰场的广告

小结

仔细阅读四大公司的建筑，可以发现百货、餐饮、娱乐这三项是每个公司都配备的经营项目，其娱乐项目中游乐场和西方现代娱乐项目的布局和设置则是随流行娱乐风潮的改变而改变。四大百货公司的创办人从悉尼的百货公司学习其部门设置、商品经营方式等，在香港和广州的百货公司经营实践，到了上海，他们充分了解了中国人的社会特性和购物习惯，并总结上海地区人们的消费习惯和特性，将百货公司发展成为既不同于南京路传统专门店，也不同于英商所营的百货公司，并与之展开激烈的竞争。[1] 总体来说，四大百货公司将旅馆、娱乐、游乐场等业务集中在一起，这些不同的行业，有些是他们在澳大利亚经商时观摩学习的（如百货行业），有些是他们原本涉足行业的发展（如保险金融），有些是当地大为盛行的（如游乐场），还有一些则是有远见的他们预见到对本公司长远发展大有益处的行业（如旅馆、制造业）。商业文化的兼容性使得多种功能的现代商业空间整合在一个建筑内。

四大公司的其他共同点

仅仅讨论每个建筑的特点，并不能对上海近代百货建筑形成一个整体的认识；提炼百货公司的共同点并开展研究，才可以看出上海近代百货商店的特色，以及其为何能够成为上海的一大特征，正如茅盾所言：“上海是‘发展’了，但发展的不是生产的上海，而是百货商店的跳舞场电影院咖啡馆的娱乐消费的上海。”[2]

盘踞一团的选址

“货比三家不吃亏”这句俗话说的是，只有通过多方比较、多样选择、多处观察、多种认识才能购得价廉物美的商品。按照这种消费心理，理想的购物环境应该是具有多家商店、多种商品、多样花色、多方信息的整体购物环境，只有这样，商业聚集效应才能发挥最大的作用。这也是四大百货公司都开设在南京路的原因。

先施公司、永安公司、新新公司、大新公司这几家民族资本百货公司毗邻

1 菊池敏夫：《战时上海的百货公司与商业文化》，《史林》2006年第2期第93–103页。

2 吴奔星：《现代作家作品研究：茅盾小说讲话》，四川人民出版社，1982，第18页。

而建，最远的距离——大新公司到永安新厦的距离，也不过300米[1]。这就是典型的商业聚集效应作用的结果。其实这并不是几个百货公司第一次聚集在一个商圈——在香港，“四大公司”即先施（1900)、永安（1907)、大新（1912）和中华（1933）都开设在德辅道上，其距离也非常近。[1] 广州的“四大公司”光商（1907)、真光（1910)、先施（1912）和大新（1918）地址亦比较靠近。[2] 到了上海，这一做法依然延续。

在先施公司到上海寻找合适的百货公司地址时，上海的南京路并不是最繁华的路段，可也没有更多的选择。当时，河南路（今河南中路）到外滩一带已经被外商开设的银行和洋行以及大型英商百货公司所占据；从河南路至福建路路段则为中国传统店铺，主要经营中高档消费品，如大伦、老九章绸缎庄，费文元、老凤祥银楼等，这些店铺散布在这个路段，使得该路段也没有大块完整的地方用来建造大型百货商店；从福建路以西，店铺基本以茶肆、小商铺和点心店为主，店铺规模较小，参差不齐，市面也显得清淡。

另外一方面则与上海的城市交通有关。当时，南京路浙江路路口已经有两路电车途经，站点就设在交叉路口。其一是英商一路电车，从静安寺出发，途经愚园路、赫德路（今常德路)、爱文义路（今北京西路)、卡德路（今石门二路)、静安寺路（今南京西路)、南京路、外滩，到达广东路外滩的上海总会。[3] 另一路为英商五路电车，从北火车站出发，途经海宁路、老垃圾桥、芝采路、英大马路、正丰街、东新桥、八里桥街到达西门[69]。这两条电车线路是公共租界最为拥挤和繁忙的线路之二，先施公司选择在浙江路路口开设其上海分店，也是考虑到要占据交通的便利性。一路电车作为上海最早的电车，贯穿上海东西方向，连通法租界和公共租界，静安寺沿线是未来社会名流、富商大贾聚集的地方，也是上海中层收入阶层人士聚集的地方。五路电车连通了火车站和老城厢，外乡游客进出上海一般都是通过火车站，因此在该电车沿线设置百货公司能够为其带来大量的客流，另外一头连接老城厢，能够带动老城厢各个收入阶层的市民过来消费。

也可以说，南京路浙江路路口是整条南京路唯一有两条电车交叉穿过的十字路口，本地行人和外地游客都比较多，有利于发展百货商业，因此先施公司的马应彪才决定在此处建造百货商店。

在先施公司确定好位置以后，鉴于商业聚集效应，永安公司将其地址选在先施公司的附近就不难理解了。只是究竟与先施公司隔浙江路而建还是隔南京

1　先施公司位于德辅道中215号，1913年在德辅道173–179号建造六层楼的百货公司；永安公司位于德辅道中207–235号；大新公司也位于德辅道中254号，中华百货公司则位于临街的皇后大道。

2　光商公司和真光公司都位于广州十八甫，先施公司位于长堤大马路，大新公司位于西堤，距离都在一公里范围以内。

3　熊月之：《上海通史 第9卷：民国社会》，上海人民出版社，1999年，第14页。

69

上海有轨电车线路图，1937年

路而建，永安公司派人做了一番实地调查。他们发现就南京路上的人流而言，路南侧多于路北侧，也就是说，当时上海市民的行走习惯是靠着南京路的南侧行走。这其实可能是永安公司高层的误解，因为永安公司派人做实地人流统计的时间约为1915年的春夏之交，或者是夏季，当时天气已经变热，太阳虽不一定是炙烤，但也已经让人有闷热之感，所以人们一般喜欢走在建筑的阴影位置——即南京路的南侧。[1] 倘若永安公司的调研人员在冬季来做人流统计，那很有可能得出完全相反的结论：因为冬季天气寒冷，人们喜欢走在有阳光的地方，南京路的北侧就成了市民步行优先选择的方向。当然，永安公司选择在南京路南侧建造百货公司，并不仅仅是因为这一个原因。在20世纪初，上海的坐贾行商和权贵阶层大多居住在南京路以南的片区。考虑到从他们的住所到南京路购物，最方便的是将百货公司设置在路南侧，不用跨越当时最为繁华的南京路，这相对来说是一种便利。所以，永安公司将店址定在南京路的南面。

新新公司是全新创办的一家大型百货公司，不像另外三家先后有香港、广州开设百货公司的成功经历后，才在上海开设新的分店，新新公司则是在上海创立的一家百货公司。其选址紧贴着永安、先施公司，该地块面积稍小，约为永安公司占地的60%左右，也是比较合适的一个选择。

待1932年大新公司摩拳擦掌，立志在上海筹建亚洲最大的百货公司时，时隔先施公司选址建造大楼已近20年，南京路从虞洽卿路（今西藏南路）至浙江路这一路段也已经从原来零星布置着茶楼、餐馆，相对冷清的街道变成行人熙熙攘攘、商铺鳞次栉比的繁华街区。大新公司的管理层试图在尽量靠近三家公司的位置寻找合适的位置，最终仅有在南京路的西端，靠近跑马场的位置，利用半个街区的基地来建造公司大楼。大新公司选址于南京路西端，除了离另外三家百货公司较近，形成商业聚集效应，能很好地分享另外三家公司的客流，也有另一番考量。20年代中期开始，跑马场的西面和南面开始发展，建造了大片的石库门里弄住宅，成为社会中产阶级的居住地；同时在西区，尤其是法租界，聚集了一大批英美侨民和中国上层人士，他们形成了庞大的潜在消费群体。因此，把大型百货商店设置在南京路的西端，对于吸引上述人群过来消费，也是非常有利的。

从先施公司到大新公司，在空间上仅仅是300米的距离[70]，而时间上却整整跨越了20年。也正是有这四家公司聚集一处的呈现，民族资本四大百货公司才超越了英商四大公司，成为上海甚至中国现代百货业的代表。对于民国时

1 永安公司商议在上海开设百货公司的这一决定始于1915年春，随后其公司人员先向永安公司驻沪办事处人员询问合适地点，待一番考察以后，最终选定在先施公司附近。永安公司选定建筑基址并签订租地协议的时间为1915年10月。由此可以推断，其公司人员在南京路做人流情况调研的时间应是上海比较炎热的时期。

70
从四行储蓄会大厦屋顶看南京路景观

期的上海而言，已经很难说清究竟是南京路成就了四大百货公司的兴旺，还是四大百货公司的存在成就了南京路的繁荣。

屋顶游乐场：城市高空的“庙会”

> “维克多爵士[1]曾低调地参观过永安顶楼。那是一座中国人非常喜爱的美丽花园，景象堪称一绝。烫着卷发的漂亮上海女孩吃着西瓜，啃着干鸭胗；家长带着孩子骑小马；杂耍艺人表演绝活；抹着花脸的伶人歌声萦绕。永安顶楼花园就像盛夏周末的布莱顿码头，是寻常人家游乐的好去处。”
>
> ——高泰若，《项美丽与上海名流》

屋顶的利用，在20世纪初的上海已经出现了。1906年建成的汇中饭店，其屋顶就是作为社交场所，供人们聚会、观赏黄浦江风景。[2] 但其性质是私人俱乐部，使用的人群大多为外侨。面向普通市民开放的屋顶游乐场，据说是源于清朝末年从事新闻媒体工作的海上漱石生等人游览日本，在东京看到某些大楼的屋顶都辟有花园，花园内设置游艺杂耍项目，[3] 他们回国后与商人

1 即维克多·沙逊。
2 钱宗灏：《百年回望——上海外滩建筑与景观的历史变迁》，上海科学技术出版社，2005，第160页。
3 海上漱石生，原名孙家振（？—1939），20世纪20–30年代武侠小说代表作家，曾任《大世界报》编辑。

黄楚九谈及此事，黄认为这是生财之道，便与经润三、孙玉声等人联合筹备，于1912年在湖北路南京路转角的新新舞台的楼顶上设立上海第一家屋顶游乐场——楼外楼。楼外楼规模不大，游乐项目也仅仅是给上海市民登高揽胜，以及两档说书节目，但其设立在上海刮起了一阵前往屋顶花园感受城市景观的娱乐新风尚。这是上海乃至中国屋顶花园游乐场的发端。[1] 随后黄楚九先后开设了规模较大的室内游乐场："新世界"（1915年）、"大世界"（1917年）。

待先施公司1914年在上海筹备沪行之时，一街之隔的楼外楼生意火爆，富有经商头脑的马应彪等人认定这是大有前途的商业契机，于是屋顶花园游乐场成了先施公司沪行经营项目中的重要一项。永安公司紧随其后，两家公司屋顶花园，加上黄楚九两家游乐场，成为当时上海最时髦的娱乐项目。此后，新新公司和大新公司效仿前两者开设屋顶花园也就不足为奇了。其实四大百货公司的屋顶乐园并不局限于屋顶，其公司大楼除了百货营业部分、旅社部分，最顶上几层开设的茶馆、杂技、电台、饭店、电影院等中西流行的娱乐项目都属于屋顶乐园的概念范畴。[2]

71
先施公司屋顶平面

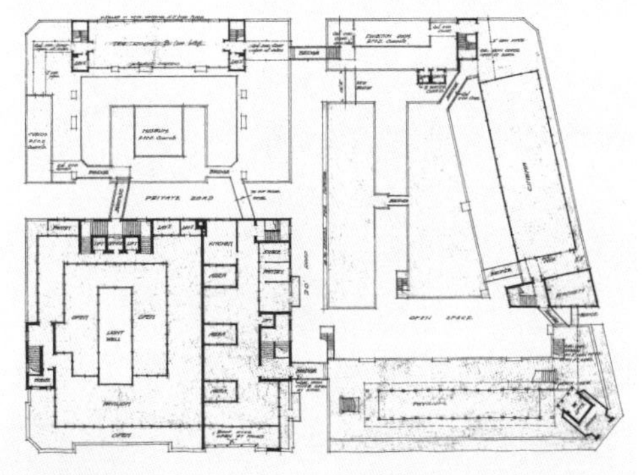

72
先施乐园-1

相较于其他各类经营项目来说，各百货公司屋顶游乐场的布置是最具中国意味的。首先从各大百货公司的屋顶平面可以看出[71]，屋顶游乐场安排的各个项目并没有在建筑上得以体现。换句话说，各大百货公司的屋顶，仅仅是提供了一处场所，游乐场和建筑是相对独立的，并没有固定的形式语言。这一种形式更像是中国传统的庙会在城市高空的再现。

其次庭院花园的布局，园中亭台楼阁、花石假山的布置，楼阁楹联的设置都是典型的中国传统样式的。如先施乐园中设置的三重檐攒尖顶[72]、传统牌坊式样的门牌楼[73]和永安公司屋顶上的两个亭子，都是依照中国古典建筑的式样而建。永安天韵楼的楹联"天风鸣爽籁，韵雨涤尘襟"之类的对联也能在游乐场中看到。

再者，各游乐景点的命名也体现了浓厚的中国意味，如大新乐园的"天台十六景"：戏

1 吴申元：《上海最早的种种》，华东师范大学出版社，1989，第116页。
2 茶馆、杂技、电台、饭店、电影院等等都属于游乐场的范畴。

马台、罗跨亭、藏春坞、银河桥、御风楼……无论景点的设置还是其命名方式，都是按照中国传统景点设置的逻辑。

73
先施乐园-2

最后，屋顶游乐场安排的节目也大多是中国传统项目，如先施乐园里安排的京剧、昆曲、杂技、滑稽戏等，永安天韵楼设置的京剧、沪剧、越剧、评弹、相声、独角戏、魔术、改良苏滩、文武戏法、时调大鼓、宁波滩簧等，新新公司游乐场内演出的有京剧、申曲、越剧、滩簧、滑稽等，大新公司的节目包括京剧、话剧、滩簧、电影、歌舞、魔术、滑稽、武术等。虽然百货公司的电影院也是游乐场的重要组成部分，但电影院是1928年以后才在上海迅速发展的，在电影院流行之前的十多年里，先施、永安、新新公司的游乐场更是以中式娱乐为主。

有学者将20世纪30年代的游乐场分为三类：一是综合性游乐场，以大世界为代表；二是百货公司附设的室内游乐场，以天韵楼为典范；三是露天游乐场，一般位于中心城区外围，如曹家渡的沪西大世界。四大百货公司附设的游乐场成为上海三种游乐场类型中的一类典型。[1] 最终与其他类型的游乐场发展到国内难以逾越的高度。

事实上，百货公司的其他部分包括整个建筑虽均以国外先进商场案例为标杆，其建筑功能、体量和外立面都具有典型的西方现代建筑的特征，但其内部仍然有非常浓厚的中国意味：中国传统园林式布局的屋顶花园，亭台楼阁、花石假山，书画部的设立，特地请上海书画名家当场作画等等。甚至从声音上，也能让外国的游客轻易分辨出它们与英商四大公司的不同。[2] 如霍赛在其文中论述：1936年，南京路上的最前端依然是洋行，再过去就完全是中国市面了："路上行人渐渐拥挤，大多是穿长袍的男女。路边一些乐队在楼窗里吹打，这是中国式的广告"……"上海的百货公司里边是世界上最吵杂的地方。有一个部门里边终天开着唱机，还用高度的扩音器扩放出来。中国人最喜爱热闹喧哗，而上海恰巧是最热闹喧哗的，因此也最合中国人的胃口。你在上海，不论在什么地方：百货公司、普通店铺、工厂、修理厂里边，都能听到嘈杂喧哗的声音。就是黄埔滩也是如此的。……这些街上的声音、景物、气味完全是亚洲式的。"[3]

总体来说，百货公司的外壳是西式的，然而它的灵魂却是根深蒂固的中式的。因为在建筑外观和建筑设备方面崇尚西洋建筑已经是当时上海市民普遍接

1　楼嘉军：《上海城市娱乐研究（1930–1939）》，华东师范大学，2004，第78页。
2　陆兴龙：《近代上海南京路商业街的形成和商业文化》，《档案与史学》1996年第3期第50–54页。
3　霍赛：《出卖上海滩》，上海书店出版社，2000，第169页。

受的事情，建筑内部贩卖的商品，也是以西洋为尊。除此之外，可以说其他方面，仍是以中式为主导，如娱乐项目设置、内部装修的处理。相对而言，大众接受建筑形式或风格的改变比较容易，但使用习惯和娱乐观念的改变，则相对较难，不是在二十余年间就能够达成的。因此在四大百货公司中仍然留有诸多中国元素便不足为奇了。

高耸的尖塔

"……那——
商场崇高的
建筑
一个金刚一样高得几乎
透过了云霄
碰落了
海上闪闪的银星
我伫立在
它底顶上
曾用
苦痛的眼睛
瞻望着
这伟大的
海上的繁闹……"

——佚名，《海上的四大商场》

四大百货公司不约而同地在其立面上设计了一座高塔[74]，图中从左到右依次为永安新厦、新新公司高塔、永安公司高塔以及先施公司塔楼。大新公司的最终建成立面没有高塔，但其原方案中设计的塔楼就处于南京路和西藏路转角处，下层基础钢筋和材料都是按照建造高塔的荷载来计算的。大新公司的高层最初也只是打算暂缓建造高塔，待资金稍宽裕的时候有需要再建。[1]

三家公司的高塔，属于西方建筑语汇中的钟塔。在欧美国家，钟塔一般位于教堂或市政建筑之中。然而在近代中国，尤其是广州、香港、上海等中外交

1 裘争平：《1934年上海大新公司建筑委员会议事录》，第242–254页。

74
20世纪30年代末百货公司塔楼景象

流频繁的城市中，钟楼成为商业建筑的典型元素。

先施公司的塔楼，其高度与建筑主体旗鼓相当，从图[4]中可以看出，钟塔与转角入口结合在一起，建筑高度为四层，钟楼的层数也是四层，创立者们为其取了一个名字：摩星楼，意为该楼已经穿过白云擦着星星了。在钟楼的最下层外墙面上，悬挂着一口大钟。在20年代末，先施公司将主体建筑加高两层以后，塔楼也相应增加了两层[75]，突出屋面部分的比例稍稍减小了，但塔楼总高度增加了。

如果说先施公司的塔楼因其有钟，姑且能称之为钟楼的话，那永安公司的塔楼则完全放弃了钟楼这一说法。与先施公司在街道转角处设置塔楼的情况不同，永安公司的塔楼是伫立于建筑立面的中部。其空间位置刚好是距离先施塔楼最近的地方，两座高耸的塔楼隔着南京路相对而立，似乎是要一较高下。永安公司的塔楼起名为“倚云阁”[76]，意为高到都能倚靠着云了。刚建成的倚云阁高度比先施公司的“摩星楼”还要高，至少占据立面总高度的三分之一。

新新公司的塔楼可以说是这四家公司中登峰造极之作[77]。从立面可以看出，新新公司的建筑主体有六层，立面中部的塔楼也有五层，塔楼的高度占据整个立面约二分之一。相较于永安、先施，新新公司的塔楼细长比更小，更加纤细。

永安新厦可以说是将造塔楼的行为演变到了极致[78]。从建筑造型上来看，其塔楼的体量非常纤细，与裙房的体量形成巨大反差。可以说，塔楼部分实际上相当于是塔的作用，尤其是最顶上两层，因其每层面积小，仅45平方米左右，

75
先施公司现状

76
永安公司倚云阁现状

77
新新公司尖塔

78
永安新厦现状照片

扣除垂直交通所占的面积，余下的面积已经不适合作为大办公室或其他功能使用，只能作为单间的办公室或远眺观光之用。

百货公司建造塔楼的现象不仅仅局限于上海。由基泰工程司的朱彬1927年设计的天津中原公司，也是一家百货公司，大楼为两层，局部设有尖塔。1940年该公司发生火灾后，由师承杨廷宝的张镈重新设计一座五层建筑，屋顶上也建有约为四层的尖塔。

为什么四大百货公司会如此热衷于建造塔楼

在先施公司建造之前，上海大部分新建的建筑，除市政建筑和教堂外，其他建筑无论是殖民地外廊式样、古典式样、巴洛克式样还是折衷式样，建筑主入口或转角部位对应的屋顶部分大多会有突出屋面的塔楼。但是塔的高度仅仅占据一至二层的高度，在整个建筑立面高度上所占的比例不会超过三分之一。如汇克公司、美商壳件公司外立面，英国建筑师塔兰特（B. H. Tarrant）设计的英国总会（1910年建成）正立面两侧的塔楼[79]，公和洋行设计的有利银行大楼（1916年建成）立面[80]。[1] 即使是邮政局，它们有着较高的塔楼，但其体量感是庞大、雄壮的，并没有向高处发展的趋势，如1924年的邮政大楼[81]，以及上海日本电信局[82]。然而中国业主所造的塔楼就不一样了，如1926年建成的华安保险大厦[83]、1931年新建的大世界游乐场[84]等，其塔楼都是竖向分多层，同样的几何形平面逐层收进，最终以小小的圆形屋顶收头。同时，其塔位于立面的中心位置，和新新公司一样形成向心的、对称的立面构图。显然这几栋建筑都是晚于先施、永安、新新而建的，其是否受百货公司的影响不得而知，但确定的是，它们均是在高度上追求极致的结果。[2]

在消费时代，说百货公司是这个时代的教堂并不为过。[3] 人们沉迷于由百货商店开始的消费文化中，这些商店在幽雅的环境中供应大量的商品，任何阶级、任何背景的人都可以进入消费，这就像哥特教堂，张开双臂拥抱所有人成为他的信徒。当然，四大百货公司建造高塔的初衷并不是为了去模仿教堂，而是两者有诸多相似之处，比如对建筑高度的追求，建筑最终呈现出的形式，以及它们同样耸立于闹市区，在城市的各个角落随处都可以望见。这一方面归功于两者都有巨大的建筑体量，另一方面，就是因为塔的存在。

从历史图片中可以看到，三家公司的塔楼体量虽不大，其总建筑高度相对于当时的建筑来说，是非常高的[85]。先施公司摩星楼高度约为150英尺，近46米，

1　郑时龄：《上海近代建筑风格》，第96页。

2　华安保险大厦在建成后的8年内曾是跑马场沿线最高建筑，直至四行储蓄会大楼的建成。

3　法国作家左拉在其小说《妇女乐园》（1883）中将百货公司称为现代商业的教堂，美国最大百货公司伍尔沃斯总部大楼也被公认为是Cathedral of Commerce。

79

80

81

82

83

84

79
英国总会

80
有利银行大楼

81
邮政大楼

82
上海日本电信局

83
华安保险大厦

84
大世界游乐场

加高两层以后高度近53米；永安公司倚云阁的高度约169英尺，近51.6米；新新公司高塔图纸中的高度为160英尺，合约49米，实际建成约为67米；永安新厦建筑总高度为292英尺，合约89米。[1] 不仅在南京路，在上海公共租界和老城厢，几乎上海城区的任何位置都能望到它的存在，提示着该处有百货商店，指引人们前来消费[86]。三家百货公司的尖塔顶端，都挂有该公司名字的广告牌，是为其自身做广告的绝佳手段。尤其是霓虹灯引入上海之后，各个商家均用霓虹灯管将塔的轮廓线装饰出来，也将带有其名字的广告牌做成发光的文字，在夜幕之下的上海，三家公司闪烁着霓虹灯的塔楼，就像灯塔，召唤各方市民前往消费，也是十里洋场夜晚最醒目的标志。

其次，塔这一高耸体量的构筑物具有强大的视觉冲击力，从而成为业主实力的象征。为了强调这一点，业主往往不甘示弱地相互竞争，争夺第一。

1　高度数据均从建筑图纸和历史照片中推算得出。

85

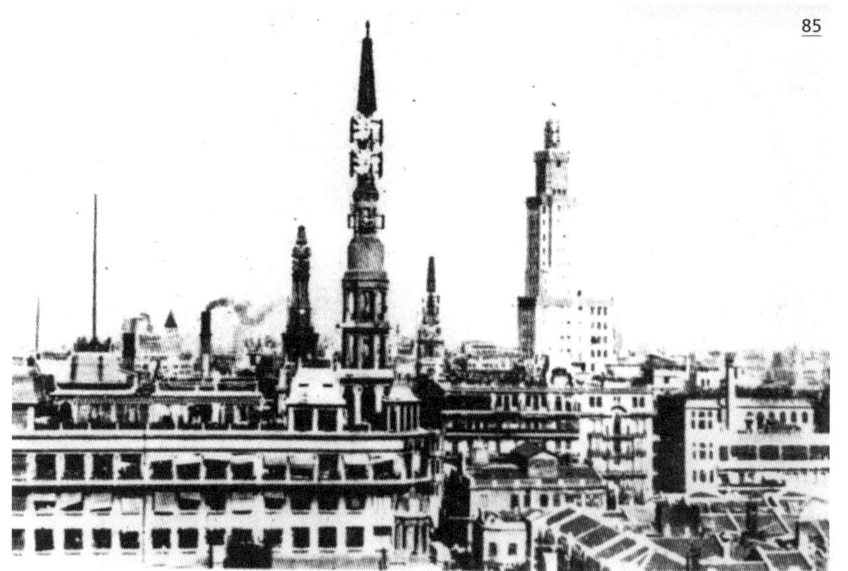

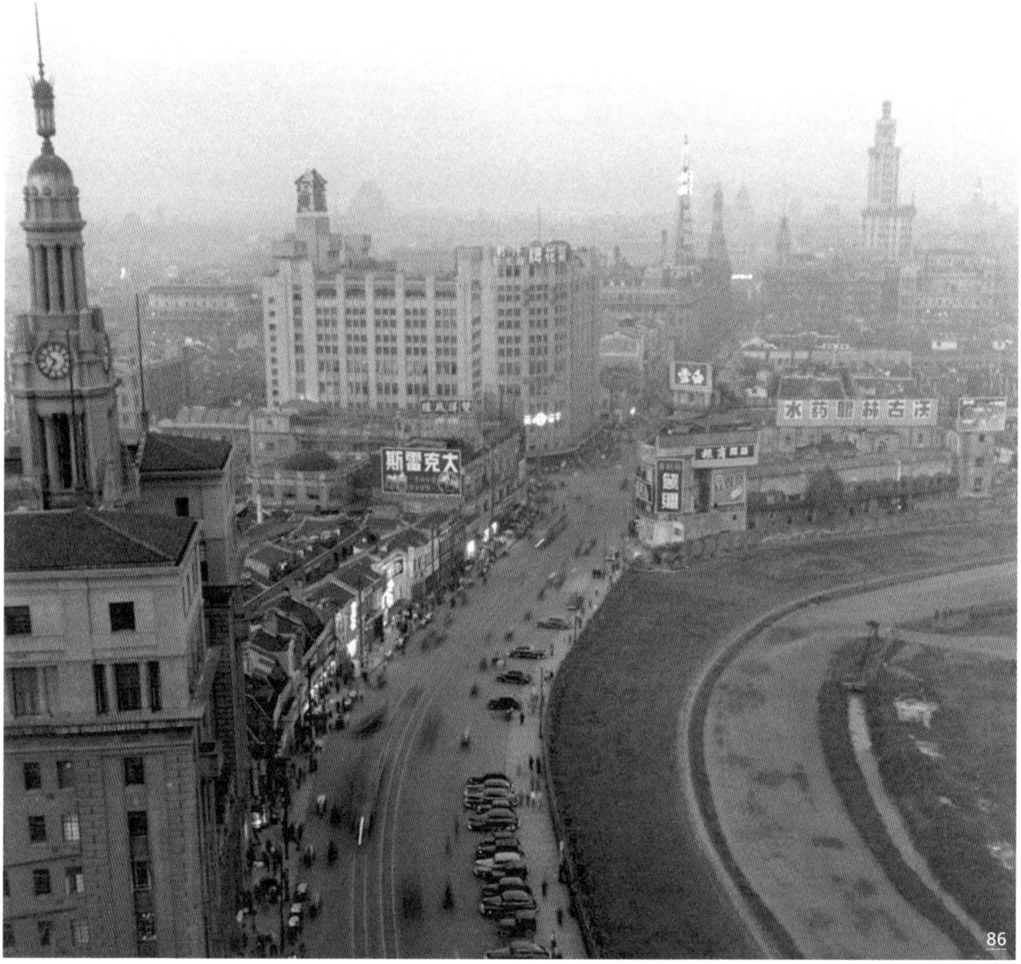

86

85

1930年代城市天际线，
从左至右依次为
先施摩星楼、新新塔楼、
永安天韵楼、永安新厦

86

从四行储蓄会大厦望
四大公司

立面的“失真”

四大百货公司的立面各有其风格和特点。先施公司试图将大量巴洛克风格建筑语汇与商业元素混合在一起来强调其商业资本的雄厚与社会地位，并且更能吸引路人的注意，给人留下深刻印象[87]；永安公司采用趋于平面化的古典主义风格元素[88]；新新公司采用简化的古典主义手法，凸显出建筑的框架结构逻辑，为上海的Art Deco做着铺垫[89]；大新公司的立面则通过隐约而现的中国古典建筑装饰来体现建筑师复兴传统文化的意图[90]；永安新厦用那高耸入云的塔楼淡化了建筑装饰，来表达业主美国式的商业帝国之梦。

但是，尽管如此，这五栋建筑都显露出一个共同的特征：立面的失真，尤其是沿南京路的立面。换句话说，其立面的形态与平面的布局并不是完全对应的。首先体现在所有的建筑立面都是在柱网之间做一至二处开窗或阳台。无论是最初人造光源照度较差，百货公司的营业部分需要争取尽可能多的光源来对其货品做充分展示，还是30年代日光灯的引入，使室内光环境大幅度提升，室内商品的陈列也不再依赖自然光源，立面都均无例外地呈现出非常规律的、复制的窗户。其次体现在阳台的设立。如先施公司和永安公司在二楼及以上楼

87
先施公司沿街现状局部

88
永安公司现状

89
新新公司

90
大新公司，1945

层设立了大量的阳台，事实上，在百货公司的营业部分设置阳台并不符合其功能需求，在旅馆客房部分设置贯通整个立面的阳台也使安全性和私密性有所下降。无论是百货功能，还是旅馆、浴室、酒店、茶馆，乃至保龄球馆、展厅，这些复杂的功能都不能直接从建筑外观上体现出来。从其外立面看，建筑就像是一栋单一功能的府邸或上海的洋行建筑。

再次，如先施公司，在其用地范围内，分为7幢建筑。临南京路是1号楼和7号楼两幢建筑，其建筑是相互独立的，中间有一条小巷将两者隔开来[2]。但是从南京路上看先施公司，它并不是分成两栋建筑，而是整体的一栋。先施公司在两座建筑之间增加了连廊，使其在立面上保持着与建筑功能不吻合的连贯性和一致性。

总之，在这些建筑中，建筑外部的形象高于实际功能需求，无论是业主还是建筑师都力图在其能力范围内尽可能地让建筑看起来更加宏伟，对消费者来说更有说服力。在此背景之下，建筑的立面只能尽可能地向欧洲府邸以及银行等建筑靠拢了。

商业氛围的营造

百货公司如何吸引更多的顾客？

商家所采用的、主动的手段一般有两种：利用较高社会知名度的媒体来宣传和利用自身设施的特点来宣传。[1] 前者是指在当时知名出版物，如《申报》、《北华捷报》（*The North-China Daily News*）、《远东评论》（*Far Eastern Review*）等纸质媒体上发文或者广告介绍百货公司；也有百货公司自行出刊的，如《永安月刊》，定期发布公司的商品信息和促销活动；还有广发传单，尤其是在大促销之前，百货公司会专门派人在沪宁、沪甬铁路沿线的各个村庄、城镇发送传单。除了纸质媒体宣传，也还有广播宣传，四大公司不仅在上海的广播电台发布广告，甚至自行开设电台，对其公司进行宣传（新新电台）。

后者指的是在建筑的空间范围内采取所有可能的手段进行广告营销，促使路上的行人甚至在上海的所有人都步入这些消费的殿堂。主要包括使用幌子、橱窗、柜台、展台、霓虹灯、建筑本身的细部布置和色调，以及商场内的商业活动等，通过这些来达到营销的目的，营造一个消费盛世的商业氛围。

1 菊池敏夫：《建国前后的上海百货公司——以商业空间的广告为中心》，陈祖恩译，载上海市档案馆《上海档案史料研究》，第9辑，上海三联书店，2010，第111–133页。

幌子

“长长的市街，夹峙在两旁层层矗立的高楼中间，宛如城市的峡谷。岁之暮，不少绸布店洋货店或百货商店，纷纷挂起‘大拍卖’和‘大减价’之类的横条直幅。临街的店铺楼上，二三个临时雇来的吹鼓手没精打采地敲着洋鼓，吹着洋号，以广招徕。这种街头音乐，构成都市风光的一面，繁华市容中的一幅凋敝年景，给人一种异样的萧条之感。”

——朱自清，《匹夫匹妇》

用一根竹竿挂一块布幔，写上名号或经营物品的名称，悬在店门口，作为商店营业的标志，这种广告手法是中国传统商业的一大特征。春秋时期已有类似形式的酒旗，到宋代，酒肆的幌子已经十分普遍91。一般都挂得很高，随风摇曳，使人很远就能看到，所以幌子也称“望子”。[1] 从先施公司一号楼的剖面图6中也可以看到，其南京路立面上，二、三楼阳台的扶手栏杆以及五楼的窗间墙位置，都有一铸铁构件伸出墙面，用于悬挂公司的招牌及广告。20世纪20年代的照片中可以看到，先施公司的外立面上挂满了幌子92。幌子悬挂在二、三层阳台处悬挑的杆子上，每一间都有杆子，每个幌子上写着“先施大减价”的字样，四楼的窗台处悬挂出来的幌子垂落到二楼阳台的扶手栏杆处，迎风飘扬，上面写着“先施公司货品大减价二十一天”。其实不仅先施公司如此，永安公司、新新公司都会在其减价期间悬挂广告店招93，甚至当时南京路上几乎所有的商家都将会自己的名号或者经营内容做成幌子，悬挑在南京路的上空94。从图中可以看到铺天盖地的店招悬挂在南京路的街道边，几乎看不到前方的道路和天空。

91

《清明上河图》中的酒肆店招

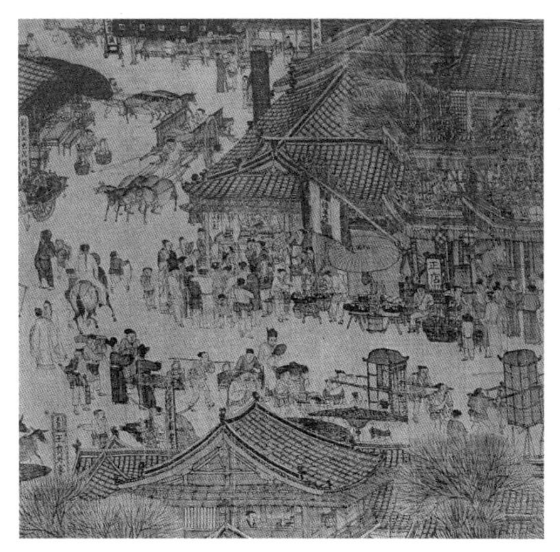

幌子与购物、消费直接联系在一起，已经成为民国时期上海南京路最典型的形象。香港旺角横亘于街面上空的广告灯箱，应该是传统幌子的现代演绎95，这已是另一个话题。

1　魏雯，等：《传统民间生活大观》，西苑出版社，2011，第56页。

92
先施公司大减价宣传

93
永安公司

94
南京路的店招，1930年代

95
香港旺角广告灯箱夜景

橱窗

"这个橱窗里陈列的是女人的服装。……一大条价值珍贵的布鲁日花边，像神坛的幕帐一样张开来，展开两片微带褐色的白色羽翼；阿朗松刺绣的各色裙饰，扎成了花环；其次从上到下，像落雪一样飘动着各式各样的花边……左右两边，有用布包起来的柱子，使那个天幕显得更远远地向后退去。这些女装像是在为赞美女性的典雅而建立的礼拜堂：正中央摆着一件不平凡的物品——一件有银狐装饰的丝绒大衣；这一边，是栗鼠皮里子的绸料短披风；那一边，是一件羽毛镶边的呢外衣；最后，是一些白色开斯米和白色厚绒的舞会女外衣，装饰着天鹅绒或者滚边。各式的花色具备，从二十九法郎的舞会女外衣起，一直到标价一千八百法郎的丝绒大衣。人体模型的圆圆的胸部把料子膨胀起来，健壮的臀部加强了身材的窈窕，上边没有头，用一方大标价牌子来代替，拿针别在红色麦尔登呢的脖子上；同时橱窗两边的镜子，经过巧妙的设计，把这些形象无限地增多了，反射出来，使得满街上尽是这些要出卖的美丽女人，她们顶着大字的标价牌子当作头颅。"

—— 左拉，《妇女乐园》

正如有人对橱窗等上海商业广告评价："商业之广告，乃销售上最重要之不二法门也。上海既为全国商业中心，广告之新颖灵巧，亦为首屈一指，无论文字图画、橱窗布置，大都精益求精。" [1] 可见橱窗是商业广告中非常重要的一项，它和建筑立面也息息相关。

有学者认为，橱窗是随着百货公司的诞生而出现的一种新的广告形式，最早运用现代大橱窗广告的是开设在南京路一带的四大百货公司。[2] 但是在百货公司开设之前，上海霞飞路、四川北路的沿街商铺已经有大量运用橱窗的案例。在1870年之后，洋百货公司在上海积累了大笔原始资金，开始开拓店面时，橱窗就出现了，经营贵重商品的商店用橱窗来陈列商品，吸引更多顾客。[3] 但是开设现代大型、连贯的橱窗，四大公司应该是首例。不论谁为最先者，橱窗作为商业建筑的一大典型特征这一点是毋庸置疑的。

这四家公司都在其店面及门前设置大型的橱窗广告，非常重视橱窗的陈列工作。每个百货公司都专门设有陈列广告部，聘请富有陈列和美术经验的人员，甚至画家来担任橱窗的设计、绘图、布置等工作。如永安公司聘请画家梁燕做

1　沈月娥：《论中国近代广告的发展轨迹》，吉林大学，2007，第37页。
2　朱英：《近代中国广告的产生发展及其影响》，《近代史研究》2000年第4期第96页。
3　上海百货公司：《上海近代百货商业史》，上海社会科学院出版社，1988，第9页。

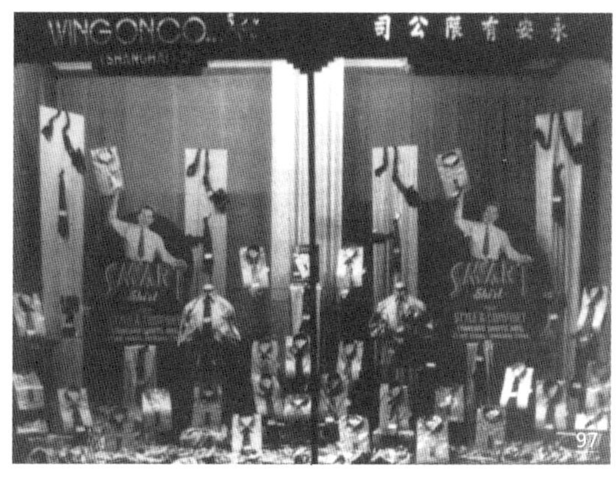

96
永安百货橱窗

97
永安百货橱窗

风景画照相布景，并由专业的陈列员李辉负责商品陈列的展示；新新公司的橱窗则由画家方雪鸪负责，其经常采用抽象的油画形式为背景；大新公司则聘请陆光负责广告部。[1] 同时每个百货公司都会从海外订阅大量关于商品陈列布置的杂志。如永安公司一直订阅美国的《展望》（*LOOK*），《生活》（*LIFE*）及《橱窗展示》（*WINDOW DISPLAY*）等相关广告陈列的杂志。[2] 1933年，郭琳爽出任永安公司总司理之后，着重强调公司橱窗陈列的要求，必须定期更新。[3] 大新公司更是按照各种货品的特点设计制造专用的陈列器具共6000余件，并规定沿马路的大橱窗玻璃必须每日擦拭一次，每周用水洗一次。[4]

橱窗的最主要功能便是展示，展示该店内经营的商品，几乎包含全世界各地的产物：法国的香水、苏格兰的酒、德国的照相机、英国的皮件以及中国的千奇百怪的物品，汗衫、香烟盒、玩具、睡衣、手镯之类的商品都能在橱窗里面看到。也用来展示商品制造的过程，如1936年9月永安公司[96]的橱窗曾经展示永安公司生产的润肤香皂的生产过程和机器，包括从搅拌机到研磨机，再到推出机，最后到分切机和打印机。有专门的工作人员在橱窗内进行现场操作和表演，并把所制的样品免费发放给顾客。橱窗甚至可以作为介绍国外生活方式的一个窗口：在圣诞节前夕，新新公司在其入口的橱窗里布置了圣诞老人、圣诞树以及包装好的礼物。

另外，橱窗亦是营销的一种手段，如新新公司在开张的时候，开展了一个“猜豆得奖”的活动，将一装满彩色豆粒的玻璃瓶放在门口橱窗内，顾客凭发票累

1 徐昌酩：《上海美术志》，上海书画出版社，2004，第134–136页。
2 上海市档案馆、中山市社科联编《近代中国百货业先驱》，第82页。
3 何小娟：《中山郭氏与上海永安公司》，暨南大学，2008，第15页。
4 事实上从20世纪40年代开始，惠罗公司的橱窗设计就利用有机玻璃构成间接弯曲的透明道具来放置货品，福利公司则运用金属、木材、玻璃以及塑料等多种材质来模拟家具或其他器物的抽象造型。

计金额10元，便可猜一次。届时当众开奖，谁猜的数目与倒出来的豆粒数目相等，可以获得上等西式家具一套，数目接近的人也可领取各种奖品。类似的促销手段，先施公司和永安公司也都曾经用过。

四大百货公司还会通过收取一定的租赁费将橱窗租借给其他企业来展示他们的商品，如上海新光标准内衣制造厂曾经租用各公司的橱窗来展示其生产的Smart白衬衫[97]；大新公司也曾与艺华公司达成协议，艺华免费提供新片《化身姑娘续集》给大新公司，大新公司则免费出借橱窗供其展示作品海报。[1] 这对企业来说，能够在短时间内迅速提高其社会知名度，博取消费者的信赖。百货公司还会与知名艺术家合作，在橱窗中展示其作品，如刘海粟曾在大新公司橱窗里陈列自己的作品《但丁与维吉尔》。[2]

当然，橱窗的展示内容也是受当局管制的，比如国民党政府曾发文要求中外商品要分橱窗展示，两者不可在同一橱窗里。然而，在战时，玻璃橱窗是脆弱的，在1946年的黄金风潮中，上海各大百货公司的橱窗都被愤怒的市民恶意损坏，四大公司的橱窗也不例外。[3]

总之，百货商店的橱窗是向潜在消费者传达商品信息最直接的窗口。据芝加哥一项调查报告显示，橱窗、报纸和收音机广告，三者中，橱窗对顾客的影响力是最大的。橱窗可以说是百货商店的脸面，通过精心的布置与策划，来吸引消费者的视线，给消费者带来深刻的印象和强烈的购买欲，从而促使消费者进店消费。尤其是在冬夜，寒冷萧瑟的路上，人们看着橱窗内暖洋洋的灯光、精致的商品，那橱窗里的画面已经成为一种对现代生活的想象与向往。

柜台与货架

四家公司的柜台基本上是同一种模式，货架沿着建筑的外墙设置一圈，商场中心部位则由货架围绕1~2根柱子形成柜台。货架前方留出60厘米左右的走道，供营业人员在内营业，走道前面便是柜台。不同的是，先施、永安、新新公司内商场中部的柜台货架，均高于人的视线，从图[98]中看到约有2米多高，而大新公司内的货架，均没有超过人的视线，商场内部的空间看上去更加通畅，使顾客“进门便一目了然，透视整层商场，很容易找到分门别类的货品”，[4] 柜台和柜台之间的距离宽达3.3米，使顾客看货、来往、买货都非常便利，即使人再多也不会有拥堵之感。不论哪个百货公司都有规定，货架上的货品必须分门别类、摆放整齐有序，货架定期擦拭，力求一尘不染。柜台的材质是透明玻

1　佚名:《艺华与大新公司之交换条件:大新出借橱窗地位,艺华免费供给新片》,《电声》1937年第6卷第3期。
2　袁志煌、陈祖恩：《刘海粟年谱》，上海人民出版社，1992，第140页。
3　紫虹:《大公司玻璃善后事宜:先施侥幸大新可怜，新新预备移花接木》,《快活林》1946年第42期第12页。
4　上海市档案馆、中山市社科联：《近代中国百货业先驱》，第308页。

98
永安公司柜台

99
惠罗公司室内柜台

100
永安公司室内柜台

101
大新公司内部

璃，每个百货公司都在追求柜台的通透性，使货品尽可能少地被遮挡。从图片[99]中可以看到惠罗公司柜台，用木方搭成一个个框架，框架中以及台面上镶嵌有透明玻璃，大部分货品被挡在木方后方，从顾客的视角望过去，大部分视线被阻挡，顾客几乎看不清楚柜台里面的商品。随着对柜台的要求进一步提高，用玻璃做柜台的技术也越来越纯熟，如永安公司的柜台[100]，图中近处的康令克钢笔柜台，柜台面向顾客的一面和顶上一面，全部是由平板玻璃拼接而成，玻璃和玻璃之间的交接处，也是由玻璃胶胶合而成，没有多余的构件。玻璃柜台内的各式钢笔一目了然，在灯光的照耀下，玻璃的反光使得柜台内的商品更加璀璨夺目。这也使得柜台超出了普通货柜的意义，和玻璃橱窗一样，它具有展示商品的功用。大新公司的柜台也是如此[101]，经过精心设计，每个角的接缝处不采用常规的木制圆柱，而采用细长的金属嵌条来做装饰，“使得走过柜台旁的顾客，观察起内部陈列的货品时，一览无遗，不会阻碍到人的视线”。[1]一般来说这种摆放货物的柜台高度不超过普通人的腰部，玻璃柜台上方不摆放任何货品，如果有特殊商品需要陈列时，则放置在立方体的玻璃陈列箱内，再放置在柜台上，每个柜台上不超过两只玻璃陈列箱，以不阻挡视线为准。特殊商品推销时，用一尺半长、一尺宽的玻璃盆装着，放置在柜台上，高度亦以不

1　振翼：《大新公司参观记》，载上海市档案馆、中山市社科联编《近代中国百货业先驱》，第308页。

阻挡视线为准。玻璃货柜内陈放的货品，必须整齐美观。[1] 柜台内部也安装灯具，用来照亮其中的商品。

展览与展台

百货公司在商场的楼上几层都设置各种各样的展台。楼上的营业厅地方比较宽敞，顾客也不像一楼那么多，购物环境相对安静，有利于布置展示高级的商品。40年代上海时代公司[2] 在大新公司的四楼租用了一个展厅，专门用来展示其公司设计的样板房。[3] 时代公司的展台是当时同类展厅中规模最大的，是上海第一个根据产品分类、在不同展区陈列的展台。[4]

大新公司在其四楼专门开辟约一半的面积用作展览，从1936年开业到1949年之前，展览不断，先后有画家画展、摄影展、中国家庭雏型展览、航空模型展览[5] 等。

室内装饰和色调

总体来说，除了必需的装饰之外，四大百货商店室内的装饰是极少的，色调也以平淡调和为主。除了节假日、促销等特殊时日，平常营业厅内“都不悬挂张贴各种广告宣传招贴，以保持清雅大方的环境”。[6] 这样做的目的，就是淡化背景，让顾客所有的注意力都集中在眼花缭乱的商品上。如永安公司一楼的地面采用水磨石，每层楼的墙面和柱子都呈灰色的基调，墙面、柱子与天花板的交接处，则配有线条简洁的乳白色浮雕。其三楼床上用品专柜，各式箱子、垫子、毯子、被子都整齐有序地摆放在营业厅内，墙面和柱子几乎没有装饰，线脚也非常少，墙面仅仅是单色涂料粉刷的面层。

商业活动

一百年前的百货公司和今天的百货公司并无多大差别，各大公司为了促销其商品，会定期地举行各种商业活动，其中最常见的便是以各种节日、纪念日为缘由的打折促销活动。百货公司内甚至辟有1元店，常年出售打折商品，这对购买力比较弱的普通市民非常有吸引力。如永安公司抓住人们在换季时节需要添置新衣服的习惯，每一季的季末都会举办一次大减价，每年会有一次“开幕周年纪念”，因此每年有5次固定的促销季，偶尔还会与其他百货公司进行

1 振翼：《大新公司参观记》。

2 该公司由R.鲍立克兄弟（Richard Paulick; Rudolf Paulick）和合伙人H.伟特（Hans Werther）在20世纪30年代初创立，英文名为Modern Homes，以现代室内装潢设计而出名。

3 鲁道夫·鲍立克当时作为该公司的合伙人和主持建筑师，很有可能该展厅也由他设计。

4 徐静：《德国建筑师里夏德·鲍立克在上海（1933–1949）》，同济大学，2009，第29页。

5 佚名：《航空模型展览》，《新闻报》1946年5月7日。

6 上海市档案馆、中山市社科联编《近代中国百货业先驱》，第308页。

联号特设大赠品或者大减价。在进行大减价活动的前几天，百货公司除了在各大媒体报纸上铺天盖地地宣传促销信息之外，还会派人去沪宁、沪杭铁路沿线的各镇张贴报纸、刊登广告。[1] 同时，商场大楼内外都会因促销季的到来重新布置一番：立面上的幌子改成写有“大减价”字样的布幔 92 93，每个柜台都会堆满特价品，商场内部会贴起或悬挂促销商品广告。

在平时，各公司也会出台一系列促销活动。永安公司和先施公司都有自己的轻工业生产厂房，如永安纱厂。他们的百货公司里面也贩售自己公司生产的产品，其中不乏独立经营的商品。比如热水袋原本是作为医疗用具使用，永安公司将其稍加改造，设计成为妇女冬天取暖用的橡皮热水袋，[2] 这一创举取代了传统的捧炉——人们用小铜炉内装一颗燃着的炭，捧在手上作取暖的工具。该商品一上市便广受欢迎，成为永安公司最畅销的商品之一。另一方面，永安公司也考虑到购买者众多，便在商店显眼位置挂一指示牌引导顾客前往购买的同时 100，也不遗余力地宣传该商品。

20世纪20年代，上海虽然还没有专业的时装模特，但已经开始流行时装表演，通常是请当红明星或沪上名媛、名太来表演，这种表演一般带有娱乐联欢的性质——演的人图的是好玩，看的人也是图好玩。时装表演很快就被精明的商人用来推销自己的商品。1924年11月，为纪念永安纺织股份有限公司开业，永安公司举行时装表演会，并发行时装表演纪念册。1935年先施公司先后举行儿童国货时装表演和廉美国货时装表演。[3] 永安公司也曾经在商场二楼举办过时装表演，来推销其公司的成衣。从图片 102 中可以看出，因时装表演，该区域的柱子四周包上了彩色的布幔装饰，悬垂下来呈弧形。由年轻营业员和名媛组成的时装模特一字排开，站在临时搭建的舞台上，舞台高约40厘米，观众或坐、或蹲、或站，簇拥在舞台四周，挤满了整个房间。除了永安公司，其他三家公司举办的时装表演活动也不在少数。大新公司还将其公司女营业员的照片刊登在各类杂志的封面上。

102
永安公司时装表演

1 蔡磊：《三十六计：名人成功决策与计谋》，第11册，中国戏剧出版社，2007，第1372页。

2 鲁振祥、陈绍畴等：《20世纪的中国：内争外患的交错》，河南人民出版社，1996，第553页。另一说为中华保暖壶厂生产的保暖壶，要求在永安公司推销他们的商品。永安公司将它们全部承包下来，由公司独家销售，并将保暖壶命名为“永安牌”。徐鼎新：《上海永安公司部分老职员座谈会记录》，上海市档案信息网。

3 佚名：《先施公司举行儿童国货时装表演》，《申报》1935年5月26日；佚名：《先施公司举行廉美国货时装表演》，《申报》1935年5月14日。

新技术、新设备的引入

百货商店的各项新技术和设备的引入其初衷是为营造商业氛围、吸引客源，但是在无意之中推动了上海现代化的进程，加速了上海市民生活的现代转型。

霓虹灯

“红的街，绿的街，蓝的街，紫的街……强烈的色调化装着都市啊！
霓虹灯跳跃着——无色的光潮,没有色的光潮——泛滥着光潮的天空，
天空中有了酒，有了灯，有了高跟儿鞋，也有了钟……”

—— 穆时英《上海的狐步舞》

如果说橱窗的布置与照明是在路上行人触手可及的尺度下设计的，那露天霓虹灯则是南京路的夜幕远景中不可或缺的一个元素。不管白天黑夜，橱窗给行人布置出美好的画面，使他们产生一种追求全新生活的愿望，进而不停地召唤、引诱路过百货公司的行人进店消费。霓虹灯则在黑夜的高空不停闪烁，释放着华丽的光彩，就像海上的灯塔，指引着不同方向的人涌来。

由巴黎人克洛德（Georges Claude）在1910年发明的霓虹灯，最早在中国应用是1926年。当时上海南京路上的伊文斯（Events）图书公司在其橱窗内用霓虹灯做出Royal Typewriter字样的广告，为其代理的皇家打字机做宣传。用作露天及户外广告的霓虹灯最早就是在先施公司使用的：1927年，其公司大楼的屋顶上架设了“先施”字样的霓虹灯广告牌。[1] 永安公司和新新公司也紧随其后在各自的屋顶和尖塔上安装了霓虹灯广告，尤其是新新公司，在其高达70米的尖塔上设置竖向霓虹灯光带，成为城市夜晚的一道风景线。在30年代以后，几乎所有上海的商店、酒楼、旅馆都用霓虹灯来招揽生意。新新公司的大门上，霓虹灯管组成“万货咸备”的文字；永安新厦屋顶上闪烁着的宇宙牌雨衣广告是当时上海最大的广告霓虹灯，装备有20多个变压器；[2] 永安公司的一楼商场最显眼的地方也摆设了霓虹灯做成的Customers Are Always Right英文标语，时时刻刻诉说着永安公司的经商之道；[3] 永安公司天韵楼的塔尖上用红色的英文字母写着Wing On，用绿色的汉字写着“永安”的霓虹灯与其交相辉映[103]；在促销时期，永安公司还用霓虹灯组成SALE的字样，悬挂在公司主入

1　菊池敏夫：《建国前后的上海百货公司》，第115页。
2　佚名：《黄埔滩头》，《文汇报》1946年10月9日。
3　赵琛：《中国广告史》，高等教育出版社，2005，第219–220页。

口的外立面上；大新公司的屋顶上则有中华第一针织厂的菊花牌内衣广告。[1] 从30年代末南京路上的夜景104，可以清楚地看到，大新公司、新新公司以及永安公司的塔楼，其外立面上都有小灯泡和日光灯管把建筑的层数和外轮廓描绘出来，塔楼的最高处都用霓虹灯写着公司的名称。从步行者的视角来看，四大百货公司是上海夜晚最明亮的建筑群之一。霓虹灯和橱窗的灯光，将南京路照得如同白昼一样，把十里洋场照得彻夜通明，使前来购物的人们模糊了白天与黑夜的界限。

103
《都市之夜》，
永安公司夜景

104
百货公司高塔霓虹灯夜景，1930年代

1946年10月，国民政府为节省用电做出禁止使用室外霓虹灯广告的规定。[2] 南京路商业街马上变了模样，晚上7点刚过，路上90%的店铺都打烊了，上海繁华的夜间景观也就消逝不见。

1 佚名：《上海点滴》，《新民晚报》1947年9月8日至24日。

2 该次禁止露天霓虹灯的规定到次年4月份才解除，但之后随着经济每况愈下，1948年10月15日，上海市参议会通过“节约用电办法”，南京路的霓虹灯广告再度被禁。佚名：《重新发身份证》，《新民晚报》1948年10月15日。

广播广告

新新公司的六楼主要作为茶室之用，茶室的一端，正对着主楼梯的位置，设有一个面积近50平方米的玻璃棚，由邝赞先生设计，四周墙面均为通透的玻璃，作为广播电台用房，因此该电台也被大众称之为“玻璃电台”。电台的层高略高于周围其他部分，周围的层高约3.6米，玻璃电台的高度为4.8米左右。“玻璃电台”由播音员根据节目安排播音，并让市民参与其中，转播屋顶花园的游艺节目、播放唱片和戏曲、介绍新新公司经售的各类商品和促销活动等。人们可以坐在茶室里，观看演播室里的主持人如何播音，如何操作播音设备，偶尔还能与播音主持人互动。

1927年3月19日，刚刚开业的新新公司也迎来其广播电台开播的第一天。它是第一座私营商业广播电台，功率50瓦，波长370米，呼号为XGX（后改为XHHC）。[1] 在百货公司内部设立广播电台，这在上海乃至中国都是罕见的。那么为什么新新公司决定建造该电台呢？

1　刘家林：《中国新闻史》，武汉大学出版社，2012，第503页。

首先，是为了迎合当时人们的猎奇心理。20世纪20年代，世界无线电广播事业才刚刚开始，[1] 上海就出现了一批外国人创办的广播电台。1923年1月，美国商人奥斯邦与英文报纸《大陆报》合作创办的奥斯邦电台正式开始播音，架设在上海广东路大来洋行屋顶上，是中国境内最早的广播电台。[2] 当新新公司在1924年准备建造时，广播电台在上海仍然是新兴的事物，上海市民可能听过电台广播，但他们几乎都没有见过电台是如何工作的、播音员是如何播音的，还有一部分上海市民和外来游客甚至没有听过广播。所以新新公司将电台四周围上玻璃，展示在六楼的茶室里面，在十里洋场引起了轰动。人们纷至沓来，竞相争睹广播电台这个西洋景，新新电台也成为新新公司招揽顾客最得力的设备。

新新公司设置广播电台的另一目的是为了推销该公司独家代理的矿石收音机。作为当时上海收音机的两种品牌[3] 之一，新新公司代理矿石收音机的同时，开设广播电台，极大地提高了收音机的销售量。

再次，广播电台能够长期为新新公司做广告宣传。新新电台作为中国自建的第一座私营商业广播电台，其内容为新闻、音乐及新新公司的商业广告。广播时间为周一至周五每天上午9点至晚上10点，电台除了经常请明星来做节目等娱乐内容之外，每天都轮番为新新公司经营的商品做宣传[105]。总体来说，新新公司建造广播电台最根本的原因就是为百货公司吸引更多顾客、创造更加浓厚的商业氛围。[4]

所以，新新公司在开业之初，因玻璃电台的设立，商场内人潮涌动，其营业额迅速超过先施公司，成为仅次于永安公司的大型百货公司。

新新电台的运营一直持续到1941年，因太平洋战争爆发全市受军事管制，新新电台受到限制，同年10月该公司六楼发生大火，新新电台亦不能幸免。抗战结束后，新新电台在新新大楼六楼转角塔楼处的一个房间内重新开播，更名为“凯旋电台”。1949年5月24日，新新电台向全上海播报了上海解放的喜讯。[5]

事实上，在百货公司的屋顶上架设广播电台，并不是新新公司的首创。开创了中国境内广播第一家的奥斯邦电台，因设备简陋、无线电器材销售不景气，艰难维持了两个月后就关闭了大来洋行屋顶的电台。1923年夏，奥斯邦再一次租用永安公司的屋顶花园，重建广播电台，可惜不到三个月，奥斯

1 1920年11月2日，美国宾夕法尼亚州匹兹堡KDKA广播电台正式开始播音，这是第一家领取了美国商务部执照的广播电台，一般公认它是世界上最早的正式广播电台，标志着无线电广播事业的开端。

2 一说该电台在永安公司屋顶花园开设。见朱其清：《无线电之新事业》，《东方杂志》1925年3月22日。

3 矿石收音机和真空管收音机。

4 马学强，张婷婷：《上海城市之心：南京东路街区百年变迁》，上海社会科学院出版社，2017。

5 杨俊：《新新公司老地下党员：南京路传出红色电波》，《上观新闻》2019年5月17日。见https://www.jfdaily.com/news/detail?id=153562.

105

新新电台儿歌竞赛

106

大新电台节目表

105

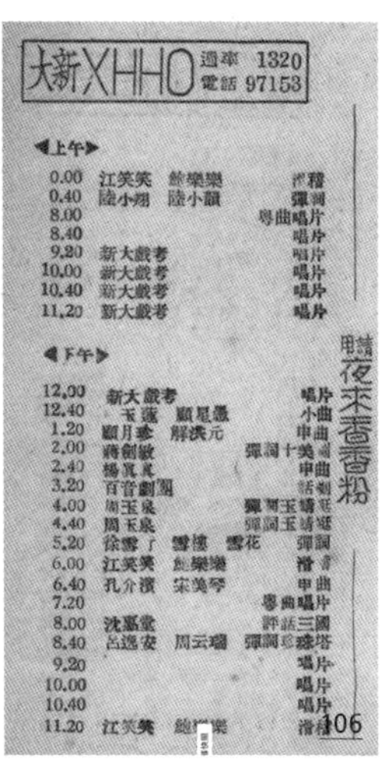

大新 XHHO 週率 1320 電話 97153

◀上午▶

時間	演出者		節目
0.00	江笑笑	鮑樂樂	滑稽
0.40	陸小翔	陸小韻	彈詞
8.00			粵曲唱片
8.40			唱片
9.20	新大戲考		唱片
10.00	新大戲考		唱片
10.40	新大戲考		唱片
11.20	新大戲考		唱片

◀下午▶

時間	演出者		節目
12.00	新大戲考		唱片
12.40	玉蓮	[illegible]	小曲
1.20	顧月珍	解洪元	申曲
2.00	蔣劍敏		彈詞十美圖
2.40	楊眞眞		申曲
3.20	百音劇團		話劇
4.00	周玉泉		彈詞玉蜻蜓
4.40	周玉泉		彈詞玉蜻蜓
5.20	徐雪[illegible]	雪樓 雪花	彈詞
6.00	江笑笑	鮑樂樂	滑稽
6.40	孔介濱	宋美琴	申曲
7.20			粵曲唱片
8.00	沈嘉堂		評話三國
8.40	呂逸安	周云瑞	彈詞珍珠塔
9.20			唱片
10.00			唱片
10.40			唱片
11.20	江笑笑	鮑[illegible]樂	滑稽

請用夜來香香粉

106

邦因故去香港，电台无人主持，国民政府以禁止私设无线电台为由将电台卸除了。[1] 奥斯邦有没有在其广播电台里面为永安公司做广告，他的广播电台具体设置在永安屋顶花园的哪一处就不得而知了。

和新新、永安公司一样，大新公司也曾经设立电台，每天24小时全天候播放滑稽、弹词、唱片、申曲等等 106，但其具体位置不详。

空调系统

在上海以推销电器元件、纺织机械、药品和建筑工业产品为主营业务的慎昌洋行，在空调被大力宣传的第二年（1940年）便引进了一套空调设备，[2] 并于1941年初向新新公司提出安装空调的计划书。[3] 计划分五个阶段安装：第一阶段是底层到三层百货部分；第二阶段为六楼和七楼的新都饭店；第三阶段为新新旅馆，第四阶段是新新剧场，最后则是面积最小的新新酒楼。然而新新董事会一度反对安装冷气空调一事，原公司负责人李敏周之子李承基极力促成此事，他试图说服董事会成员，并提出可以在新新酒楼安装空调作为试点，才得以安装该设备。新都饭店的冷气设备在1940年初夏安装完成，经宣传后很快轰动上海，成为人们茶余饭后谈论的新闻。在冷气开放的第一天，新都饭店开

1 朱其清：《无线电之新事业》。

2 1924年，底特律的一家商场，顾客常因天气闷热而晕倒，商场营业者先后在商场内安装了三台空调。商场也因在炎炎夏日里提供凉爽舒适的环境吸引了更多顾客前来消暑纳凉，大大提高了商品的销售量和商场的营业额。在30年代，美国著名的百货公司梅西（Macy's）就在其营业大厅内安装了中央空调。直至1939年，开利公司在世界博览会上专门建造了一座圆顶建筑来让参观者体验冷气空调设备，这使得空调在世界范围内得到宣传。

3 慎昌洋行的工作人员经考察后认为，新新公司的建筑比永安、先施要新颖，建筑线脚、曲线较少，各部门都是统一的大空间，安装空调的工程会比较简单，效果相对较好。因此先向新新公司提议安装空调。

门营业五分钟内就高朋满座、没有余位了。有了新都饭店的成功先例，新新董事局也接纳了在公司其他部位安装空调的计划。最后，新新公司总共花费20万美元购买了全套冷气设备安装在商场里面，空调机房位于大楼屋顶西北角的设备用房，[1] 专门供应空调所用的水池则位于200码（约183米）之外，但具体位置不详。[2]

不可否认，冷气设备的装配对新新公司来说，是一项全新的、有效吸引客户的法宝。尤其在夏天，市民更愿意到新新公司购物消费，并长时间待在新新公司消暑进而创造更好的营业效应，仅仅因为他们的商场里有冷气，能够提供良好的购物环境。新新公司也作为中国第一个安装冷气设备的商场成为沪上最时尚的百货公司。

随后大新公司也安装了空调系统，但具体时间不详，一说1936年1月商场开业的时候就"设置供顾客使用的商场自动扶梯、冷暖空调等，都是在上海领先的"。[3] 以及剑文在大新公司开业特刊中陈述："调节室内温度，为现代新建筑设备上一大问题，该公司对于此点，尤为致意，室内备有冷暖气管，冬无严寒，夏无酷热，颇有八节常春之像。"[4] 等等都意在说明大新公司开业之时就已经使用了制冷空调。

然而这些说法并不贴切，在1936年大新公司开张之时，制冷空调并未引入中国。而在中国最先将空调系统引入建筑的正是上文论述的新新公司。然而不论大新公司何时安装冷气空调，在1982年的时候，原有的空调系统已经不能够胜任，"'上海第一百货商店——其建筑即大新公司——的主体工程'于1934年开始设计……随着客流量的逐年增长，1934年设计的空调系统容量明显不足，空气环境普遍恶劣"，[5] 地下一层、一至四层安装有空调设备，每层面积约3200平方米，同济大学对商场的空调系统做了改进，于1986年重新投入使用。

日光灯

一百年前的百货公司，其主要照明还是依赖于自然光，四大公司也是如此。他们在开业之初都安装了白炽灯，用作白天的补充照明和夜晚商店营业的照

1 作者在新新公司各个时期平面图中均未找到该设备用房的具体位置，甚至在20世纪50年代所绘的新新公司屋顶改建平面中也没有见到。李承基先生的原话是："这大厦七楼的西北角，有两间大房：第一室是电力控制总部，第二室是MOTOR（马达）机器总部。其中有一部很大的马达，就是这大厦的空调机器。还有，在室外200码，有个储水池，就是供应空调之用的。"

2 李承基：《中山文史 第59辑：四大公司》，第168–177页。

3 菊池敏夫：《战时上海的百货公司与商业文化》，《史林》2006年第2期第93–103页。

4 上海市档案馆、中山市社科联编《近代中国百货业先驱》，第273页。

5 王卫东：《上海第一百货商店空调工程》，《暖通空调》1992年第2期第58–59页。但1934年大新公司尚未开业，仅处于筹建阶段。因此，有理由相信，大新公司在筹建阶段，空调已经纳入考量，并且，在开业之时即投入使用。

明。1938年荧光灯得以发明，这是第一个真正可以提供白色光源的低压放电灯，以能提供日光的光色、省电、热能耗少、寿命较长等优点著称。其被引入中国时，迅速引起百货公司高层的注意，新新公司当时的负责人李泽就计划抢先着手第一家公司的安装使用权事宜，但最终却被永安公司占得先机。永安成为上海最先在商场内安装荧光灯的百货公司，还与该公司签署了代理合同。30年代末，永安公司商场内就亮起了日光灯，它与普通白炽灯相比，照亮的建筑内部与白昼无异，局部甚至比白天的自然光线都要好，这对于永安公司来说，是又一次迎来新的客流高峰的好机会。

电动扶梯

《知识画报》在1937年详细介绍了这种新式的电动扶梯："为求顾客便利舒适，英国达福特城某百货公司，新近装设空架自动楼梯十座，供给顾客上落之用。该百货公司共高五层，每层装设两座，一升一降，而以九匹马力之马达推动。既可容立大量顾客，又不需等候费时，且当顾客站立楼梯时，可一目了然该层出售之货品，至抵达楼面时，即可直趋该部，无需寻见。如遇火警，移升之楼梯，可立时倒转，向下移动，较之升降电梯，实别良多，诚新式百货公司之最新设备也。" 107

107
大新公司创办人在自动扶梯前合影

1920年由奥蒂斯公司完成设计和应用的电动扶梯，最早是由大新公司引入中国的。[1] 1934年，大新公司派刘光福访问日本最大的百货公司：三越百货公司（Mitsukoshi）和白木屋百货公司（Shirokiya），并在日本同奥蒂斯专员商讨购买、安装自动扶梯和电梯的事宜。最终，大新公司以13 363美元的价格购买了一对电动扶梯，55 697美元购买了六部自动电梯，这些电梯从美国纽约直运上海，由奥蒂斯公司的专员负责安装。[2] 1935年，大新公司将两台奥蒂斯单人电动扶梯分别安装在连接地面一楼至二楼、二楼至三楼的楼层 108。

这是大新公司开张营业之时最引人注目的一套设备。对于普通市民来说，他们从未见过电动扶梯，甚至不曾听说过，它完全是一个像腾云驾雾一般的新鲜事物。所以在大新公司开张之后很长一段时间内，营业厅内人头攒动，每天都会出现众人购买电梯票排队乘电梯的场景。早期电动扶梯的踏步是木制的，

1 "电动扶梯"，维基百科，见http://zh.wikipedia.org/wiki/%E9%9B%BB%E5%8B%95%E6%89%B6%E6%A2%AF.

2 Peter Hack, *The Art Deco Department Stores of Shanghai: The Chinese-Australian Connection* (Impact Press, 2017).

108
空架自动电梯

大新公司的扶手电梯亦是如此。[1] 上海老人沈博埙曾回忆道："那个时候的自动扶梯不像现在的做得比较好，是铝合金的，那个时候它的踏脚板是木头的，运作起来还会发出'格格'的声音。我没事情也跑到大新公司，就为了去乘电梯。"[2] 当时的上海市民，就是为了一见这新奇的扶手电梯，有事没事都去大新公司逛。第一次去乘电梯的人在兴奋中还夹杂着一些紧张，心里揣摩着第一步如何跨出去，最后一步怎么收回来。坐过几次扶手电梯的人甚至还会聚在一起讨论乘坐电梯的经验和心得。

可以说，安装扶手电梯在初期对于大新公司的意义在于吸引更多客流。而在市民体验这项新技术的热潮褪去之后，扶手电梯继续发挥着它的作用：让顾客更加便利地到达二、三层进行购物消费。有学者研究表明，考虑到商场客流量很大，而且几乎每层都有客人要进出，在所达楼层为2~6层时，自动扶梯因其无需等候，速度比电梯快；当所达楼层为7~9层的时候，自动扶梯和电梯速

1 1987年英国伦敦地铁国王十字车站发生火警后，大部分本来使用木踏步的扶手电梯都改成了金属的。
2 蒋为民：《时髦外婆》，第263–272页。

度相当；而在所达楼层为9层及以上时，则有75%的几率是电梯耗时比自动扶梯少。[1] 像大新公司,其楼层总高有10层(不包括地下一层),有了自动扶梯以后,到二、三楼购物的顾客不需要等很久电梯，也不需要消耗体力去攀登楼梯，其到达上层消费的便利性和欲望大大提高。从而能大大增加楼上部门的顾客数量，进一步提高楼上各部门的营业额。

值得一提的是，香港最早使用电动扶梯的百货公司为1955年建成的万宜大厦，该大楼正是由香港基泰工程司的朱彬主持设计。[2]

电梯

指的是升降机，即垂直运输的电梯。1907年，地处上海外滩的汇中饭店大楼内安装了两部奥蒂斯电梯，供一至六层的顾客使用，这是电梯在中国被使用的最早记录。

随后，上海的个别场所内也安装了电梯供顾客使用，但是大部分使用者是侨民或社会名流。最早让普通的上海市民体验并乘坐电梯的，就是先施公司。先施公司在百货公司内部和东亚旅社的入口大厅内各安装两部电梯，顾客不论什么阶层、什么出身、是否在先施公司消费，只需要掏出一毛钱，就可以乘坐电梯，直达先施公司的屋顶花园。先施公司将电梯作为新奇的娱乐设备提供给上海大众的做法也得到永安公司的效仿。这时候的电梯，停靠在目的楼层时，电梯的地平面与楼层平面并不是平的，总是会有高差。一直到大新公司以55 697美元六部的价格，率先向奥蒂斯购买新型自平式电梯后，这种没有高差问题的电梯才开始在上海慢慢普及。

总体来说，面向大众的新型建筑设备在为百货公司带来客源的同时，也给普通的上海市民带来全新的建筑体验和生活方式，这也进一步促进了上海的现代化转型。

灰空间的设置

骑楼作为创造灰空间的重要设置，是南方商业建筑的一大特色，尤其是在香港、广州一带，一般大楼底层的东立面和南立面均设有骑楼。20世纪二三十年代是广州骑楼发展的鼎盛时期，至1949年之前，广州城区15平方千

1　黄廷，韦祺：《想问就问吧2：有关冷知识的2000个趣味问题》，天津科技出版社，2010，第11页。

2　王浩娱，许焯权：《从中国近代建筑师1949年后在港工作经历看“中国建筑的现代化”》，载张复合《中国近代建筑研究与保护》，第5辑，清华大学出版社，2006，第715页。

米的范围内总共有59条骑楼街，总长度达45千米余。[1] 在香港、广州开设的先施、永安和大新公司也都设有骑楼。当先施公司到上海准备开设分部，委托德和洋行设计公司大楼时，德和洋行并没有设计过带有骑楼的建筑。在建筑外立面的一二层之间安装雨棚和二层阳台，形成骑楼空间是先施公司业主的意见。永安公司也是如出一辙地将其用在公司大楼上。新新公司设置骑楼，并不是巧合，而是南方建筑的元素随着资金流被带到了上海。骑楼为行人观赏橱窗内的商品提供一个适度的临街空间，也为行人在天气欠佳之时提供一个临时的遮风避雨之所。

四大百货公司的创办人都是香山归侨，都有着相似的经历。[2] 因其在上海开设百货公司之前的活动轨迹均集中在广东、香港和南洋等地，开设百货公司的资本同样大部分来自广东侨民和财团，其公司的实权也操控在广东出身的创办者手中，因此，上海百货公司的建筑也有受南方建筑的影响。[3]

总而言之，四大百货公司的灰空间各有不同样式和特点：或通过二层阳台出挑，或通过一层立面向内收进，或通过贯通整个立面的雨棚，其最终的目的则是类似的——在街道和建筑之间形成一个模棱两可的空间[109]，并在这个空间的一侧大量布置展示橱窗，在吸引行人驻足停留的同时，尽可能大范围地宣传出售的商品 。

1 饶展雄：《漫谈广州骑楼文化》，《粤海风》2010年第3期第76–78页。
2 马永明：《论外部性与近代中国社会变迁——以香山籍归侨为例》，暨南大学，2004。
3 孙倩：《法租界公馆马路柱廊章程与近代上海柱廊街道模式的兴衰》，载《全球视野下的中国建筑遗产——第四届中国建筑史学国际研讨会论文集（〈营造〉第四辑）》，中国建筑学会建筑史学分会、同济大学，2007，第5页。

109

永安公司入口处雨棚，
1925年

4

建筑、城市空间和文化：关于百货公司的几个议题

“他先买了左边的房子，又买了右边的房子；……又另外买了两所；这个商店就这样扩大了又扩大，现在已经威胁着要把我们全部吃掉了！”

——左拉，《妇女乐园》

近代百货商业空间的发展

这是左拉的作品《妇女乐园》中的一段，小说讲述的是奥克塔夫·慕雷创办的小型百货公司通过资本的力量、新潮的装修、便宜的价格以及多样的款式迅速占领零售市场，建筑随之扩张，逐步将整个街区的小商铺都蚕食吞并，周围传统店铺根本无法与其匹敌，纷纷倒闭。这个百货商店——妇女乐园——膨胀成为耀眼的、闪闪发光的商业巨无霸：

“在对着盖容广场的那一面，一扇从上到下全面是玻璃的高大的门，有各式各样镶金的装潢，直升到夹层楼。两个人体模型——两个面带笑容的女人，露着胸部仰着脸，揭起一面招牌：‘妇女乐园’。……这个店家，远远地看去，她觉得真是大得无边，底层有许多陈列的商品，夹层上的玻璃没有涂水银，透过这些玻璃可以望见柜台内部的全景。”

在19世纪，百货商店为妇女们提供了一个安全的消遣场所，妇女们就像在自家客厅中一样自由、放松，她们沉浸在这一新的商业空间中，建构其社交网络[1]。

从建筑的角度来讲，这段文字描述了传统商业空间向大型商业空间转变的过程，然而百货公司这种大型空间是如何兴起的？为什么人们从按需购买发展到了按“兴致”购买，而且这一购买力的主要成员是妇女？这一切要从奢侈性消费说起。

1
19世纪哈丁和豪威尔百货商店内场景

百货公司的兴起与发展

百货公司这一新零售业态的产生与一个起源于15世纪、对西方社会风气有至关重要影响的观念——奢侈性消费[1]有重要联系。人们对奢侈的追求从根本上促进了资本主义经济的发展，进而促进了百货商店这一业态的萌芽和繁荣。17世纪经济迅速发展的资本主义国家，都废除了禁止奢侈的法律，政府对奢侈和过度消费采取了宽容的态度，以至于犹太人平托曾论述说，奢侈对于国家的繁荣不仅是有益的，而且是不可或缺的。奢侈对于零售业的发展也是具有深刻的影响的。在19世纪前后，所有零售商店，无一例外地供应、销售奢侈品，所有商品都事先经过整理并集中紧凑地摆放在一起——这已是百货商店的雏形了。同时工业化的批量生产线的建立也满足了人们对奢侈品的量的需求。最后这种生产模式甚至将建筑业也引向奢侈的道路，L. S. 梅西耶认为，18世纪末期巴黎建筑的组织形式表明，大型奢侈建筑工程已经呈现出某些成熟的资本主义特征了。[2]

真正意义上的百货公司，即“在一个建筑物内，经营若干大类商品，实行

1　奢侈性消费，luxury consumption，得益于第一次工业革命，往日的奢侈品不再局限于王亲贵族，逐渐演变成为日常生活的大规模营销现象。这种超越人们日常生活需求而进行的消费，称之为奢侈性消费。详见：Ian Yeoman, "The Changing Behaviours of Luxury Consumption," *Journal of Revenue and Pricing Management* 10 (November, 2010): 47–50, DOI: https://doi.org/10.1057/rpm.2010.43.

2　维尔纳·桑巴特：《奢侈与资本主义》，王燕平、侯小河译，上海世纪出版集团，2005，第223–229页。

统一管理，分区销售，满足顾客对时尚商品多样化选择需求的零售业态”[1]这一概念的公司，一说是最早出现在英国的贝内特商场（Bennett's of Irongate），该公司成立于1734年，至今仍在当初那个建筑中营业。[2]也有学者认为，1796年创立的英国商店哈丁豪威尔公司（Harding Howell & Co）已经具备所有百货公司应该具有的特征，如规模较大、商品种类宽泛、分四个独立的销售部门等。[3]但1848年布西科（Boucicaut）夫妇收购了邦·马尔谢（Le Bon Marche）商店，于1852年发起了新的经营理念，进行定价销售，扩展经营范围，使其成为被大众消费史学家认可的最早的百货公司。[4]布西科夫妇聘请建筑师亚历山大·拉普兰奇（Alexandre Laplanche）来设计该百货公司，该建筑也是巴黎第一个专为百货公司设计的建筑。[5]

这一类型的新兴商店与传统的杂货铺相比，具有商品种类繁多、购物环境良好、附设有大量的社交空间等特点，类似的商店在19世纪中叶的伦敦、巴黎和纽约迅速发展了起来。如英国伦敦得益于它是工业革命的发源地，经济发展快于其他国家，其类似于百货公司的业态也发展得很早，早期有贝内特（1734），哈丁豪威尔公司（1796），哈罗德（1849），以及至今仍非常著名的塞尔弗里奇（Selfridges，创办于1909年）。巴黎也相继出现了卢浮宫百货公司（Grands Magasins du Louvre，1855），美丽花园（A la Belle Jardiniere，1856）、春天百货（Printemps，1865）、莎玛丽丹百货公司（1869）、老佛爷百货公司（Galeries Lafayette Haussmann，1894）等。美国在1858年创办了第一家百货公司——梅西公司（R. H. Macy & Co），位于纽约第6大道和第14街的转角处。[6]芝加哥的百货公司以1868年由干货铺发展成百货公司的马歇尔·菲尔德（Marshall Field & Company）为第一家，其次还有卡森·皮里·斯科特（Carson Pirie Scott，1899）、亨利·哈勃森·理查德逊（Henry Hobson Richardson，1887）等。[7]费城也在1877年开张了第一家百货公司华纳制造（Wanamaker's）。

德国百货商店的发展略晚，但在1880年前后，也已经有了鲁道夫·卡斯塔特（Rudolph Karstadt，1881）、赫尔曼·蒂茨（Hermann Tietz，1882）和莱比锡广场（Leipziger Platz，1896）等百货公司，其中最有名的应属位于柏林的西百货店（Kaufhaus des Westens，1905）。

澳大利亚最早的百货公司是由大卫·琼斯开设并以其名字命名的百货公司：

1 商务部：《零售业态分类》（GB/T18106-2004），中国标准出版社，2004，定义4.1.7。

2 “Department Store”，维基百科，见http://en.wikipedia.org/wiki/Department_store#Germany.

3 “Ackermann's Repository”，维基百科，关于世界上最早的百货公司，并没有一致的定论。原因之一在于早期百货公司和杂货铺的界限很难界定，大部分百货公司最初是由杂货店铺发展而来。有人认为1734年在伦敦成立的贝内特商店应该是最早的百货公司。本文以建筑史学界以及大众消费研究者们认定的巴黎邦·马尔谢百货公司为第一家。

4 Barry Bergdoll, *European Architecture, 1750–1890* (Oxford: Oxford Paperbacks, 2000), p.314.

5 李玲：《20世纪早期中国消费特性与现代设计的发生》，中央美术学院，2013，第24页。

6 梅西公司官网，http://www.macysinc.com/about-us/macysinc-history/overview/default.aspx.

7 Evolution of the Department Store. 见http://history.sandiego.edu/gen/soc/shoppingcenter4.html.

大卫·琼斯百货公司，由1838年创立的一个小杂货铺发展至1887年成为一家大型的百货公司。与之相媲美的迈耶（Myer）百货公司成立于1900年，位于澳大利亚中部城市班地哥。[1] 与其同一时间创立的还有安东尼·荷顿百货公司。

香港最早的百货商店为1850年成立的连卡佛(Lane Crawford),也称泰兴洋行,位于香港岛的德辅道，主要出售英国船员、水手带来的货品，它是中国境内最早开设的百货公司。1895年它在上海开设分店。1900年马应彪在德辅道开设的先施公司是华人开设的第一家百货公司。

日本的三越百货公司成立于1904年，松坂屋成立于1910年。

总体来说，从19世纪中叶开始到二战前后的百余年间内，全球各大城市的百货公司发展趋势基本一致，从萌芽到蓬勃发展，尤其是进入20世纪以后，百货公司数量激增，规模急速膨胀，其先前用于经营的屋舍大多几经扩张和重建，到20世纪中叶前后逐渐稳定下来。

各国百货公司特点简述

1920年的《实业杂志》刊载了一篇名为《谈业十则：欧美之百货商店》的文章，作者将法国、英国与美国的百货商店建筑做了一番论述和比较，其中法国百货商店的建筑一般“分前后两部，其前部临通衢者，大都为五层楼，而后方则七八层不等。故其店面与普通商店相若,未见其高大拔群也。后方之屋,即于五层楼顶，加筑崇楼，如山路之有勾配焉。于其斜面开窗，故房屋纵深奥，而光线极佳。就采光之点而论，以法国式为最佳，而中庭所占之地位太大，以及其前方仅筑五层楼，则楼越高而陈列之地位愈狭小矣”。

的确，法国百货公司的核心在其中庭，它提供了一处交流、展示、展览的社交空间，在这个空间里活动的场景，更像是一种表演[4]，其灯光、楼梯、平台、装饰都是为这种表演增添光彩的因素。

美国的百货商店建筑则“异常高大，而采取光线之中庭，较法国式为小。且其装饰亦不及法国式之华美也。其内部绝少分隔之处。故其陈列高品之地位广阔，有一望无际之概焉”。也就是说，美国百货公司的内部没有那么奢华，它的空间很宽敞，如美国Willoughby, Hill & Co百货公司的开业广告，其内部和卡森·皮里·斯科特百货公司一样没有中庭空间，但其一层层高相当富余。有中庭的百货公司，其内部空间也不及法国百货公司奢侈。

相较之下英国百货商店的外部构造，并没有特别不同的地方，而内部空间

1　在上海四大百货公司创办经过文献中经常被提及的安东尼·荷顿百货公司，经查，无创建年份相关资料。它与大卫·琼斯百货商店同位于乔治街。

“则大异夫法美矣……盖英国之建筑法，大凡建筑之内部，须分隔房间。所以防火灾之蔓延也。是以英国式之百货商店，几每部陈列场，均设有太平门也。内部既不及法国式之华美，又不若美国式之宏大，而防火设备则较其他国完善耳”。百货商店中货物的陈列方法也是各有不同，“英国百货商店中，各货分类陈列于各部。每一部与他部分离。故虽在百货商店之中，而不觉其规模之宏大也。其使顾客不能遍视各种货物，而引起其购买之念。然百货商店往往于廉价之际，顾客拥挤，至货物易于遗失，而英国式之分布陈列，庶免斯弊也。且建筑内部，虽不尽其美观，而各部之壁间陈列，亦为便利之点。惟英国之建筑物不能过高，百货商店至多亦不过五层楼。而加地下室二层焉。不若美国之最低者，为十层楼也。……百货商店之最繁盛者，莫若法国，而顾客之拥挤实所罕观。上午已然，而下午则尤有甚焉。法国之商业，于吾人意想之中。经此次欧战后，国力罢敝，在尚未恢复之际，断不能有繁盛之现象。而抵法后，始知其不然，其商品中，尚存极其高贵之货甚多也，诚处于意想之外矣。迨询诸百货商店之司事，方知其资本充足，购货完备也。夫百货商店之目的，乃供给顾客以生活必需之货物者也”。[1]

东西方百货公司案例

邦·马尔谢百货公司

在欧洲，工业革命的发展和消费市场的繁荣，引领着百货大楼这一全新的商业建筑对铁和玻璃等新颖材质的使用。法国巴黎塞纳河左岸的邦·马尔谢百货公司（Le Bon Marche）也被建筑学界公认为第一座百货大楼。在开业之初，其规模并不大，占据街区的一角，面积仅100余平方米。[2] 很快，该百货公司扩展到近四分之一个街区，重新建造了屋舍，建筑由亚历山大·拉普朗什（Alexandre Laplanche）设计[2]。建筑师有意地模糊文化和商业之间的边界，遂将文化建筑中常用的母题和元素运用到商场立面中去，在立面之后则是能容纳大量展示橱窗的铁框架[3]。同样，转角处的圆形塔楼据说灵感源自拉布鲁斯特的国家图书馆，而其目的是为了引起消费者的注意。[3]

到1874年，该商场已经膨胀到占据了整个街区。扩张后的邦·马尔谢，立面采用公共纪念碑的形式，共四层，主入口有精心设计的柱式并延伸到人行道上，使其从平淡无奇的街面上脱颖而出。大面积的橱窗无时无刻不在吸引街上

1 佚名：《谈业十则：欧美之百货商店》，《实业杂志》1920年第28期第149页。

2 王晓，闫春林：《现代商业建筑设计》，中国建筑工业出版社，2005，第3页。

3 Bergdoll, *European Architecture,1750–1890*, p. 314.

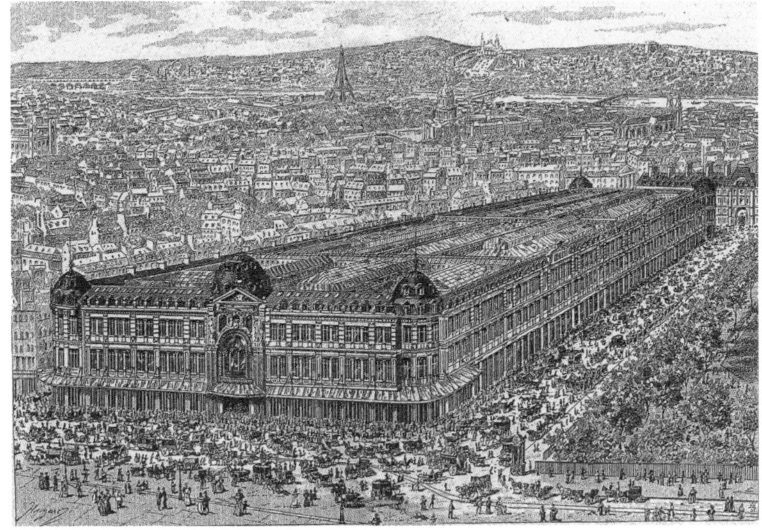

2
邦·马尔谢百货公司

3
邦·马尔谢百货公司
橱窗，1926年

4
邦·马尔谢百货公司
内景

只看不买的人们。在建筑内部，建筑师采用了与巴黎歌剧院同样的楼梯形式，使楼梯成为公共空间的主角，不同的是拉普朗什采用铸铁这一新兴材料，使楼梯成为整栋建筑中最大的平台4。站在平台上，购物者可以将商场所有的商品都尽收眼底；同时，购物者也成了景观的一部分，和百货大楼一起，成为都市商业风景中的重要元素。同时，楼梯、天窗形成绵延不绝的室内空间，仿佛这奢华的世界永无止境。建筑与商品世界的宣传广告结合在一起。

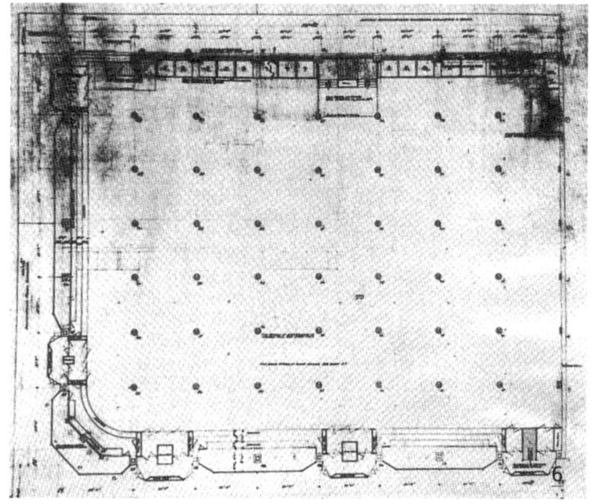

5
卡森·皮里·斯科特百货公司

6
卡森·皮里·斯科特百货公司一层平面图

卡森·皮里·斯科特百货公司

芝加哥的卡森·皮里·斯科特百货公司原为施莱辛格与迈耶百货公司(Schlesinger and Mayer)，[1] 它之所以在建筑史上也占据着重要位置，是因为其设计师为路易斯·沙利文，该建筑作为芝加哥学派的代表作为人所知。该百货大楼主体建于1899至1904年间，位于芝加哥老城区政府街和东麦迪逊大街的转角处。5先后分四个部分建造：第一部分为麦迪逊大街上的三跨九层楼房，完成于1899年；第二部分是政府街和麦迪逊大街转角处的半圆部分以及十二层的高楼，于1904年建成，这两个部分都是由沙利文及其助手负责设计的；1906年，D. H. 伯纳姆事务所沿着政府街将该建筑延伸了五跨；1961年霍拉伯特和鲁特又将建筑沿着政府街扩建了三跨；1979年，J. 文奇将圆形转角和铸铁装饰恢复到原沙利文设计的外貌。[2] 该建筑是沙利文“形式追随功能”的建筑理论在高层建筑上的实践，建筑物的功能划分也反映在外立面上。底层与二层的功能相近6，因此它们在外立面上形成一个整体，铸铁覆满整个立面。二层以上的房间都是相同的，内部平面按照柱网排列，反映在立面上，则是重复的横向窗户和白瓷砖贴面，强调芝加哥学派框架结构的受力均等性。顶部是设备层，连同檐口和退进的敞廊，做另外一种处理手法。[3] 同时，沙利文在细部处理上也颇费心思：芝加哥式窗户占据整个立面中间部分，窗户的四周都有一圈装饰，投下浅浅的阴影线，将其与墙面区分开来，它与檐口的阴影以及底部深色的基座一起，衬托出强烈的白色框架。

1 关于该百货公司，详见Joseph M. Siry, *Carson Pirie Scott: Louis Sullivan and the Chicago Department Store* (Chicago: University of Chicago Press; Reprint 2012)。

2 K. 弗兰姆普敦，R. 英格索尔：《20世纪世界建筑精品集锦：1900–1999（第1卷：北美）》，中国建筑工业出版社，1999，第9页。

3 张祖刚：《建筑文化感悟与图说：国外卷》，中国建筑工业出版社，2008，第201页。

建筑内部规则的柱网结构给百货商店的布局带来极大的好处，这也是建筑在经历几次扩建之后，其内部空间仍能形成一个完整的整体的原因。垂直交通紧靠建筑的后墙布置，使消费者无论是进入还是离开商店，都必须经过相当长的商品柜台。同时，商场内部的装饰延续着外立面底层的装饰语汇，富有特色的植物装饰出现在陶制贴面、柱头以及室内楼梯的栏板等处。这与沙利文一贯主张的建筑装饰法则是一致的。[1]

斯图加特晓根百货公司

门德尔松在1926年至1931年间为晓根公司（Kaufhaus Schocken）先后设计了纽伦堡（Nuremberg）、布雷斯劳（Breslau）、斯图加特、谢姆尼茨（Chemnitz）以及柏林五处百货大楼，可以说这是对德国20世纪建筑最重要的贡献。[2] 通过这一系列设计，他创造了一种百货公司的范式，成为德国及其他地区模仿的对象。在为德国零售贸易协会会议准备的“现代商业建筑”的演讲中，他强调了百货公司的本质是快速销售，所有商业和建筑的设置都是为销售服务的，所以建筑必须考虑商业的基本需求；他认为光线和流线的安排尤为重要，同时建筑的形体简化到极致，并通过连续不断的横向长窗强调多层大楼的外观，就如他早期作品中的装饰带一样。[3]

7
晓根百货公司

1 K. 弗兰姆普敦，R. 英格索尔：《20世纪世界建筑精品集锦：1900–1999（第1卷：北美）》，第9页。书中提及沙利文在1924年出版的书《建筑装饰的一种体系》中提到该装饰法则，但作者并未找到该出版物。

2 童乔慧，李聪：《表现主义的实践者——门德尔松建筑思想及其设计作品分析》，《建筑师》2013年第6期第46–54页。

3 L. 本奈沃洛：《西方现代建筑史》，邹德依译，天津科学技术出版社，1996，第421页。

斯图加特晓根百货公司[7]，位于斯图加特的老城区，占据了整个街区。受限于当地建筑法规，门德尔松在设计时还考虑了视觉轴线、商品陈列、风向等多种因素。[1] 于1928年落幕建成的建筑由高低不同的、围绕中庭布置的四个部分组成，层数为4~6层不等。在转角处，门德尔松采用曲线立面和转角窗带，并且通过橱窗和楼梯塔楼来强调转角处的主入口。[2] 水平的窗带不仅是门德尔松个人风格的强调，更是他对良好光线追求的结果，为营业厅内部带来均匀照明，在夜晚又能吸引远处路人的目光。[3] 楼梯成了该建筑的主角，每个部分的入口都是由楼梯来强调，尤其是入口处玻璃幕墙围合而成的楼梯间，在外立面上与水平窗带构成横竖相间的韵律。

该建筑与当时其他百货公司立面模仿文艺复兴府邸的做法完全不同，以全新的立面处理方式面向大众，同时，它所采用的全新的钢结构也成为其他建筑竞相模仿的对象。

总体来说，奢侈性消费、大批量工业化生产促使欧洲百货商店诞生和繁荣，从英国的贝内特商场，到真正意义上的现代百货公司邦•马尔谢，再到欧洲、美洲、澳洲多个城市几乎同时开设的大型百货公司，成为19至20世纪流行的零售商业模式。其中法国的百货公司大多有非常宽大的中庭来满足社交需求，且内部装饰华美；英国的百货公司由于消防要求较高，内部空间相对较小，部门之间都由墙分隔，且建筑层数不超过五层；美国的百货公司内部虽然中庭不如法国的宏伟，装饰也简单，但空间开敞、宏大，高度达十余层。[4]

在中国，无论是香港、广州还是上海，百货公司最早都是由西方人开设的，其与英国的百货公司基本一致，但规模小很多。民族企业家在上海开办的百货公司，因结合了澳大利亚百货公司、其自身的产业（零售、金融业）、在香港广州发展起来的旅馆、上海流行的屋顶游乐场等，成为一个全新的综合的业态。

中国百货公司的发展

在中国，“百货”一词远在先秦时期已有提及，如《礼记•礼运》的记载：“礼行于社，而百货可极焉。”现代对于百货的定义是：以服装、器皿、日用品为主的商品的总称。最开始在中国并不称百货，而是称之为“苏杭”，后来称为“土洋”，继而改成“华洋”。如在1909年之前的上海，钟表店、洋货店、洋广货店、

1 斯图加特法规规定项目建设必须服从道路的宽度，并留出内部院落空间，建筑的高度也必须与周围高差很大的其他建筑相适应。
2 童乔慧，李聪：《表现主义的实践者》。
3 杨永生：《中外名建筑鉴赏》，同济大学出版社，1997，第659页。
4 佚名：《谈业十则》。

洋杂货店、京货店、广货店、顾绣店、外国绣店、帽店、鞋店、袜店、香粉店等均未以“百货店”作为称呼。[1] 包括先施、永安、新新、大新这四家百货公司，其公司名称中也没有“百货”二字，仅仅在其宣传中声明经营“寰球百货”。一直到1921年，有一家叫“组美”的开始挂出“百货商店”，这是上海商业店铺首次以“百货”的名称出现。从此以后，全国各地的广货店、洋广杂货店逐渐改称为“百货店”。[2] 随后，再进一步称作寰球百货，直至1949年后才完全统一称为百货。近代对百货店的称呼为“公司”，就是英文中的Department Store，无论是“公司”还是“Department store”，在字面上和“百货”两字并不吻合，不过它们的意思是相近的，都是在表达“无美不备”的意思。[3]

> “百货商场（Department Store）：亦称公司。略似我国之劝业场，而具有大规模之零售店也。其集合多数之商品，联合各方面之顾客，与劝业场同，但其特异处，则在劝业场别有场主，各个独立之零卖店，均为之租户，至营业上之计算，各处零售店与场主间毫无关系；反之若百货商场，则其所陈列之无量商品，悉属由店主之经营，其常贩卖之任者，皆为其雇员。此项营业在十九世纪之前半，各国已着着进步，我国各大都市近年亦相继踵行，如上海之先施公司、永安公司及中国国货商场均其最著者。推其所发达之由，约有数因：一、因其资本丰富，信用亦因而增高，凡百货物集于一处，能使买客之劳费小，需时短，而取得其所欲购之物；二、因大量销售之故，所有货物可直接由生产地售入或与生产者订立特约，使于业务闲散之时期，为廉价的生产；或则遇有遭难之货物，及其他拍卖之际，零卖商人力不能至者，亦得买进；三、因贩卖类较大之故，营业费之担负较轻；四、能为顾客谋种种便利，如设送货部、邮购部以免费等条件为顾客运送货物是；五、多种商品，同时贩卖，可行损益相杀之作用，甲种商品之亏蚀，得以乙种商品之盈利补之；六、能设冷藏库等，于商品保管上之设备较全。论其沿革，约于1830年之倾创始于法国，其后逐渐发生于欧美各埠，今则东方各国如我国及日本等百货商场之组织均日渐其发达。”[4]

> “百货商店（Department Stores）这是分门别类贩卖多种商品的大规模零卖商店，它有下列四种特点：第一，它贩卖多种商品。人们从生到

1　朱国栋，王国章：《上海商业史》，上海财经大学出版社，1999，第131页。
2　陈春舫：《兴旺发达的百货业起始于广货店》，《上海商业》2006年第6期第56–57页。
3　招庆绵：《论今日中国的百货公司》，《商业杂志》1927年第2卷第10期第1–6页。
4　陈稼轩：《实用商业辞典》，商务印书馆，1935，第287页。

死的一切日用商品，应有尽有，这是为欲节省顾客的购买时间，免得各处奔走而设立的。各国的百货商店，因为历史与环境不同，其所贩卖的商品的种类，也颇有出入。柏林百货商店供给廉价日用品；巴黎百货商店贩卖高价奢侈品；日本百货商店注意布疋的贩卖；我国百货商店偏重磁器及其它奢侈品。第二，它是分门贩卖的。百货商店的一切商品，多经过分门别类，按照着排定的秩序，陈列起来。不仅商品的陈列和贩卖，是分门别类的，就是计算方面，亦各自为政，藉此可以知道各部门本身的损益。第三，它是大规模经营的，利用公司组织募集大量资本，藉以大量进货，减少杂费，使商品价格低廉。同时，他又陈设华丽，经营有术，使小资本零卖商店，不敢和它竞争。第四，它用特殊的贩卖法，以一般民众为对象，实行老少无欺的信条；又陈列多种商品，听凭顾客随意选择；又采用正价现金主义，免得讲价拖欠的种种流弊。总之，百货商店，是资本主义时代的产物。我国百货商店由外商创设，如上海的惠罗公司，此后广帮商人，亦多仿行，如上海的先施、永安、新新、大新等公司，就是著名的百货商店。”[1]

上述两段为20世纪30年代出版的辞典中对“百货公司”的名词解释。从文中可以看出，百货公司首先是屋宇所有人与百货公司经营人为同一集体，这就与屋宇转租出去的百货市场（如天津劝业场）区分开来；其次，贩卖的货物种类很多、大规模经营，它们按照排定的秩序，分门别类，定价出售；再次，我国百货公司从19世纪开始，先是由外商创设，而后由广帮商人效仿开设。

中国的百货公司最早是在香港发展起来的。1850年前后的香港，英商创设了连卡佛（Lane Crawford）百货公司。进入20世纪，先施公司在香港大马路上开设的百货公司标志着中国市民广泛参与的大型百货公司开始形成。永安公司、大新公司以及中华百货公司紧随其后在香港开门营业，成为香港的“四大公司”[8]。

在上海，1893年福利公司在南京路东头开设三层楼高的百货公司，这也是第一座专门为百货公司而建的大楼。自此之后，惠罗公司、汇司公司、泰兴洋行（即连卡佛）等英商百货公司的迅速成立，标志着上海百货公司时代的到来。

先施公司在上海南京路开设的分公司，与后来开设的永安公司、新新公司以及大新公司并称为“四大公司”，是当时中国最大的百货公司群。除上海之外，国内集中的大型零售商业大部分以劝业场的形式出现，如天津劝业场、哈尔滨

1 世界辞典编译社：《现代文化辞典》，世界书局，1939，第142页。

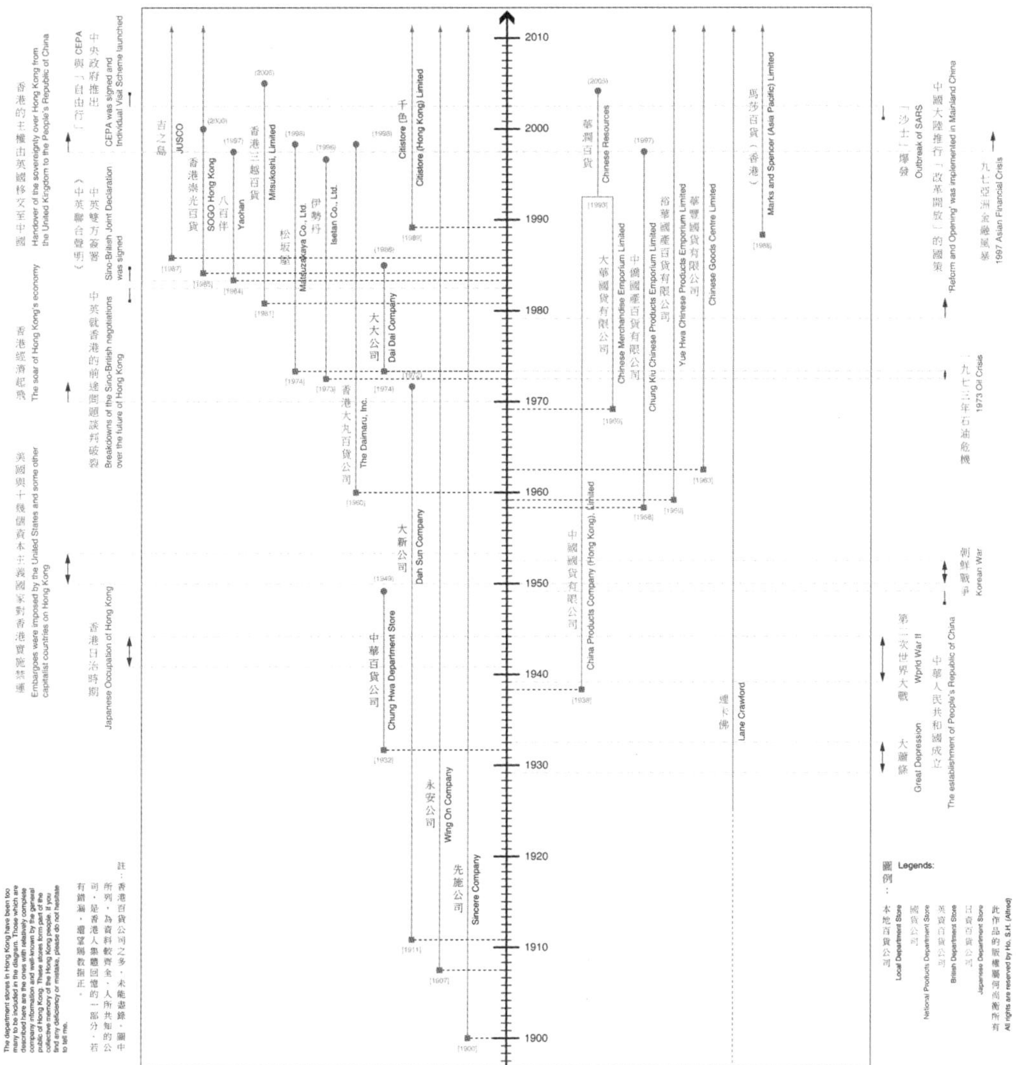

8
香港百货公司的时间线

市的秋林商行、武昌的“西湖劝业场”、北京前门附近的劝业场等。1915年前后，欧美各地因一战经济陷入停顿，中国反而因为相对平稳的局势、社会经济的相对稳定、消费需求和购买力的增加、巨额商业利润的诱惑等诸多原因促成了百货行业的繁荣市场。可以说，1910年至1940年是中国百货公司发展的一个高峰时期，伫立在上海南京路上的四大百货公司是这段时期的巅峰之作。此时，百货公司的经营种类已经包罗万象，从日用百货到钟表照相、音乐电讯、文娱体育用品等，无所不有。上海永安公司创办时，宗旨就是“经营寰球百货，推

9
戴通百货公司广告插画，1911

销中华土产”，只要市场上需要，就想尽办法去进货经销，正如图9所示，从巴黎、爱尔兰等地的货品经海运、空运至美国的戴通（Dayton Company）百货公司，供消费者们选购，永安公司也是如此。寰球百货公司除了经营消费品，还经营一些与消费有关的项目，如永安公司的大东旅社、天韵楼游乐场等；先施公司的先施屋顶乐园、东亚大旅社以及酒吧、弹子房等；新新公司附属的旅社、游乐场、银业储蓄部、水火保险、玻璃电台、云裳舞厅等等。[1] 到1937年，上海比较大型的百货公司还有丽华公司和中国国货公司。

1934年3月出版的《工商半月刊》连载《上海之百货商店业》：“本埠之百货商店已加入同业公会者计102家，中以广东帮及宁波帮最占势力。”这里的数据仅仅是把加入同业公会的百货商店户数计算在内，然而当时的上海还有大量未加入同业工会的店铺，如“夫妻老婆店”和小店（约有500~600户），另外还有大百货公司（入另一公会）也都没有计算在内。[2]

20世纪40年代，上海的大型百货公司已发展至十余家，其中以永安、先施、新新、大新四大百货公司最为有名，其次是中国国货公司、福利公司、惠罗公司、中华国华公司、大中华公司等。这十多家百货公司领导着中小型商业，形成百货公司的王国。其中九个百货公司在1941年资本分别如表4-1所示，九家百货公司的资本占据了上海百货公司资本的半数以上。[3]

1 程恩富：《上海消费市场发展史略》，上海财经大学出版社，1997，第73页。
2 陈春舫：《兴旺发达的百货业起始于广货店》，《上海商业》2006年第6期第56–57页。
3 上海总局：《上海百货公司事业状况：永安公司 新新公司 先施公司 大新公司概要》，《远东贸易月报》1941年第4卷第7期第44页。

公司名	资本
永安公司	1500万元（港币）
先施公司	1000万元（港币）
大新公司	600万元（港币）
新新公司	350万元（法币）
中国国货公司	500万元（法币）
福利公司	56万元（法币）
中华国华公司	10万元（法币）
惠罗公司	352万（英镑）
大中华公司	300万元（法币）

注：数据来自上海总局《上海百货公司事业状况：永安公司 新新公司 先施公司 大新公司概要》。

表4-1 上海百货公司事业状况

到40年代后半期，上海市的百货公司生意虽仍然十分兴隆，暗藏的危机却已经近在咫尺。工业的停顿、物价的持续上涨，引得上海市民都到百货公司抢货囤积。同时，这个时期到上海的美国士兵与重庆权贵都持有大量美金和法币，有着高涨的购买力。因而百货公司处于“贩进无路”“卖出有门”的境地，货物有出无进，存底日益减少。当时上海的媒体称：“上海的银行钱庄被动‘清理’，我们百货公司是被动‘大拍卖’。”[1] 加上1946年11月4日，国民政府与美国政府签订了《中美友好通商航海条约》，随即美货以及美国剩余军用物资涌进中国市场，以低廉的价格充斥上海的商店和街头。[2] 在40年代晚期，百货公司的境遇已经急转直下，中国商业建筑的发展也陷入停顿甚至萎缩状态。

总体来说，从中国民族百货业创立初期的雏形到大型综合百货公司的公私合营，数十年间经历了以下四个阶段：[3]

第一阶段：中国百货公司的雏形时期（1900—1912）

这个阶段百货公司的发展主要集中在香港。澳洲华侨携资回国，在香港创立百货公司的雏形，作为初步的市场试验，经历10年左右的发展，成绩喜人。如香港先施公司和香港永安公司就是在这个背景下创办的。然而20世纪初的香港，地少人稀，购买力薄弱，其经济发展状况近不如广州，远不及上海。为

1 林傑：《百货公司的厄运》，《人人周刊》1945年第6期第6–7页。

2 列文：《关于上海人民反美蒋爱用国货的斗争》，《读书》1959年第8期第32页。

3 新新百货公司创始人李敏周的后人李承基先生将百货公司在中国大陆的发展情况分为三个阶段，本书作者考虑到香港百货公司的发展与大陆百货公司是有传承关系的，血缘关系十分密切，遂将百货公司在香港的发展阶段补充进去，作为百货公司产生的雏形时期。

了谋求更大的发展与更多的商业利益，这几家百货公司纷纷决定向广州和上海扩张，开设分店。

这些百货公司在创立之初，就以打破中国商业传统，建立一间“包罗万象，无物不备”的巨型商店为宗旨。[1] 在这段时间内，各百货公司的货源90%以上是“舶来品”，中国国产货物非常少。

第二阶段：中国百货公司的黄金时代（1912—1940）

这段时间内，百货公司发展迅速，广东与上海这两大远东贸易城市的百货业蓬勃发展，尤其是四大百货公司先后在上海创立，业绩斐然。全国沿海开埠城市和大城市都有各自开业的大型百货公司，如大新公司在1918年的广州成立，新新公司于1925年创立于上海，天津劝业场由高星桥于1928年创建，北京的西单商场建于1929年等。“四大公司”聚集在上海南京路上的几百米路段内，彼此竞争，也在很大程度上改变了上海市民的消费模式和消费习惯。但是1937年抗日战争全面爆发后，上海沦陷，上海租界成为“政治孤岛”，中国境内富商大贾纷纷携资产涌入租界避难，租界内游资充足，购买力旺盛，百货公司的经营更加繁荣。这段时间内百货公司的货源仍然以洋货为主，但随着上海等地工业的发展，其产品，尤其是纺织品在百货公司中开始占有一席之地。

这将近30年的黄金时代，以“珍珠港事件”作为结束点。此后，美国卷入第二次世界大战，英美势力也开始退出远东，租界不再是人们的保护伞，百货公司的经营业务出现极大的转变，进入下一阶段。

第三阶段：中国国货振兴时期（1941—1945）

该阶段中国百货公司的发展地主要集中在上海，1941年日本发动的太平洋侵略战争导致英美势力退出远东地区，上海租界也形同虚设，所有外来货品的贸易都被中断。而上海的工业因时事所趋、市场的需求，反而迎来一个大发展的时期。一直到抗日战争结束，百货公司中的国货占总份额的70%以上。然而这段时间，通货膨胀已经初露端倪，货币贬值加速，百货公司为求保本，纷纷投资地产等其他行业。

第四阶段：百货公司惨淡经营时期（1945—1955）

当时国内时局混乱，政治失策，经济濒临崩溃，物价飞涨，国内工商业倍受打击。在1949年之前，上海工商业已经有大量资金外流，大部分是以香港为中转站，寻觅更好的投资去处。1949年前后，上海四大百货公司中的三家，

1 李承基：《中山文史 第59辑：四大公司》，第168–177页。

即先施、新新、大新公司先后结束其在大陆的业务，携资回港，仅永安公司坚持留在上海继续经营百货业。但由于社会意识形态的转变，百货公司的经营状况由盛转衰。1955年11月21日，上海市工商局同意永安公司公私合营的申请，自此百货企业性质由中国民族百货全部转为国有百货。

1955年，由杨廷宝设计的北京王府井百货大楼建成开业，成为这一时期少有的建筑佳品，被誉为"新中国第一店"。[1] 原建于20世纪初期的旧的百货商场也经历各方面改造以适应新时代的购物要求。[2] 从20世纪50年代中期到改革开放前夕，中国的百货商店和商业建筑一直没有太大的发展。在这段时期内，百货公司功能单一，一般仅保留单纯的购物功能，有少量饮食功能，而30年代的娱乐、食宿、休憩等设置均被取消。直至20世纪80年代，商品经济得到恢复和发展，全国才逐渐开启新建全新的百货公司的热潮，其参照的模板就是上海南京路上的大新公司和永安公司，以及北京的王府井百货大楼。[3] 比如武汉中南百货大楼的建筑设计，其百货营业厅的布置、出入口的设置与顾客疏散等都是参考大新公司和永安公司，结合了两方优点；[4] 上海市第一百货公司（即原大新公司大楼）因内部空间相对宽敞、商品种类丰富、交通组织流畅以及建筑外形洗炼，从建成之日开始到80年代末，就一直被视作全国商业建筑的代表。其营业额在建成后的半个世纪，一直稳居全国第一。[5]

20世纪80年代末90年代初，徐家汇东方商厦的建成，标志着大型商业空间设计进入一个重要的转折点。室内中庭、钢琴演奏、大型电子墙面等营造出令人愉悦的购物环境。随后，百货商店建筑又进入一个井喷阶段，全国各个城市新建了大量的百货公司。商场规模不断扩大，营业范围也相应扩大，包括餐饮、娱乐、休憩、会友、购物，成为一处能让市民参与城市生活、领略潮流文化的场所。高级购物中心也不断出现，其以高消费者为目标人群，提供豪华、舒适的购物环境，"空间消费""时间消费"成了购物消费之外的重要消费形式。另一个特点就是，商业建筑开始强调与城市空间的相互渗透，并与城市公共交通相驳接，室外广场的设置也提升了区域城市空间的品质。

2009年以后，商业建筑的发展步伐有所放缓。一方面是因为经过20余年的大量建设，百货商店已近乎饱和，尤其是在城市中心区域。另一方面，电子商务的兴起，成就了新的购物形式，无形中分流了大量的百货商店潜在顾客，使后者客流量和营业额均有很大程度的降低。2009年之后新建的百货公司逐渐降低其零售百货的业务，将重心转移到了餐饮、培训、服务和体验等方面。

1 胡绍学，张翼：《北京王府井百货大楼扩建工程方案设计》，《建筑学报》1995年第11期第34–37页。

2 如创立于1907年的哈尔滨秋林公司在中华人民共和国成立后改名为哈尔滨松花江百货公司，几经扩建，营业面积增至12 000余平方米。

3 大新公司建筑当时为上海市第一百货公司所用，永安公司建筑在1980年代为华联商厦所用。

4 吴维：《制约·探索·塑造——浅谈株洲百货大楼设计》，《中外建筑》1997年第2期第40–42页。

5 陈宏，徐思平，董鸿景：《上海大型商业空间的发展与购物体验》，《商业空间文化》2003年第3期第32–33页。

总体来说，在百货公司建筑的发展过程中，在相当长的一段时间内，上海的四大百货公司一直是业界的标杆，尤其是永安公司和大新公司，为现代中国百货商业建筑的发展提供了模板。[1]

百货公司股东们的
地缘、业缘和亲缘关系

明代以前的商人，其经商活动大多是分散的，不曾出现过从事同一商业的商人群体，即有商而无帮。[2] 但是在明中期以后，随着商业竞争的日趋激烈，商人群体为了扩大资本、增强竞争实力，便成立了商帮，操纵特定地区、特定行业的商业贸易。有学者提出，商帮的群体特征与中国传统思想中的族源认同（Ethnicity）有密切联系，通常是相同地缘或相近血缘的人们聚集在某些经济活动领域形成商帮。[3] 到清代中期商人们就已经自发形成非常成熟的以地域为中心，以血缘、乡谊为纽带，以“相亲相助”为宗旨，以会馆、会所为其在异乡联络、计议之所的一种既亲密又松散的商帮。各地商帮均有其特色，也有其专门经营的领域，如闽粤商人以海商闻名天下，到清末民初年间，闽粤商帮在东南亚的贸易活动十分活跃。

隐藏在百货公司背后的香山商帮，也有其独特的活动领域和悠久的历史。

地缘：独树一帜的“香山商帮”

香山临着珠江和伶仃洋，南宋开始设县，虽一直是边陲小城，但历来是商家和兵家的必争之地。1513年因葡萄牙人租住其管辖下的澳门，香山逐渐发展成为中西商贸和文化交流的重要节点。这种背景条件造就了香山人中不乏半通外语、精通中外商务的人，他们成为各国侨民在华开设的商行里的买办。尤其是在鸦片战争以后的几十年间，香山人依托地缘关系、血缘关系相互扶持和合作，在各个通商口岸编织成一张巨大的商业网络，即香山商帮。其中以四大家族为代表：唐景星的唐氏家族，莫仕扬的莫氏家族，徐润的徐氏家族，以

1 永安公司的影响是从其建成之日至改革开放以后，前后约60年的时间，而大新公司的影响则是从其建成之日起持续到20世纪90年代东方商厦建成前后。

2 王毓铨：《中国经济通史：明代经济卷》，经济日报出版社，2000，第717页。

3 黄绍伦：《移民企业家》，上海古籍出版社，2003，第1–2页。

及郑观应的郑氏家族。[1] 正如费正清对香山买办的评价："他们根据契约受雇，掌管洋行与中国商人业务往来中中国方面的事务，包括收集商业情报、进行买卖等，所有这些将其训练成通商口岸保护下成长起来的新型中国实业阶级中的近代企业家。可以说，中国人一开始就参与了在中华帝国沿海边缘初具规模的现代国际贸易经济。"[2]

香山商帮的触角不仅仅局限于国内，他们世代面对着伶仃洋潮起潮落，对大海彼岸的探索也未曾停止过。

鸦片战争以后，随着美国加利福尼亚州发现金矿，澳洲"新金山"的消息传到香山，一大批香山人远赴美国西海岸去实现淘金梦，另一批人则来到了澳大利亚的悉尼、墨尔本和昆士兰等地，同时还有一批人到檀香山等地寻找发家致富的机会。这其中包括孙眉[3]、陈芳、唐雄等。马应彪之父马在明也是以契约华工的身份到了澳大利亚金矿淘金。

总体来说，香山商帮独特之处在于：⑴ 他们精通英语，熟悉中外商贸业务，是那个时代最了解西方的中国人，起着中外贸易中介和桥梁的作用。⑵ 各个买办在取得一定成绩后，仍然保持着乡土社会的地缘和血缘关系，同乡之间会相互介绍、提携、担保，唐氏家族的唐景星甚至专门编辑出版《英语集全》（*The Chinese and English Instructor by Tong Ting-ku*），帮助同乡快速学好英语、胜任工作。⑶ 他们的专业性比较强，香山买办们大多各有所长，在自己擅长的领域内发展，有很强的敬业乐业精神和契约精神，在早期深受洋人和中国官员的信任。⑷ 他们在洋行就职的经历培养了他们的家国情怀和国际视野，正是这一群体的爱国情和公益心，使他们率先响应清政府开展的洋务运动，积极投身于中国早期工业化建设的浪潮，将买办资本转化为民族工业资本。由此，他们成为影响近代中国社会变革的重要群体。

业缘：从香蕉产业到百货公司

无论是马应彪还是郭氏兄弟、蔡氏兄弟，他们在澳大利亚的营生之路都是从种植、贩卖蔬菜开始，逐步发展到经营水果和土产。在生意初步稳定后开始经营钱庄业务，为华侨开设存款和汇兑业务。永生果栏（马应彪、蔡氏兄弟）、永安果栏（郭氏兄弟）以及其他香山同乡开设的果栏相互竞争和合作，形成了香山人专营的一条产业链。

1 胡波：《香山商帮：解读香山商人智慧》，漓江出版社，2011，第6页。

2 转引自胡波：《香山商帮》，第223页。

3 孙中山之兄。正是孙眉在1878年底将孙中山从香山带到檀香山。

为了寻求更大利益，在悉尼的香山商人们联合成立了“生安泰”果栏，组织船只去斐济统一收购当地水果，运回悉尼贩卖；随后各家果栏分别派负责人去斐济购买香蕉园，自行种植香蕉专供悉尼等地，逐渐打开了整个澳大利亚的香蕉市场。新新公司的李敏周也与这个行业大有关联，其岳父梁坤和就是在昆士兰经营香蕉种植园，其原始资本的积累也直接来源于香蕉产业。

19世纪90年代，旅居悉尼的华人几乎垄断了悉尼的香蕉行业，这些华人形成的商帮以香山帮为主。而澳大利亚的排华政策在1881年前后逐步展开，华人在澳大利亚的生产和经营受到严重限制。在这个背景下，一部分在澳华人开始考虑别的经商行业，他们在澳大利亚保持原有经营活动的同时，运用赚来的资金，汇聚旅澳同行、亲友的资金，回国开设百货商店。[1] 也可以说，香蕉贸易间接地在中国商业历史中刺激了“百货公司”这一新行业的发展与繁荣。而起步于香港的民族资本百货业，其很大一部分资金和人员，都是来自澳大利亚的果蔬经营行业，除了马应彪、郭氏兄弟、李敏周、蔡氏兄弟，还有马永灿、郭标、司徒伯长、马祖荣等人。

血缘：亲缘的加持

仅仅因地缘和业缘的关系，并不一定能形成足够强大且稳固的商帮网络。那么血缘和亲缘关系的加持，会使得这个网络更加稳定。在悉尼定居的香山商帮也是如此，其中一核心人物便是郭标——郭乐、郭泉的堂兄。

郭标在1882年赴澳大利亚谋生，是较早一批抵达该国的香山人。1890年，他与马应彪等人集资开办了永生果栏，也参与了“生安泰果栏”的联合经营。1893年，郭标聘请堂弟郭乐到永生果栏来帮忙，郭乐在永生果栏里工作时积累经商经验，并在三年后与马祖星、孙智兴等人一起创办了永安果栏。同时，身处异乡的郭标也积极为华侨争取利益，他曾担任新南威尔士保皇会值理，反对“白澳政策”，参与创办中澳轮船公司。1916年，郭标协助孙中山建立中国国民党澳大利亚支部；1920年，他受孙中山之托，创办国民印务局等。[2] 在先施公司和永安公司创办之时，郭标均有资金投入，并曾担任上海永安公司的总监理。

不仅如此，四大公司的股东和董事，最初基本上都是香山人士，相互之间多少都有亲缘关系；在异乡，香山人士会相互结成姻亲，使彼此的联结更为紧

1 李承基：《澳资永安企业集团创办人郭乐与郭泉》，载《中山文史 第51辑》，第2–12页。
2 黎细玲：《香山人物传略（一）》，中国文史出版社，2014，第465页。

密，如先施公司的黄焕南是新新公司的创办人李敏周的舅舅。这种姻亲关系一直在延续，如香港先施公司第三代掌门人马景华（马永灿之孙）与郭志清（郭顺之孙女）是夫妻。四大公司不仅高层人员之间的流动十分频繁：如新新公司创办人刘锡基曾是先施公司的高级员工，大新公司的蔡兴曾为马应彪的主要合作者，蔡昌也曾经在先施公司工作过，李敏周遇害、李泽入狱后，新新公司由李承基负责，他也曾坦言经常去先施公司找前辈们请教等；普通职工在公司间的流转也属正常。

“太阳就快下山去了。初秋的晴空，好像处女的眼睛，愈看愈觉得高远而澄明。立在这一处摩天的W公司[1]的屋顶上，前后左右看得出来的同巴诺拉马似的上海全市的烟景，溶解在金黄色的残阳光里。若向脚底下马路上望去，可看见许多同虫蚁似的人类，车马，簇在十字路口蠕动。断断续续传过来的一阵市廛的嚣声，和微微拂上面来的凉风，不晓是什么缘故，总觉得带有使人落泪的一种哀意。”

——郁达夫，《落日》

对城市空间的影响

建造活动和建筑高度的竞争

自古以来同行之间的竞争都非常激烈，百货公司也不例外，尤其是同业大商店、大公司聚集在南京路上不到400米的路段内，其竞争更为凸显。四大百货公司的股东们有着错综复杂的渊源关系（见上节），他们的竞争因其同乡情谊和同在异乡创业而夹杂着比较复杂的感情，这也使他们之间的竞争极少有互挖员工、贬低对方、价格战之类的情况。[2] 同时由于各公司资本雄厚，单独一家或几家联手通过商业竞争来挤垮或者吞并另外一家也是不容易的，因此，四家公司之间的竞争基本是良性的。最早开业的两家公司先施和永安，建造之时在建筑规模和高度上暗暗较劲，开业之初又都相继增加客房数量和乐园场次，试图在规模和尺度上压倒对方，并且双方都在沪上各大报纸登广告，宣传自己

1 即永安公司（Wing On）。
2 王远明，胡波：《被误读的群体：香山买办与近代中国》，广东人民出版社，2010，第413页。

10

11

10
先施公司摩星楼立面图

11
永安公司倚云阁立面图

才是最全面、最专业的百货公司。在大新公司开业之初，另外三家公司便联手推出大促销活动，试图以此遏制大新公司的强劲势头。总体来说，主要的竞争集中在提升自我方面，如增加服务内容、提升服务水准、增加建筑高度和面积等。

在建筑方面，最激烈的是先施公司和永安公司之间的竞争。永安、先施两家在香港、广州的商业缠斗暂且不表，在上海两家公司的分公司几乎是同时建造，又是隔街相望，在建筑设计阶段，硝烟已经悄悄弥漫开来：在建筑方案阶段，两家公司高层就在关注、暗中打听对方建筑的层数与高度，试图在建筑高度上压制对方。先施公司先于永安公司而建，其临着南京路的建筑设计为五层高楼；永安公司就将其大楼定为六层。先施公司在探知永安大楼高度时主体建筑已经无法作出层数调整，但他们还是将其转角钟楼加建一层，改为高塔的形式，名曰“摩星楼”10。工期稍晚的永安公司则将原先的立面设计方案中的两个屋顶塔楼——分布于转角和建筑中部——取消掉一个（即转角处的塔楼），将距离摩星楼最近之处的塔楼建得更高，名曰“倚云阁”11，与摩星楼对峙而立，比摩星楼高出2米有余。先施公司得知这一消息已无法做出改变，只能让永安公司占得先机。

相比先施和永安两家公司在建造过程中的竞争，晚8年建造的新新公司则无需费心思刺探对方商业机密，这家公司毫无悬念地建造了最高的塔楼——新新塔楼，占据建筑立面总高度的五分之二左右，建筑总高度约48.77米（160英尺），塔楼的高度占了21米有余（70英尺）12——成为南京路浙江路路口一带当仁不让的制高点。然而新新公司的建造活动也引发与其比肩相邻的先施公司的进一步改建和扩建：在探得“新新公司将建造七层高楼”之时，先施公司高层们觉得自己的百货大楼仅仅五层，“视之他人，独嫌稍有逊色，本年（1924）决议增高两层，连原有五层共成七层，旅馆八层高90余尺”。[1] 同时把摩星楼也加高两层，希望在高度上压制永安公司倚云阁和新新公司，以“雪耻当年之恨”。当然，新新公司也决不会轻易地让先施公司在建筑高度上接近自己，更不可能让其超越自己，所以在新新建筑主体已经基本完成的情况下，李敏周等人提议修改塔楼方案，将塔楼的高度增至40米（131英尺），是主体建筑的1.5倍，建筑总高度达67米（221英尺）13！

到大新公司筹建之时，上海正在经历一个建造高层建筑的高潮，高楼大厦如雨后春笋般建成，维克多·沙逊的华懋饭店和中国银行大楼的高度之争正愈演愈烈。以一个百货公司的身份来追求“上海最高”显然已经不合时宜，但业主们对高度的追求不曾停歇。大新公司对外宣传为南京路上最高的建筑，公司大楼高达十层，比其他百货公司高出很多，其转角的尖塔若要建成，也必然会成为百货公司之“最高”。除了追求“最高”，大新公司还力图做沪上“最大最

1 上海百货公司：《上海近代百货商业史》，上海社会科学院出版社，1988，第388页。

专业”的百货公司，成为投资者和消费者的首选。虽然因各种原因最终没有建造塔楼，但大新公司在建筑规模和营业面积上远超另外三家公司。

然而当永安公司在建造其公司第二座楼房时，追求建筑的高度仍在继续，他们曾明确表示要建造远东第一高楼。[1] 究其原因，一方面是在永安上海公司建成后不久，先施公司将摩星楼加高两层，以一座尖塔的优势抢去风头；新新公司建成后，以67米的总高雄踞南京路，永安公司的营业者们可能为此心存遗憾。另一方面，由于永安新厦所处的基地面积较小，三角形的地形也不适合作为一个大型的百货商店，因此建筑只有向高处发展。同时，1930年前后大量欧美滞销的建筑材料被倾销到上海，使得建造高层建筑的成本降低。再者，当时上海高层建筑的设计、结构、施工、设备等都已经达到了相当高的水平，建造高层建筑不再是不可企及的事情。最后，可能是最重要的原因，永安公司新一代领导人郭琳爽有着筑造中国百货商业帝国的梦想，这一点从建筑高度上也得到了体现：在1932年刚刚买下永安新厦的地皮之时，他就有了与四行储蓄会大厦争夺上海最高建筑头衔的雄心。同年新闻上一则关于永安新厦的广告，标题便是“远东第一高楼”。次年，另一则广告则宣称它是“上海第二高楼”。[2] 1936年，该大楼据说有24层楼，“比上海当时最高楼房足足高出24英尺(约7.3米)”。[3] 从永安新厦建成一直到解放初，该楼一直是南京路上最高的建筑14。从1945年上海屋顶天际线15来看，永安新厦与四行储蓄会大厦相比高度不相上下，雄踞十里洋场。

12 新新公司广告画

13 新新公司及其塔楼

14 永安新厦，1945

15 上海屋顶天际线，1945

1 “New Wing On Building Now Being Built,” *China Press*, May 4, 1932, p.11.

2 “Wing On Department Store to Have Tower in Far East on New Annex,” *China Press*, June 9, 1933, p.1.

3 “New Wing On Skyscraper Is Fast Nearing Completion,” *China Press*, July 9, 1936, p.9 ; “24-Story Wing On Tower Ready: Shanghai's Tallest Building Will Be Opened Soon,” *China Press*, March 31, 1937, supplement, p.51.

13

15

远观南京路，四大百货公司的建筑，尤其是永安新厦，对于南京路天际线的构建与形成起了至关重要的作用。

四大百货公司对南京路街道空间的改变

> “街道成了商品的寓所，沦为一个消费空间到另一个消费空间的通道，引领着时尚，引导着消费，裹挟了欲望。”
>
> ——陈英敏，《谈穆时英的洋场文化理性》

穆时英擅长用重复的语句来描绘“声光化电”，描绘消费空间引入街道之后的现代都市。在四大百货公司开设之前，南京路是上海较为繁华和拥挤的马路之一。20世纪初，公共租界工部局将南京路路面拓宽至24.4米（80英尺），同时为了避免因楼房高度的增加而导致人口密度增长，进而造成交通拥挤，工部局对南京路沿街建筑的高度作了限制——不超过32米（105英尺）。

事实上，这个关于建筑高度的控制性条文在早期仅仅体现在对南京路的东段——河南路以东至外滩段——的控制作用。南京路在河南路以西的沿街建筑本身就比较松散，建筑高度远不及32米，街道空间相对开阔。尤其在过了浙江路之后，沿街建筑多为中式房屋，道路两旁的店铺也基本上是经营中国传统商品的老字号或茶楼。如先施公司地块上原本为易安居茶楼，是一栋两层高的房屋[16]，一层作为店铺门面以及茶楼入口之用，二层有连贯的阳台，顾客可以坐在靠着阳台的桌子前喝茶聊天，也可以在室内就餐。二层阳台的外侧，悬有该茶楼的字号牌匾“易安”。又如原南京路西藏路交叉口，房屋相对低矮，大多是建成于20世纪初的二至三层的里弄住宅，转角处的荣昌祥西服店也是这类房屋[17]。图[18]中可以看出，建筑的高度均在8~10米左右，立面以木质材料为主，包括枋、栏杆、角楼、匾额等。街道两边的房屋还没有全部连接成片，路上的行人和车辆也不算拥挤，路面景象也显得冷清。店招和幌子是当时南京路沿街立面的一个特色，几乎每一座房屋的一层和二层都有布幔悬挂而出。布幔上大多写着本店的名称，或是减价促销信息，每一家的颜色、尺寸以及文字各有差异。布幔的悬挂密度比较高，同一层一个开间一般为2~3片，沿街道方向望去，这些布幔形成连续的横向的界面，为行人标出各家店铺的范围和店内信息。

但是随着先施、永安、新新公司的建成，南京路的景观大有改变[19]。先施公司建成后，其体量和规模是易安茶楼的数倍；荣昌祥西服店被拆除后，这里建成了大新公司，将先施公司、永安公司、新新公司的巨型建筑体量向西延续了300余米，一直到跑马场附近。

20世纪20年代末30年代初的南京路如图[20]可见，原来的中式建筑已经被西式建筑所取代，新建成的建筑一般为两层至三层楼高，外立面以砖石为主，沿街均为铺面，二楼基本上为大面积窗户。屋顶一般有阁楼，开有老虎窗。这一时间段的南京路上，除了西式房屋，最引人注目的便是三家百货公司。它们的建筑无论是体量、高度、建筑样式，还是开窗处理、屋顶形式等细部，都与周边房屋形成巨大的反差。粗略估计，三家公司建筑的主体高度约为周围建筑的3~4倍，建筑的进深也是其他建筑的两倍以上，屋顶则为平屋顶的形式，上面建有各式各样的亭子、构筑物和尖塔。

街道空间也彻底被改变。首先尺度方面，南京路上河南路以西路段的西式房屋仅有两三层楼的高度，与原来的中式建筑在高度上相差不大，因而并未对南京路的空间关系造成大的改变，而三大公司所形成的街道尺度关系则完全呈现出不同的街道景观。南京路的路面宽度仍然维持在24米左右，而三家公司的建筑主体高度，均在22米以上，加上与立面主体相当高度的尖塔，街道剖面关系由横向变成了竖向。[1]

其次在街道界面方面，也就是建筑立面方面。从图[18]中可以看出，西式房屋和街道之间，有一个约3米宽的人行道作为缓冲空间，人行路面高于车行路面。然而三大公司（尤其是新新和先施公司）门前该区域非常窄，几乎成了其建筑内部的一个空间。新新公司的骑楼几乎占据了人行道一半的宽度，而先施公司的二层阳台出挑于建筑立面，阳台下方还增加了一层雨棚，覆盖了整个人行道的区域。

1　1924年先施公司将其建筑加高两层以后，建筑高度也达到22米有余。

16

17

18

19

20

16

先施公司原址上的易安茶楼

17

大新公司原址上的荣昌祥西服店

18

南京路街景，清末

19

南京路街景，1920年代

20

南京路鸟瞰，1930年前后

21
永安公司鸟瞰图

再次便是街道上空的利用。如上文所述，清末时期的南京路茶楼，二层一般都有出挑的阳台，并设有食客饮茶消费的茶座。到20世纪30年代这类建筑几乎全被拆除，取而代之的西式建筑，二层开窗则与立面平齐。而三大公司在其建筑的上几层，都设有出挑于立面的阳台。先施公司在其二层、四层设有阳台，永安公司几乎在每一层都设有阳台[21]，新新公司则是在其最顶层六层设有阳台。这些阳台有些是用作观光，有些是旅店客房所附设的休息阳台，有些则为百货公司附属娱乐项目所用。总之，这些阳台将室内的功能延续到街道空间，使街道的上空也充满了消费气息。

总体来说，四大百货公司的建成使路上行人感受到的空间挤压骤然变强。这种居高临下的压迫感和优越感，塑造起百货公司自身的权威性，让行人对其宣传的商品和生活模式产生认同、接受和追求，进而投身于这种以消费为主题的生活模式中去。

四大百货公司对商业布局的影响

清代中期的上海镇，街道已经有60多条，包括新街巷、太平街、薛家浜、肇家浜、方浜等。上海城厢内，街道两旁、河道两岸大部分被商店所占据。商店出售各地土特产和日用百货，也有西洋呢绒和羽纱。这一时期店铺的分布特点是匀质，小型的洋杂店均匀分部在上海县城的各个角落，以方便附近居民购

买日常生活必需品。同时，城隍庙周围已经形成成熟的商业中心区，经营范围包括京广杂货、照相、画像、旧书、古玩、花鸟鱼虫、发饰、镜箱等，除此之外，还聚集了不少小吃点心的摊位[22]。由图可见，各种小吃摊在城隍庙的空地上张罗客人，经营的小吃有排骨年糕、油煎馄饨、酒酿圆子、小笼包等。由图[23]可以看出，城隍庙附近的商业分布以及上海县城城门附近的集市都是非常集中的，经营内容与散布在城厢内的各种小商店不同，更多的是市民娱乐消遣之物，而非应急之用。

此外，还有一种商业形态是呈线形布局——城厢之外，从东门到南码头、周家渡的这段道路沿线的店铺。上海历来造船业发达，明清时期海上贸易繁荣，从老城厢到码头这段路途人流量很大，由此带来的商业契机也是无限的，因此，小东门外的小东门大街到码头，几乎所有沿街建筑的底层都开辟为店铺，其热闹程度丝毫不逊色于城内。

22
上海城隍庙，清末

23
上海县城城门下的集市，清末

上海开埠之后，老城厢内的商业首当其冲呈爆发式发展；大东门、小东门以及南门一带也由于外国商船的增加而愈发繁荣，上海的商业分布逐渐向小东门内的三、四牌楼，方浜路延伸。随着租界地区的商业发展，买办们逐渐在外滩一带开设洋行。随着租界内人口的迅速集中，洋行之外的商业也在租界内随处开花，如广东路、山东路、山西路、南京路、河南路、福建路、湖北路等街道迅速热闹起来，沿街到处都有店铺、茶楼和酒肆。开埠仅仅十年，上海作为中国对外贸易中心的地位已经显露出来，逐渐取代了广州。到19世纪80年代，租界的商业热闹程度已经与老城厢相当了；80年代以后，租界的繁荣程度明显超越了老城厢，上海的商业重心逐渐从老城厢内及其周围向北移至租界的外滩附近。1906年，上海租界华商商行已经达到52个，总计3177户商铺，将近百分之六十分布在英租界，达1885户，美租界679户，法租界384户，公共租界229户。[1] 主要的商业布局形态除了均匀散布在租界住宅集中区附近的洋杂铺之外，很典型的一类形态就是商铺集中呈片状分布，形成比较集中的商业区——在既靠近老城厢又离外滩比较近的地方，其中尤以广东路、福州路、湖北路等道路的商业市面最为繁荣。南京路作为离老城厢相对较远的一条马路，商业不及广东路，餐饮、娱乐业也不如福州路。福州路作为保留中国传统生活

1 朱国栋，王国章：《上海商业史》，第114页。

22 23

方式最多的一条马路，也创造出很多能够为中国人所接受的现代化生活方式，[1]因此该阶段的租界商业区，以福州路最为兴盛。

总体来说，这段时期上海传统商业分布主要有以下几种状态：均匀零散分布的店铺，以洋杂货店、烟纸店为主；集中分布的商业区，以洋布、纸烟、皮货、娱乐消费等店铺为主；线形分布的店铺，以对外或对内贸易的洋货、绣品、药材、茶叶等店铺为主。不过最后一种形态随着商业的发展，逐渐成长为片状的集中商业区。

先施公司和永安公司的开设对南京路的发展起着决定性的作用。[2]正是因为这两家百货公司的开设，南京路的人流量急剧上升，从而带动了其他企业进驻南京路。同时，在以四大百货公司为代表的寰球百货公司的影响下，中国国货公司、丽华公司、华新公司、中华公司等陆续开设于南京路，使南京路的人流越发密集，这几家百货公司也成了上海零售业的巨头。据统计，1936年仅先施、永安、新新、大新和丽华五家公司一年的零售额就达到了上海全市零售业销售额的56%以上。[3]众多的百货公司都将南京路作为其商业王国的首选，这也奠定了南京路作为最重要的商业街的地位。正是因为百货公司在南京路的集中带来的商业效益，大量专业店也纷纷迁来南京路，上海乃至全国的商家都以在南京路上开设商店为荣。如创办于康熙五十八年（1719）的吴良材眼镜店，最初设于南市，1810年起专营眼镜行业，于1935年将总店迁至南京路；创始于1852年的老凤祥银楼，于1930年将其南市和望平街的店铺迁至南京路432号；由法国人霍普（Hope）兄弟在1864年创办的亨达利也在1927年从广东路迁至南京路。[4]南京路上从他处迁入的专业店信息如表4-2所示。[5]

据统计，至20世纪60年代，南京路上的店铺每平方米月均营业额为4000元人民币，这对于全长仅1600余米的商业街来说，是绝无仅有的，[6]在上海乃至全国各商业街营业额中遥遥领先。

先施公司开门营业后，公共租界的商业中心从原来紧靠着外滩中央商务中心区域的南京路东端，逐渐向西移动。随着永安公司、新新公司相继开业，公共租界的商业中心从外滩商务中心区逐渐分离出来，形成一个独立的功能区域。最终定格在南京路福建路至西藏路路段仅仅500余米的地段内，高度集中的商业店铺形成了现代上海商业中心的雏形，这也是上海城市遵循现代化城市发展规律，自发进行功能调整的必然结果。

1 李天纲：《人文上海：市民的空间》，上海教育出版社，2004，第63页。
2 菊池敏夫：《战时上海的百货公司与商业文化》，《史林》2006年第2期第93–103页。
3 朱国栋，王国章：《上海商业史》，第147页。
4 程恩富：《上海消费市场发展史略》，第122页。
5 李天纲：《人文上海：市民的空间》，第103页。
6 薛理勇：《旧上海租界史话》，上海社会科学院出版社，2002，第221–230页。

店名	迁入地址	详情
吴良材眼镜店	南京路	康熙五十八年创于南市，1810年起专营眼镜，1935年迁入。
老凤祥银楼	南京路432号	创始于1852年，1930年由南市和望平街迁入。
亨达利	南京路262号	1864年法国人霍普兄弟创办，1927年由广东路迁入。
蔡同德药店	南京路320号	1882年自汉口迁来上海，先在河南路口开设，后迁至南京路。
裘天宝银楼	南京路592号	1918年建，后为上海绸缎商店。
建华瓷器店	南京路650号	原设江西，1919年迁来南京路，1933年入现址。
王开照相馆	南京路378号	1926年王炽开创办于南京路。
新雅粤菜馆	南京路719号	1932年从虹口迁入。
鸿翔时装公司	南京路750号	1929年在南京路设分店，总店（1917）设静安寺路。
王星记扇庄	南京路727号	1938年创办人王星斋将总店由杭迁沪。
盛锡福帽店	南京路747号	1939年开业于南京路。
沈大成点心店	南京路299号	1924年由湖北路迁入。
老介福	南京路	创办于1862年，1934年迁入南京路。

表4-2 从他处迁到南京路的专业店

同时，百货商店因明码标价、定期促销等革新举措，间接地将南京路附近老式的小商业店铺逼到了绝境。首先，老式商店支持不住标价所引起的低廉价格的竞争，而这种竞争是在大众的眼皮底下公开进行的，从百货公司的橱窗前面经过，就能了解其价格，每一家百货商店都在使用薄利多销的方式来获取最大的利润。其次，百货公司没有欺骗，他们不会在某一件物品上狠宰顾客、借此捞一笔，更不会看人“下菜单”，对不同的顾客报不同的价格，而是事先合理地设定好各种货物的利润，对普通用品采用低利润、大量销售的模式，高档商品可以通过其品质和独家渠道，创造高额利润。正是因为以上原因，四大百货公司在南京路的集中开设，对南京路上的传统烟纸店、土洋店形成压倒性的优势。传统的小商店迅速萎缩且消亡，被淘汰出南京路，只能在远离百货公司的地方继续经营。南京路成为百货公司和大型专营商铺集中之处。此外，除了商业店铺的集中，造就南京路如此繁荣的另外一个原因便是该路段上娱乐业的发达。

四大百货公司对娱乐业[1]分布的影响

> “我们就一天换一个舞台的更听了几天。是决定明天一定要回南京去的前一夜，因为月色很好，我就和她走上了X世界的屋顶，去看上海的夜景。灯塔似的S. W. 两公司的尖顶，[2]照耀在中间，附近尽是些黑黝黝的屋瓦和几条纵横交错的长街。满月的银光，寒冷皎洁的散射在这些屋瓦长街之上。远远的黄浦滩头，有几处高而且黑的崛起的屋尖，像大海里的远岛，在指示黄浦江流的方向。”
>
> ——郁达夫，《迷羊》

上海是一个商品经济发达的地区，上海人的社会生活有着典型的“俗”烙印。1840年前后，很多在上海经商的人，尤其是士绅，并不喜欢这个地方，认为这里“海氛甚恶，非可久居”“以沪邑风俗鄙陋，故常倦游”。[3]商贾把上海看成一个经商、赚钱之处，年轻时期奋斗之场所，在其年迈之时，往往倾向于生活在苏州、扬州等地。上海本地娱乐项目的形式和内容均有明显的俗文化痕迹，包括听戏、饮酒、养鸟、斗虫、麻将、嫖娼、杂技、魔术等。也正是这种“俗”，被民众广泛接受、参与，因而具有鲜活的生命力，本地娱乐项目进而发展成现代娱乐业。同时，上海市民有趋新、爱赶时髦的倾向，他们将娱乐作为社交的一种方式，往往和交易联系在一起；租界的市政建设也是将娱乐业推向快速发展的一个条件，如电灯的使用，带来了真正意义的娱乐生活，大大丰富了城市夜间的娱乐活动；现代化交通的引入，改变了娱乐场所在城市中的空间布局，也提高了人们娱乐时间的使用效率。诸多原因造就了上海娱乐业在19世纪末的井喷式发展。

1910年以前，上海的娱乐中心主要有三处：一是老城厢中城隍庙、文庙附近的上海传统娱乐区域[24]；二是以沪西的张园、愚园为代表的上海传统民间园林[25]；三是福州路上兼有西方娱乐形式的酒楼茶肆[26]。[4]

上海娱乐中心转移的转折点发生在1912年，黄楚九和经润三共同出资在南京路浙江路路口新新舞台[5]的屋顶上搭建了一个玻璃棚子，取名“楼外楼”。

1 1930年前后，上海产业门类有17个之多，但是并没有娱乐这一个行业。一直到1935年，上海租界工部局制定了《娱乐业管理条例》，才将电影院、戏院、音乐厅、弹子房、地球房、歌场、书榭、马戏场、庙会、集市、舞场、妓院等都归到娱乐业的范畴。详见楼嘉军：《上海城市娱乐研究（1930–1939）》，华东师范大学，2004，第12页。

2 X世界指的是新世界，S指的是先施公司，W指的是永安公司。

3 许敏：《晚清上海的戏园与娱乐生活》，《史林》1998年第3期第35页。

4 楼嘉军：《上海城市娱乐研究（1930–1939）》，第30–35页。

5 即现永安新厦的位置。

24
城隍庙，19世纪

25
孙中山在张园，1917

26
福州路，1905年前后

其内部场地有限，仅设置了一处演出场所，安排了两档游戏节目——林步青的滩簧和李品一的大鼓；室外设有天台供游客眺望风景，并时常设有赏花节目。楼外楼还安装了电梯从地面直达楼顶入口处，且在入口处设置了罕见的凹凸镜。屋顶花园、电梯、凹凸镜成为楼外楼三大卖点，在开业后相当长一段时间内，是上海大众喜闻乐见的场所。但楼外楼规模不大，产品结构也比较单一，对上海市民不能产生持久的吸引力，最终在1917年终结了它辉煌的历史。然而它已经展现出上海城市游乐场的雏形，被认为是上海现代游乐场的鼻祖，开启了上海游乐场的繁荣时代。在之后的十多年里，多家位于城市中心的成熟的游乐场相继开设，[1] 上海游乐场迎来了发展的高潮。

四大百货公司游乐场的设置对于上海游乐场的布局有着非常重要的影响。先施公司开创了大型百货公司附设游乐场的先河，对后来国内其他百货公司附设游乐场产生了导向性的影响。在先施开业之初，其路对面楼外楼的营业已经接近尾声，新世界和大世界分别矗立在南京西路西藏中路交界处和西藏南路延

1　1915年建立的新世界，位于现南京东路西藏中路，是第一个真正意义上的综合性游乐场。此外还有天外天（1916）、云外楼（1916）、绣云天（1917）、大世界（1917）、小世界（1917）等。

27
大世界，1917年

安东路交界处，大有成为上海新娱乐中心的势头。正是先施公司和永安公司附属游乐场——先施乐园和永安乐园（亦称“天韵楼”）的开办，使得20世纪20年代到40年代上海娱乐业的中心停留在浙江路和南京路的交界处，随后新新公司开设的新新乐园也巩固了南京路浙江路作为上海娱乐中心的地位。先施乐园和天韵楼在建造之初可以说是屋顶花园和综合性游乐场的结合产物，其规模之大仅次于大世界[27]和新世界，先施乐园开设有文武京剧、影戏、改良申曲、戏迷双簧、文武戏法、时事本滩、欧美魔术、女子新剧、三弦拉书、梨花大鼓、女子苏滩、弹子房等；天韵楼则开设有京剧、女子新剧、时事申曲、时事新曲、古装苏滩、女子苏滩、女子双簧、魔术、滑稽、影戏、单弦拉戏、改良本滩、名花会场等。[1] 这两大游乐场的设置，吸引了上海大量的游客。在20世纪20年代，天韵楼一般每天接待游客人数就达6000人，周末的游客人数更是高达9000人，另外三家百货公司的游乐场，平均每天接待游客人数也在2000~3000人。[2] 四大百货公司的游乐场日常接待游客总数在12 000人次以上，从这一数目就足以看到游乐场在聚集人流方面的能力，致使其他娱乐设施都优先选择在南京路一带开设，以抱团效应吸引更多游客。

不可否认，百货公司内附设的游乐场结合了商业和娱乐两种消费模式，是一种新型的业态。游乐场和百货公司的经营相得益彰，相互带动人流客源，商

1 陶凤子：《上海快览》，上海世界书局，1926，第3–4页。
2 楼嘉军：《上海城市娱乐研究（1930–1939）》，第73页。

业和娱乐一体化，实现了商业和娱乐的互动，促进了营业额的增加。如大东旅社和东亚旅社，以及新新旅社，外地来沪的游客入住于这几家旅店，能足不出户地解决购物、游玩、食宿等问题。此外，百货公司附设的游乐场因为建筑使用权归属统一，便于改造、变更为其他功能，这也使得百货公司游乐场的游乐项目可以随着流行趋势做出调整。如先施乐园和天韵楼在开设之初，屋顶花园和登高远眺所占的比例比较大，但到了20世纪20年代以后，随着上海高层建筑逐渐增多，永安和先施大楼的高度优势不再明显，其经营的登高观光项目不再具有吸引力，因此这两家游乐场逐渐取消该项目，转而增建其他游乐设施。再如电影自从引入中国，便得到上海市民的喜爱，永安天韵楼随即在其游乐场局部开辟出较大场地用作电影院的营业。在溜冰场刚刚引入上海之时，永安公司就在其永安新厦三楼开设了“永安跑冰场”。也是因为各种游乐设施的配备可以应对潮流迅速作出改变，百货公司游乐场的经营也得到进一步的强化，从而保持长盛不衰的局面。

20世纪30年代，上海发展成为全国的娱乐中心，其主要的九种类型娱乐场所，每天接待的游客达30余万人次。[1] 四大百货公司带来的巨大客流量也将其他娱乐形式的选址牢牢吸引在其周围，成为上海最繁荣的中央娱乐区。这段时期，上海的娱乐业分布呈现多点开花的局面，不仅仅有一个最繁荣的中央娱乐区，还有多个娱乐场所集中区域，如在外滩地区，四川北路、乍浦区和海宁路交接区域，淮海路、陕西路和茂名路交接区域，南京西路与江宁路交接处，城隍庙地区，静安寺地区，曹家渡地区以及今中山公园地区等。纵向对比现代上海娱乐空间分布[28]可以看出，30年代的娱乐场所空间布局是以南京路区域为中心，这种模型一直影响到现今的上海娱乐业布局。

总之，在百货公司的游乐场开办以后，19世纪晚期兴盛的公开的私家园林迅速颓败，福州路的娱乐中心地位也逐渐动摇，上海的娱乐中心继续北移，最终定格在南京路浙江路交界处，呈现以永安公司天韵楼和先施公司先施乐园为核心的现代娱乐中心。[2] 以两个公司游乐场为中心，至西藏路、南京东路和静安寺路一带，形成了上海中央娱乐区。虽然四大百货公司在附设游乐场之时，对其经营定位只是附属产业，在占地面积、娱乐项目的规模设置、市场影响力和客源潜力等方面与

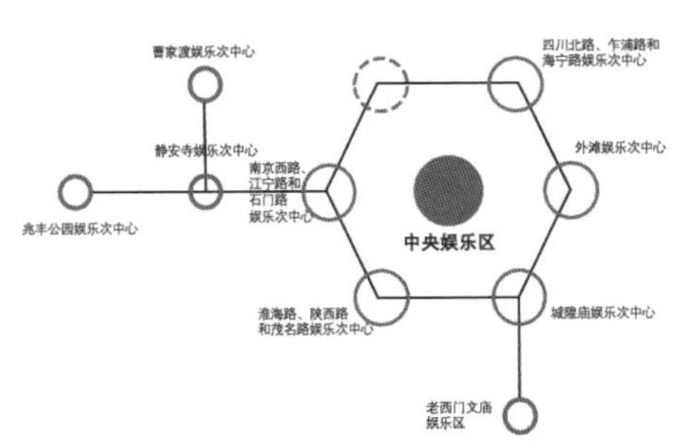

28
1930年代上海娱乐分布示意图

1 《上海城市娱乐研究（1930–1939）》，第75页。
2 同上，第53页。

29
上海大世界

专业性的游乐场都不能相提并论，但是只有四大百货公司的游乐场将商业活动娱乐化，实现了商业和娱乐的互动这一创举。有学者将上海近代游乐场按类型分为三种：一是综合性游乐场，以大世界为代表[29]；二是百货公司附设的室内游乐场，以四大百货公司附设的游乐场为典型；三是露天游乐场，一般位于中心城区外围，如曹家渡的沪西大世界。[1] 百货公司附设的先施乐园、天韵楼、新新乐园等最终与其他类型的游乐场一起成就了国内娱乐业难以逾越的高度。

1 《上海城市娱乐研究（1930–1939）》，第78页。

民族主义的理想与现实[1]

在20世纪初民族主义萌芽之后，中国固有式建筑第一次作为有意识的、主动的复古思潮的对象，已经得到广泛的认同和深入的研究。[2] 然而对于它的研究基本上集中在其作为20世纪20年代以后"中国官式建筑的范式"，主要体现在中山陵、首都计划以及大上海计划等少数项目中。这段复古思潮对其他类型的建筑是否有影响，有多大程度的影响，影响最终有没有体现出来等一系列问题，却鲜有解读和研究。本节试图通过解读上海大新公司（今市百一店）三次立面修改的情况，来展现中国固有式建筑风格对商业建筑的影响，并探讨其为何没有达成最初的设计愿望，进而反思民族主义对建筑师、业主以及建筑的影响。

"中国式"建筑的回顾

近代"中国式"建筑，最初是在19世纪末的教会建筑中孕育，传教士们试图用最直观的形象模仿中国传统建筑的典型特征，来获得普通民众对教会的认可和接纳，这类建筑被称为"中国化"建筑。[3] 这一阶段"中国固有式"建筑得到初步发展，以部分基督教堂和教会大学为代表。如上海圣约翰大学建筑群作为近代上海城市建筑实践中有意识地去实现中国建筑传统的案例，是中西文化在建筑上结合的一次尝试。[4]

19、20世纪之交，中国近代民族主义思潮兴起。[5] 20世纪20年代以后，留学归来的第一代中国建筑师开始形成一支颇有实力的队伍，并于1927年至1937年间在官方的支持下掀起了探讨中国建筑民族形式的热潮。墨菲在其主持制定的南京"首都计划"中称这种形式为"中国固有之形式"，是"中国固

1　本文部分内容曾发表于周慧琳：《民族主义的理想与现实——记大新公司立面方案等三次修改》，《同济大学学报（社会科学版）》2017年第3期第87–95页。

2　包括Jeffrey Cody的著作：*Building in China: Henry K. Murphy's "Adaptive Architecture 1914–1935"*；赖德霖的一系列论文，如《"科学性"与"民族性"——近代中国的建筑价值观》《探寻一座现代中国式的纪念物——南京中山陵设计》《折衷背后的理念——杨廷宝建筑的比例问题研究》等；赖德霖：《中国近代建筑史研究》，清华大学出版社，2007；傅朝卿：《中国古典式样新建筑：二十世纪中国新建筑官制化的历史研究》，南天出版社，1993。

3　李海清：《中国建筑现代转型》，东南大学出版社，2004，第167页。

4　柴旭原：《上海市近代教会建筑历史初探》，同济大学，2006，第58页。

5　郑大华：《论中国近代民族主义的思想来源及行程》，《浙江学刊》2007年第1期第5–15页。

有式”这一称谓的来源。吕彦直阐述了“中国固有式”建筑的优势：“发扬光大本国固有之文化也；颜色之配用最为悦目也；光线空气最为充足也；具有伸缩之作用，利于分期建造也。”[1] 对于大屋顶可能造成的空间浪费，“首都计划”中也解释，屋顶空间可以用作装置升降机或代替地下室放置案卷。1929年之后受“国粹思想”的影响以及“大上海计划”的指导，以董大酋为代表的一批中国建筑师在上海设计建造了一系列“中国固有式”建筑，如市政府大楼、图书馆、博物馆、体育馆等。[2]

30
大新公司宣传的效果图

大新公司就是在这样的大背景下设计建造的。

大新公司立面方案三次修改

从效果图[30]上看，基泰工程司在1932年设计完成的大新公司最初方案是一个典型的“中国固有式”建筑，有着类似于故宫午门的屋顶，以及转角处的塔楼，它们也是该方案最醒目的标志。该项目位于西藏中路、南京路、劳合路围合而成的街区中[31]，方案整体采用西方现代建筑体量组合的设计手法，可以看到清晰的混凝土框架结构逻辑，建筑主体呈现出横向的视觉构图，带有明显的芝加哥学派（Chicago School）的建筑特征。建筑顶层的牌楼以及塔楼则是中国古典建筑中的重要元素。相似的处理手法在吕彦直设计的南京中山陵祭堂[32]、董大酋设计的上海市图书馆[33]、上海市立博物馆等同时期建筑方案中都可见到。除了运用高塔之外，大新公司的建筑立面上还使用了牌坊这一中国传统建筑元素来强调主要入口，并在各个出入口的檐部采用云纹装饰。1934年3月完成的立面方案[34]延续了第一轮方案的设计风格，但建筑规模缩小了。同第一轮方案相比，靠西藏中路北面的一部分建筑没有了，但是南京路转角的塔楼以及顶层牌楼的装饰细部都保留了下来，建筑立面原来的横向分割转变成为竖向分割，壁柱从底层一直贯通到顶层并转化为牌楼的装饰构件。

31
大新公司最初方案用地示意图

32
南京中山陵祭堂

33
上海市图书馆

34
大新公司西藏中路立面方案第二稿

35
大新公司立面方案第三稿

大新公司第三轮方案完成于1934年11月底。这一轮立面方案[35]也是最常见于对大新公司建筑的介绍中。[3] 转角三重檐的高塔被换成几何形体的塔楼，平面呈八角形的塔身两次向内收分，第一层塔身的每一面都有古典建筑装饰纹样。立面中心处的牌坊被取消，取而代之的是带有装饰的柱子收头，最上层挂

1 郑晓笛：《吕彦直：南京中山陵与广州中山纪念堂》，载张复合《建筑史论文集》，第14辑，清华大学出版社，2001，第177页。

2 刘怡，黎志涛：《中国当代杰出的建筑师、建筑教育家——杨廷宝》，中国建筑工业出版社，2006，第98页。

3 包括陈从周所著《上海近代建筑史稿》（第66页），张弘主编的《中外建筑史》（第93页），赵海涛主编的《中外建筑史》（第69页），李宏主编的《中外建筑史》（第109页）等书籍使用的大新公司立面图都为这一轮方案的图纸。

30

31

32

33

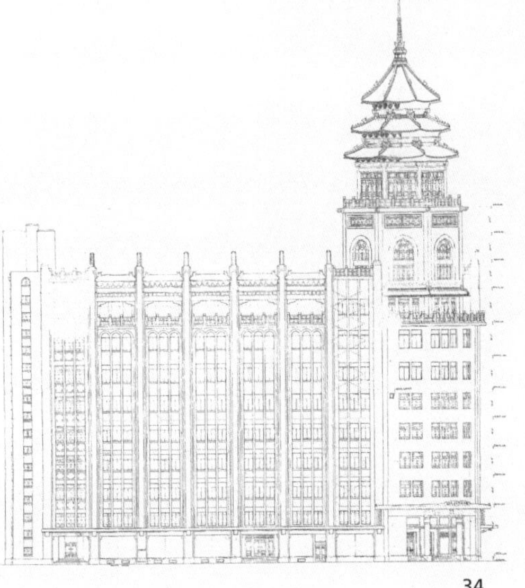
34

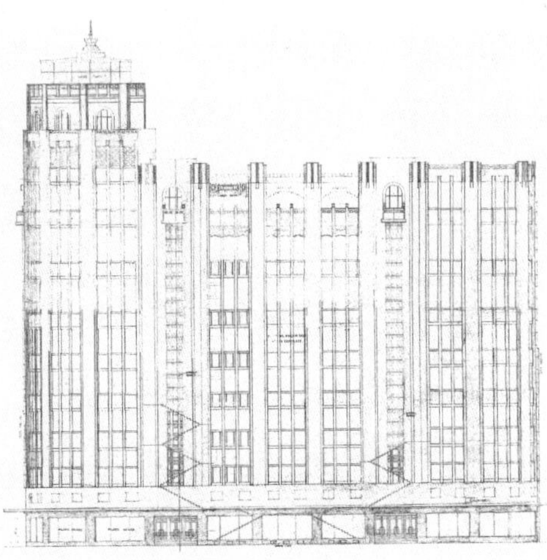
35

落——传统小木作中常见的元素仍然保留。牌坊两侧的楼梯间外立面顶部也以拱形窗户收头。第二轮方案中底层两层通高的入口空间被贯通的雨棚代替，檐口的云纹装饰也被取消了。很明显，这一轮修改方案中传统建筑元素少了很多，只剩可有可无的点缀和装饰，然而这还不是大新公司的建成立面。

大新公司的第四轮立面方案于1935年10月22日完成[36]，距离上一轮方案已近一年之久，离大新公司破土动工已有11个月。这一轮的立面方案着重绘出了建筑第8层以上的部分[37]，可以理解为，在大新公司大楼主体建造基本完成之时，该立面才得以完成，这也可以解释为什么大新公司没有一个完整的、与建成立面相符的立面图。从图中可以看出，最大的改动仍然是转角处：塔楼被彻底取消，取而代之的是带有装饰艺术风格的装饰构件。两侧楼梯间的顶部也增加了连续的薄板装饰元素。该立面图中，仅分布在中间三跨的挂落和栏杆望柱仍然属于中国传统古典建筑装饰元素。最终建成的大新公司屋顶部分，基本上是按照这次修改方案建造的[38]。

那么，建筑方案为何会做如此大的调整？

36

大新公司透视图

建筑月刊1935年第3卷第5期

37

大新公司南京路立面图（建成）

38

新落成的大新公司，1930年代

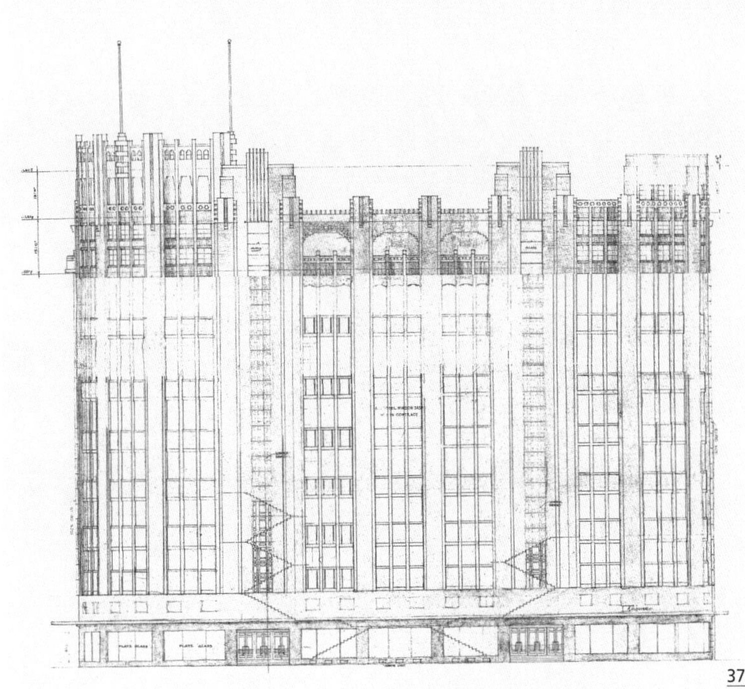

37

38

业主的窘态

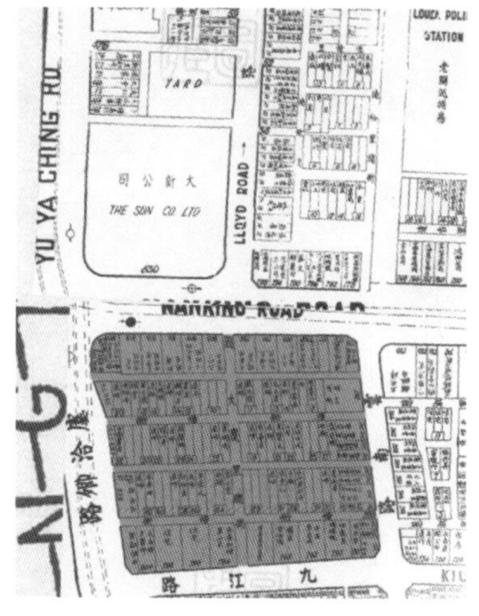

39
大新公司原相中地块示意图

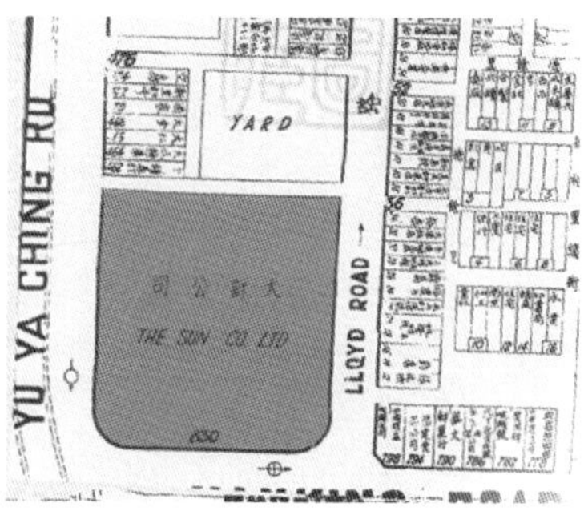

40
建成的大新公司用地示意图

大新公司要在上海开设分行的想法从20世纪20年代初就开始萌生了。[1] 1929年，南京路已经非常繁华，为选择合适的地块，蔡昌曾亲自到上海考察。他把目光投在了南京路最西端靠近西藏路，这里紧邻跑马场，位置适中，交通便利，三面临街，非常适合新建大型百货公司。

最初，蔡昌看中的是南京路南边的地块[39]，而经几次协商后，其地块主人周湘云仍拒绝出售土地，所以蔡昌只能转向南京路北边的程霖生的地块，当时这里建有荣昌祥西服店和忆鑫里[17]，共约8.5亩（约5 666.6平方米）[30]。程很快同意出让土地，但有一条件：将土地折价入股。也就是说，大新公司最初筹集的476万元都可以用来做房屋建设、装修、备货等事宜了，资金看起来很充裕，因此有了第一轮方案中宏大的建筑规模和建筑形式。

然而30年代初，程霖生破产，其地皮随即被估价拍卖，大新公司花费378万余元购买了原方案中约三分之二地块[40]，占地约5亩（约3 333.3平方米）。在购买地皮以后仅剩100余万元，资金的窘迫可想而知。在大新公司刘光福的访谈录中，他坦承1934年年初他到上海出任大新公司上海分公司的高级经理时，大新公司已经陷入资金短缺的困境：当时地面原有的房子都已经拆除，地基部分已经完工，但钱已经花光。在他的周旋协调下，大新公司以五分息向麦加利银行贷款400万元。[2] 所以，在资金匮乏的情况下，建筑的规模一再缩小，建筑的形式也经历多次简化。

业主认为在这样的条件下建造转角塔楼并不合理，在1934年5月3日大新公司建筑委员会第三次会议的时候，委员会委员陈日平就提出："建塔之费过巨，不能与所得利益相当。"[3] 遂决定暂缓建筑高塔。5月27日的第八次会议专为讨论缓造高塔一事。朱彬估算的高塔建造费用为72 300元，蔡昌认为费用过大，提议将承受高塔的底层柱子、钢材、三合土按照有高塔的受力计算，先不建造塔楼，待时机适当之时，再讨论建塔工程。

1　"New Building for Nanking Road," *China-North Daily News*, August 4, 1932.

2　William Liu, William Liu Interviewed by Hazel de Berg (Sound Recording), Oral Transcript 1/1093–95, Canberra: National Library of Australia.

3　裘争平：《1934年上海大新公司建筑委员会议事录》，载上海市档案馆《上海档案史料研究》，第11辑，上海三联书店，2011，第252页。

新大楼总造价120余万元，可以计算得出大新公司在大楼落成后所耗资金已经远远超出原有预算，为了减少投入、尽快盈利，蔡昌等人决定将大楼的五楼及以上出租他人，向麦加利银行贷款的剩余大部分钱用于装修和百货公司部门的备货，大新公司才得以在1936年1月顺利开业。

业主的心态

除了资金窘迫的原因，业主对民族形式的态度也是决定建筑最终形态的重要因素之一。

与四大公司的其他业主一样，大新公司的创办人蔡昌和蔡兴年幼时并没有受过多少教育，也都曾迫于生计远赴澳大利亚寻找发家致富的机会。他们为何要选择开百货公司，由于资料不足已经无法得到全面的解答。但很明确的是，他们与晚清时期海外华人企业家如张弼士、陈宜禧等人不同，后者出于民族主义情结而希望对中国现代化做贡献，四大公司的创办人开办各大百货公司似乎和民族主义并没有太多的关系。[1] 永安公司创办人之一郭泉在其自传《永安精神之发轫及其长成史略》中没有提及民族主义情结，他们的资本也无法和张弼士、陈宜禧等企业家相提并论，但是这些企业家的相关事迹也激励着郭泉等人创办现代化企业的雄心。[2] 虽然郭标[3] 作为澳大利亚华侨的领袖，曾资助孙中山的革命事业，并在回国后与政治人物相交甚密，[4] 同时郭标在先施和永安都有股份投资，也曾担任永安公司的监理，但也有相当的文献资料表明，四大公司的业主并不关心政治，他们只是依附于大的政治环境专心做生意赚钱。[5]

笔者以为，侨居国澳大利亚的政治经济情况是决定四大公司业主投资方向的主要因素。英联邦政府在1882年发布了排华政策，澳大利亚政府甚至在1901年立“白澳政策”（White Australia Policy）为基本国策，以控制华人在澳大利亚的政治经济活动。这种“海外孤儿”的处境，使华侨在居留地无法产生归属感，“长安虽好，终非久居之地”的想法一直萦绕在他们心头，所以只要条件合适，他们都很愿意回国投资。[6]

1 颜清湟：《海外华人与中国的经济现代化（1875—1912）》，载颜清湟《海外华人史研究》，崔贵强译，新加坡亚洲研究学会，1992，第44—59页。

2 颜清湟：《海外华人的社会变革与商业成长》，厦门大学出版社，2005，第61页。

3 郭标是郭乐、郭泉的堂兄，在永安公司持有股份，同时也是先施公司的股东之一。

4 郭标的四女儿郭婉莹曾做过蒋介石、宋美龄婚礼的女傧相。

5 陈锦江认为，他们和中国的官僚实业家生活在不同的社会里，1910年前在经济领域很少重叠，基本没有接触。（陈锦江：《清末现代企业与官商关系》，中国社会科学出版社，2010，第152页。）《永安公司的产生、发展与改造》中也曾多次提及郭氏兄弟以及郭琳爽并不关心政治，与政治人物也无私人交往。

6 林金枝：《近代华侨投资国内企业的几个问题》，载厦门大学南洋研究所《南洋问题文丛》，第1辑，厦门大学南洋研究所，1981，第216页。

此外，传统思想也是支配着四大公司的业主回国投资的一大原因。他们都是农民出身、远渡重洋，“衣锦还乡”“落叶归根”这些想法对他们来说是亘古不变的追求。这也能解释为何他们选择将离家乡很近的香港作为回国投资的第一站，而不是出于民族主义的思想选择在大陆进行现代化基础设施建设。[1]

同时，出于商业社会的自我选择，商人们对建筑形式的选择最终迫使建筑师放弃对民族形式的追求，转向对“摩登式”或“装饰艺术”等更具有商业意味的形式。[2]

总之，蔡昌和蔡兴之所以在上海开设百货公司，更多是出于利益考虑，或者说是出于一种潜在的世界主义的驱使，而不是民族主义。

同样的思路在大新公司的方案进程中也有体现。

虽然，蔡昌在接受采访时曾说“希望落成一座典型现代的建筑让上海为之骄傲。在采用西方建筑体量的同时，我们汲取中国古代建筑和艺术的精华，代表中国文化的丰富性。”[3] 但是实际上，蔡氏兄弟对中国传统建筑元素的运用并不感兴趣，对于他们来说，建造一幢与其他三家百货公司不同的建筑——这才是重中之重。正因如此，百货公司第一轮方案才得以通过。然而随着资金问题的产生，这栋“中国固有式”建筑因其高昂造价而不得不做调整。业主们以欧美建筑为榜样的观念，也是促使建筑形式转变的重要原因。1934年5月，蔡昌经咨询认为，南京路与西藏路转角处是最有价值的地方，且“欧美各国建筑，均不主张在转角处开门……不如安置饰窗，较得实用。”因此将第二轮建筑立面方案中的西南角大门删去。听闻当时在欧洲和美洲大行其道的是现代派和装饰艺术派建筑的时候，他们认为这与百货公司的时髦个性是相吻合的。随即在9月25日召开的第十三次会议中，蔡兴特地来函强调其公司的大楼建筑外观要“采用立体式，惟须要光面，概不用一切花草。倘必要衬以花草者，以简单为佳”。[4] 在这一背景下，基泰工程司将第二轮方案修改至第三轮方案，然而，即便如此，第三轮方案仍然没有得到业主的认同。蔡昌另外聘请美国麻省理工大学毕业的工程顾问王毓蕃为方案提出诸多意见，终在大楼主体建成之时，基泰工程司绘制了第四轮修改方案。

1 晚清时期很多海外华人企业家由于民族主义情结的驱使，对中国的现代化基础事业有所贡献。（颜清湟：《海外华人的社会变革与商业成长》）

2 王浩娱：《“必然性”的启示——中国近代建筑师执业的客观环境及其影响下的主观领域》，载赵辰、伍江《中国近代建筑学术思想研究》，中国建筑工业出版社，2003，第69页。

3 “New Building for Nanking Road,” *China-North Daily News*, August 4, 1932.

4 裘争平：《1934年上海大新公司建筑委员会议事录》，载上海市档案馆《上海档案史料研究》，第11辑，上海三联书店，2011，第252页。

建筑师的民族主义情结

基泰工程司在杨廷宝加入之前，是由朱彬负责大多数建筑的设计任务，[1] 朱毕业于宾夕法尼亚大学建筑系，受古典主义影响较大，设计的建筑也大多采用此种风格。1927 年，杨廷宝的加入使基泰工程司的建筑风格发生了改变。杨同样毕业于宾大建筑系，作为该校“最出色的学生之一”，杨廷宝深受学院派的影响，他的理想是将“西方古典建筑手法与中国建筑思想融合”，并一直为其做努力。[2] 1930 年，杨廷宝设计的清华大学校园规划及随后的一系列方案，都是在西方古典主义风格立面的大框架下，局部使用中国古典建筑细部装饰元素。[3] 随后，中国古典建筑元素成了立面的主要特征，在民国政府外交部（1930）[41]、中央研究院地质研究所（1931）以及大新公司（1934）等方案中，古典建筑的屋顶成为立面构图的重心。1932 年初，杨廷宝受聘于北平市文物整理委员会，参加和主持了天坛圜丘坛、祈年殿、城东南角楼等九处古建筑测绘、修缮工作。[4] 据统计，杨廷宝在 1949 年以前的职业生涯中设计的中国固有式风格的建筑占了其工程项目总数的三分之一左右。[5]

41
民国政府外交部

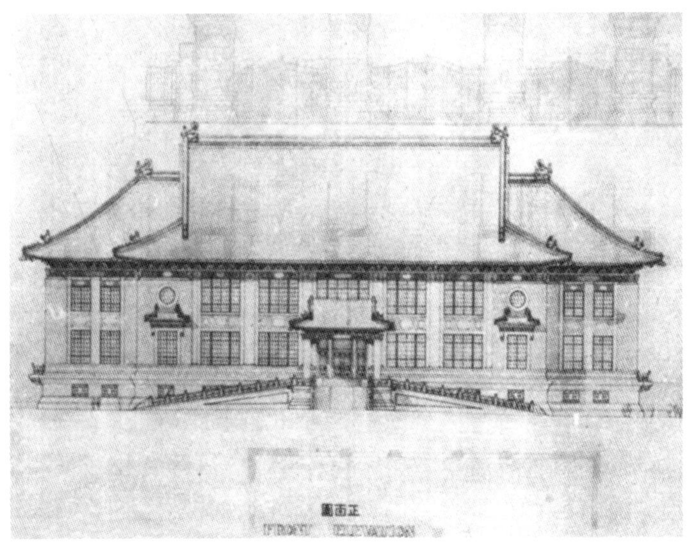

1 关颂声也作为早期主要建筑设计师，其建筑一般以装饰很少、造型简洁为特征，他在完成永利化工大楼以及河北体育场等建筑设计后，主要负责外交及承揽项目方面的事务，建筑设计工作主要交由杨廷宝负责。

2 武玉华：《天津基泰工程司与华北基泰工程司研究》，天津大学，2010，第 84 页。

3 入口垂花门、窗顶檐口板上的云纹装饰、门柱上的灯座式样等都带有民族特色。（刘怡，黎志涛：《中国当代杰出的建筑师、建筑教育家——杨廷宝》，中国建筑工业出版社，2006 年。）

4 杨廷宝作，南京工学院建筑研究所编：《杨廷宝建筑设计作品集》，中国建筑工业出版社，1983，第1–10页。

5 杨嵩林：《中国近代建筑复古初探》，《建筑学报》1987 年第 3 期第 59–63 页。

42
大新公司
立面细部-1

43
大新公司
立面细部-2

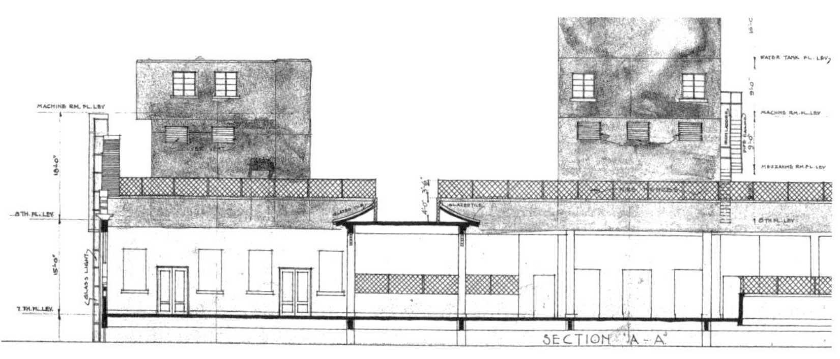

44
大新公司剖面局部

建筑师对于中国传统建筑的复兴意愿虽得到政府部门的鼎力支持，但在以民族资本为主导的商业建筑设计中就显得有点一厢情愿了，并没有得到业主的赞赏——建筑的大屋顶被取消，建筑形式一再简化。但是建筑师杨廷宝也不是一味地屈从，从大新公司立面的装饰细部[42,43]，到建筑顶层连廊的剖面图中隐藏着的形式[44]，都说明了建筑师为其“西方古典建筑手法与中国建筑思想相结合”的理念作出努力。。

即使业主们从头到尾都没有表示出对转角处高塔的留恋，建筑师也在尽最大的努力保留它——从最开始的三层重檐攒尖顶到简化之后的塔楼，再到后来不建高塔，但保留建筑底部的荷载配筋，以期待来日有机会加建高塔。建筑立面上的中国古典建筑装饰元素也是一减再减，最终建筑呈现出来的是带有古典元素装饰细部的现代装饰艺术风格。总而言之，杨廷宝等建筑师的民族主义情结是显而易见的，他们将中国传统建筑元素与现代功能相结合的意愿也是很明显的。

那么，民族主义情结和民族主义的建筑在上海是否存在？

上海的民族主义现实

诚然，上海虽然作为通商口岸达一个世纪之久，有过受外强凌辱的屈辱历史，但上海从未像孟买、香港这些城市一样，成为完全殖民化的城市。上海人，即使是精英阶层的上海人，西洋化的中国人，也从来没有丧失自己的家国认同和主体意识。但是，官方倡导的民族主义和国家主义也没有成为上海人所接纳的价值观，可以说，“中国固有式”的建筑风格也从来没能在上海成为主流。[1]这是因为上海作为一座商业都市，无论是晚清时期还是民国时期，其政治文化一直处于“在野”的状态。也就是说主流政治对上海的影响，相较于北京和南京来说都是相对较弱的，民族主义在上海即使存在，也一直处于弱势状态。

相反，百货公司或许是最能直观地体现世界主义的地方，土的、洋的商品并列在一起，不分民族、不分地域，只要商品是适销的，都能在展示柜里出现。永安公司对外宣称“以经办全球百货为鹄的，凡日用之所需，生活之所赖，靡不尽力搜罗”，事实上四大百货公司都是这么做的。百货公司的进货部门除了从上海各大洋行、批发字号进购各国商品外，还经常购进国外旅行推销员推销的小工厂生产的优质商品，甚至直接与国外工厂建立业务关系，安排人员每年亲自前往欧美各国挑选适销商品以及定制商品。[2] 20世纪20年代，百货公司的商品几乎涵盖了欧美大部分国家的高档货物，如日本的日用杂货、英国的呢绒瓷器、美国的电器五金、德国的光学仪器、法国的文具等。国内的商品也是不限地域地聚集在一起，如山西的毛皮、金华的火腿、江西的樟木箱、广东的翡翠等。百货公司将各类商品重新分门别类，一起放置在展示柜里售卖。

反映在建筑上，上海人从开埠之初对西洋建筑鄙夷、[3]好奇到欣赏和模仿，再到选择以及包容，并逐渐把这些外来的元素消化、吸收，转变成为自己的审美取向。[4]大新公司建造之时，上海人对西洋建筑的态度已经到了包容并转变成自己的审美取向这一阶段。不仅是大新公司，四大公司的业主由于其长年的海外生活的经历，对西洋建筑的态度也是直接跳过“鄙夷、好奇”等阶段。上海四大公司总共有五栋建筑，分别由英国、法国、美国以及本土不同的建筑师来设计，这本身也体现了业主们对不同文化的包容心态。

总而言之，尽管“大上海计划”等关于近代上海建筑与城市规划的设想带有明显的民族主义理想，建筑师也曾为此付出努力，但现实是这种理想只在少

1 常青：《大都会从这里开始——南京路外滩段研究》，同济大学出版社，2005，第2页。

2 上海社会科学院经济研究所编：《上海永安公司的产生、发展和改造》，上海人民出版社，1981，第34–37页。

3 一方面是因为中国一直具有鄙夷轻狄的传统，对随着枪炮进来的西方人和西方文化持鄙视态度；另一方面早期西方人在租界所建的房屋，无论是功能、形式还是建造质量等方面，都远远不及上海本地的传统建筑。（郑时龄：《上海近代建筑风格》，上海教育出版社，1995，第137页。）

4 常青：《大都会从这里开始》，同济大学出版社，2005，第2页。

量的、政府主导的项目中实现，对于近代上海最重要的一种建筑类型——商业建筑，其影响是极其微小的。

> “下城是这样一个地方——在这里你平生第一次见到圣诞老人；在这里你的父亲带你去买你必须要穿的黑色礼服；在这里你的母亲帮你的姐姐挑选结婚盛装；在这里你为你的新婚之家添置家具，接着就是孕妇装，继而是婴儿衫；最后，当你回到此处，这里还是你女儿第一次见到圣诞老人的地方——生命就是如此周而复始。”
>
> ——福格尔森，《下城》

百货公司与都市文化

福格尔森叙述了这样一个事实：曼哈顿下城的商业区对纽约市民来说是美好生活的见证地，也是其生命中重要节点的参与者。[1] 南京路上的四大公司也是如此，从开业到20世纪末，四大公司承载和见证了多少上海及其周边城镇居民的重要人生时刻和日常生活。

四大百货公司与现代性

现代性是一种生活体验，其特色主要来源于现代社会和其之前或之后的社会的比较，这种生活体验也是现代社会的一个共同的特性。在20世纪30年代早期，《良友》画报上已经营建了一整套关于现代性的想象，而百货公司则是实现这一想象的中介。[2] 四大百货公司的开设所带来的转变首先体现在全民参与购物和充足的商品上，其次体现在现代职员培训管理，以及女性解放等方面。

1　罗伯特·M. 福格尔森：《下城：1880–1950年间的兴衰》，周尚意、志丞译，上海人民出版社，2010，第3页。
2　李欧梵：《上海摩登——一种新都市文化在中国》，北京大学出版社，2001，第87页。

> “街有着无数都市的风魔的眼：舞场的色情的眼，百货公司的饕餮的蝇眼，‘啤酒园’的乐天的醉眼，美容室的欺诈的俗眼，旅邸的亲昵的荡眼，教堂的伪善的法眼，电影院的奸猾的三角眼，饭店的朦胧的睡眼……”
>
> ——穆时英，PIERROT

百货公司也是“都市风魔”的一个部分，是消费空间的典型。在四大百货公司进驻上海之前，南京路的西端已经有了惠罗和福利两家较大的百货公司，英商的另外两家公司也已成立。但是为何英商四大公司对上海市民的影响力没有如四大百货公司那么深远，而且对于中国零售业的发展并没有给予直接的影响？[1] 最主要的原因还是英商四大公司不贩售中国人习惯用的产品和小商品，百货公司门口由印度巡捕做安保，人们进入其中购物需要用英语沟通，这对于上海市民来说像是三道劝退的屏障，让不少有能力消费的上海市民望而生畏。

在百货公司出现在上海之前，上海市民的购物环境一直都有“漫天要价、就地还钱”的风气，先施公司始创的不二价，为其招揽了很多顾客。而四大百货公司，尤其是先施公司的到来，让上海市民在自由购买高档洋货的同时，也能购买到品质好、价格相对便宜的国产货品。甚至一些有品质但不影响使用的残次品和滞销品在“一元货”或“特色栏”专柜以低价销售，更能满足部分低收入人群购买超值货品的需求。因为明码标价，初到上海的游客也没有担心被宰的顾虑，因而更愿意到百货公司来消费。在20世纪30年代，不论是上海的富裕阶层、买办，还是都市中间阶层、工人阶层，乃至主妇、学生都是乐于光顾百货公司的顾客。同时永安公司基本能够兑现“寰球百货”的承诺，做到从全球各国搜罗最新的商品。往往欧洲刚刚开始流行的商品款式，很快就能在永安公司的柜台里买到。也可以说四大百货公司，尤其是永安公司和先施公司为20年代的上海生活时尚的摩登化提供了充裕的货源，也为上海的生活时尚提供了风向标。

先施、永安的开幕，宣告了上海“摩登时代”的到来，[2] 新新和大新的开幕延续和促进了上海商业的繁荣。从先施公司开业之后的几十年里，四大百货公司引发了一场中国商业和消费方式的革命，各个阶层、各种收入的人都可以在其中消费，共同成就了上海商业中心的地位。

1　Wellington K. K. Chan, “Personal Styles, Cultural Values and Managerment,” *Business History Review*, vol. 70 no. 2, (1996): 142.

2　彤云：《图说南京路四大百货公司》，上海档案信息网，2012-12-11，http://www.archives.sh.cn/shjy/tssh/201212/t20121211_37487.html.

除了百货公司所出售的商品积极参与营建现代上海之外，各大百货公司对于职员的培训和管理理念也是比较现代的。如永安公司针对新进职员年纪轻、文化程度低等特点，给他们制定了“职员须知”，规定：公司早上9点开门，职员必须提早15分钟到达公司柜台，做清洁工作；为老职员泡茶，减轻其杂务负担；积极传递发票和钱财；积极参与货场商品的搬运和整理；替客人送货；观摩其他职员对顾客的态度，如何待人接物、揣摩顾客心理等。[1] 除此之外，公司还安排定期讲课，课程内容为商品知识、交易手续、服务态度以及如何掌握顾客的购物心理等。由于永安公司的顾客群体中有一定数量的外侨人士，因此公司也专门开设英文、数学等夜校供职员免费学习，英文主要学习常用的日常生意用语、商品名称等，数学则是学习计算知识和珠算技巧，以及簿记和财会等知识。

同时，百货公司一般职工人数比较多，如永安公司在20世纪20年代拥有900名左右员工，同期先施公司的员工人数约为700余人，到1944年，先施公司营业状态有所下降，仍有员工400余名。新新公司则与先施公司相当。1936年，四大百货公司和国货公司以及丽华公司这六家百货公司的职员总数达到3000余人。[2] 如何高效管理员工也是现代公司的一个重要方面，如永安公司对于职员有比较严格的规定，1927年开始，永安公司与雇员签订的顾约上明文写着：“服务期内，受雇人须恪守规章，慎勤服务，如有不称职守、违反规章，或沾染嗜好，或营私舞弊，或煽动群众，破坏公司名誉及损害公司营业等事情，一经察觉任凭雇佣开除，毋得异言。”[3] 此外，永安公司还公布了管理职工的“服务规章”，对职工的工作职责等多方面做了详细的规定，如规定营业员“与人戏谑，或争吵谩骂，致妨碍工作者，应予警告”，营业场所，办公时间，不得阅读书报，并不得瞌睡”等等。除了常规的规章制度，百货公司对职员的容妆也有着非常严格的要求，职员的形象代表着公司的形象，永安公司不仅要求职员在工作的时候穿着统一的服装，而且规定女性营业员在上班的时候必须要化妆，并且在公司5楼员工厕所里配备了镜子和凳子，供女性职员梳妆打扮、补妆之用。[4]

女性的解放在百货公司中的体现主要集中在女性的就业以及都市女性消费娱乐这两方面。在五四运动之后，女性解放的思潮进一步被民众接受，女性的职业权得到法律的认可，城市中也开始出现一批职业女性，她们以新奇和时髦的做派引人注目。[5] 随着妇女解放运动的发展，女性也通过职业的途径进入社会公共领域[45]，获得了社会身份，也拥有了对社会资源占有和支配的权力。这段时间内，女性与社会空间的关系发生了很大的变化。先施公司作为全国新式

1 商业部教育司编：《商业教育史料（二）》，商业部教育司，1990，第112页。

2 卢汉超：《霓虹灯外：20世纪初日常生活中的上海》，段炼译，上海古籍出版社，2004，第50页。

3 上海社会科学院经济研究所：《上海永安公司的产生、发展和改造》，上海人民出版社，1981，第92页。

4 蒋为民：《时髦外婆：追寻老上海的时尚生活》，上海三联书店，2003，第263–272页。

5 李欣：《二十世纪二三十年代中国电影对女性形象的叙述与展示》，复旦大学，2005，第25页。

45
永安公司橱窗前

企业中最早雇佣女性店员的公司，在上海引起轰动，引得其他公司纷纷效仿，女性店员的比重大幅上升。尤其是1930年代，永安公司在其康克令金笔专柜聘用了几名面容端庄、会讲英文的年轻女性作为服务员，人称“康克令西施”，很大程度上促进了商品的销售。

与此同时，尊重女性也成为社会的普遍要求和是否符合时代精神的行为尺度。在民国建立以后，上海新兴的娱乐项目逐渐被都市女子所接纳，上海文化也开启了由“洋”“商”“女性”共同交织而成的新篇章。[1] 在浓厚的商业背景下，上海女性的休闲娱乐项目花样繁多，上海大部分的娱乐项目都对女性开放，夜总会、舞厅、弹子房、电影院等场所都有大量女性参与。女性从家庭生活中走了出来，步入大众娱乐场所，由此带来的最大变化，便是女性消费欲望的高涨，服饰消费高潮频现。20世纪20年代以前，上海小姐们在穿着打扮方面模仿上海滩上的高级妓女，20到30年代以后争相模仿电影明星，后来又转向模仿沪上名媛，都是女性消费时尚风潮的体现。[2] 四大百货公司就是作为大型零售店担负起时尚风潮物资配备的使命，无论是新式旗袍、西式大衣，还是昂贵的皮草、各种化妆品、丰富的服饰配件，各大公司内均有大量最时新的款式出售。正如《申报》在1926年12月份发表的一篇文章中提到的:“时髦制造的地方，就是大马路，……大马路上到处是美貌的女子，如穿花的蝴蝶一般，苗条的身材，配上新奇式样的衣服，一队队地走过去，老实说，这些人是美丽的模特儿，中国FASHION的制造者啊！”百货公司在南京路聚集，其展示的生活状态、出售的商品成为沪上女性趋之若鹜的标杆，因此，说南京路是上海乃至全国最时髦的地方并不为过。

四大百货公司与市民购物习惯

随着上海经济的发展和社会的开放，上海市民的消费观念也很早就打破了封建时代的尊卑有别的观念，最迟在晚清时期，上海市民的消费习惯就形成了“挥霍”“时髦”“风流”的特点。究其原因，一方面是上海市民的消费观念和心理有了很大变化，消费的意义和功能已经不是传统意义上的生活资料的消耗和个人的物质享受，而是转变成为一种实现自我价值的手段。它与社交、经营

1　王晓丹：《历史镜像：社会变迁与近代中国女性生活》，云南大学出版社，2011，第211页。
2　邱处机：《摩登岁月》，上海画报出版社，1999，第233页。

联系在一起，奢侈消费是对购买者经济实力的证明。其次，上海市民突破了传统“崇尚节俭”的消费观念，不再视“俭”为美德，把奢侈和享受作为消费的目标。[1] 再者，上海市民最晚在晚清时期就形成自己的消费风格，在生活态度、审美情趣和个人体验等方面都与其他城市市民有明显差别，成为其他城市市民模仿的对象。到20世纪30年代以后，上海彻底摆脱了传统贵族社会的文化认同，自寻目标地发展起独自的、近乎当时世界标准的大众文化。[2]

卢汉超《霓虹灯外：20世纪初日常生活中的上海》中曾经提及，上海里弄的街区商店相当于上海人的“标准市镇”，而南京路则是“省会”，在南京路上消费的居民毕竟是少数，大约82%的居民大部分生活物品是在街区商店购买，甚至在南京路和霞飞路这两处商业中心之间的宝裕里，离两条马路仅仅十余分钟路程的地方，也只有5%的居民在南京路或霞飞路上购买大部分物品。[3] 卢汉超以此来证明传统在上海这一非常西化的城市中仍有非常好的韧性。然而这并不能说明百货公司对市民的购物习惯没有影响。如1926年的《申报》就曾刊登：“上海妇女，不出购物则已，如欲购物，则辄有一口头禅曰我将往先施永安。由此可知，先施永安入人之脑筋深矣。”[4] 正如前文所述，上海的街区商店以洋杂、烟纸店为主，比较均匀地分布在上海的居民集中地，主要贩售居民日常生活必需品。但是不容忽视的一个事实便是，百货公司虽数量不多，但是为上海市民提供了相对高档、质量良好、价格稳定的商品，在市民购买大件货品以及对商品的质量有要求时，百货商店成了优先之选。同时，百货商店的廉价货品区域，为市民提供了比街区商店更为物美价廉的商品，也吸引了一部分人前来购买。人们一般是抵抗不住廉价的，他们认为自己是讨了便宜，甚至会因为廉价将自己不需要的东西买下来。而百货公司的退货承诺，更是让踌躇不决的购物者找到最后一个借口：如果不喜欢，可以把东西退还给百货公司。[5]

同时，根据1933年上海城市职业居民的收入分配表[表4-3]可以看出，[6] 上海职业居民总共五个阶层，至少有四个阶层是有能力在百货公司购买商品的，对于低收入人群，至少百货公司的国货部或廉价商品部也有他们消费得起的东西。在城市工作的大部分职业人群，也都能在百货公司找到他们买得起的商品。

1 乐正：《近代上海人社会心态（1860–1910）》，上海人民出版社，1991，第98页。
2 李天纲：《人文上海》，第4页。
3 卢汉超：《霓虹灯外：20世纪初日常生活中的上海》，第248页。
4 佚名：《社会对于百货商店之观念》，《申报》1926年1月1日，第37版。
5 左拉：《妇女乐园》，第205页。
6 杜恂诚：《1933年上海城市阶层收入分配的一个估算》，《中国经济史研究》2005年第1期第116–122页。

	对应人群	人数（万人）	人数占%	收入总数（万元）	收入占%
第一阶层	特权官僚 上层工商业者	0.9	0.48	61 595	43.33
第二阶层	一般工商业者 一般政府职员 中高级专业人员	23.3	12.34	46 800	32.93
第三阶层	办事员 低级职员	33.3	17.64	13 320	9.37
第四阶层	工人	70	37.08	14 228	10.01
第五阶层	城市贫民	61.3	32.47	6 197	4.36
总计		188.8	100.00	142 140	100.00

表4-3 上海城市职业居民的收入分配（1933年）

"——有什么地方去没有？

——没有。

——我们逛公司去好么？

——好呀！"[1]

这是20世纪30年代上海市民常有的对话，在这里所说的"逛公司"，指的就是百货公司，除了逛公司琳琅满目的百货商品，也逛百货公司的游乐场。相对于百货公司的商品，游乐场的门票收费更是平民化，面向大众。如1921年永安天韵楼的门票为一角五分钱，先施乐园的门票为一角钱；1926年天韵楼和先施乐园的门票价格都上涨了五分，为二角钱和一角五分钱。[2] 花二角钱，就能从中午十二点左右游玩到午夜一点，可参与的娱乐项目有十余项。这相对于上海任何其他娱乐消费来说，都是最低廉的。

加上城市交通的改善和便利，四大百货公司的出现促进了新的城市认同的产生，街坊的重要性被削弱了。在上海先施公司开办之前，人们的消费购物一般集中在其居住地的街坊附近的小店，买卖的人一般都会熟识。然而在四大百货公司开办以后，新的购物方式标志着，人们必须与陌生人进行互动、消费，这不仅让市民形成新的购物习惯，更加改变了城市居民的交流方式和社交文化。

1 王皎我：《百货公司与教育》，《永安月刊》1939年第6期。

2 桂国强，余之：《百年永安》，文汇出版社，2009，第35页。

四大百货公司与社会风尚和民间生活

"离开黄浦滩一哩之遥，在南京路最热闹的一段上，你可以看到上海的三大百货公司：新新、先施和永安，都是世界上稀有的可供人游览的大公司。你在里面便可看到中国的美女了。她也许是一位买办的女儿，身上穿着材料之名贵悦目、剪裁非常之称身的旗袍……，态度非常之贵族化。"[1]

——霍赛，《出卖上海滩》

四大百货公司从多个方面参与了上海新的社会风尚的形成，丰富并且改变了民间的生活。

潮流的引领

四大百货公司在上海新时尚、新潮流的引领方面起了相当大的作用。永安和先施公司基本能够兑现"寰球百货"的承诺，做到从全球各国搜罗最新的商品。往往欧洲刚刚开始流行的商品款式，在永安公司的柜台里也很快能买到。也可以说四大百货公司，尤其是永安公司和先施公司为20世纪20年代上海生活时尚的摩登化提供了充裕的货源。同时百货公司不仅仅是一个买卖东西的地方，它们还相当于一个博物馆或民众教育馆。百货公司的橱窗和展示柜台，所展示的内容能够为市民建构一种未来或理想的生活状态，无形中鼓励市民为此种生活状态而奋斗。百货公司也对市民展示国外的文化和风俗习惯，使上海市民有机会认识和了解西方全新的文化和习俗。如四大百货公司都会在圣诞节前夕做大量的促销，同时在橱窗中或公司入口显眼处布置圣诞树及圣诞老人；永安公司的橱窗中曾展示香皂生产的整个过程；大新公司和新新公司的橱窗常用来展览字画作品、电影海报等。这比博物馆或展览馆专门展示西方的圣诞文化的宣传效果要好得多，因为橱窗和入口显眼处都是临街而设的，无论是南京路上的贵族名媛，还是三轮车夫或苦工，只要他们在南京路上走过，都能看见这种新的文化，了解西方的习俗，知晓先进的技术，欣赏优美的艺术。所以在民国时期的《永安月刊》中，就有人提议让百货公司充分利用其本身的特长和便利，承担一部分教育民众的责任，若真能如此，国家和民族都能蒙受很多福利。[2]

1 余之：《老上海》，上海书店出版社，2003，第185页。

2 王皎我：《百货公司与教育》。

46
永安公司婚纱表演

47
先施公司儿童服装秀

除了商店内的货品和橱窗展示的商品，四大百货公司举办的时装表演也成了上海时尚的风向标。从1924年左右开始流行的时装表演，最初没有专业的时装模特，通常是请明星或沪上名媛或名太来走场，带有娱乐联欢的性质，演的人图的是好玩，看的人也是图好玩。1924年11月，为纪念永安纺织股份有限公司的开业，永安公司举行时装表演会，并发行时装表演纪念册。这一期间流行的是大袖短袄，外罩齐肩马甲，下着淡黄色长裙，下摆排穗，这是中西交融的流行式样。从20世纪20年代末开始，引领上海时装风气的女性，主要有两类，一类主要是福州路上的青楼女子，另一类则是电影女明星。学校女生和名门闺秀紧随这些时装风尚。到1930年代，电影在上海风靡一时，美国好莱坞和英法的电影涌入上海，在沪上电影院中播放，上海本土的电影公司也有不少电影的出产。上海时装的流行风向标就掌握在电影女明星和交际花的手里。大型百货公司、纺织公司和服装公司为了扩大影响、推销商品，便时常举办各种形式的“时装表演”46，参与时装表演的人员也从女明星、交际花扩大到了儿童47。[1] 时装表演的风潮因此得以流行。1935年先施公司先后举行儿童国货时装表演和廉美国货时装表演。[2] 永安公司也曾经在商场二楼举办过时装表演，来推销其公司的成衣。

此外，百货公司发行的各种刊物也是各大公司用来引领城市娱乐风尚的手段，如先施公司曾发行自办的小型日刊《先施乐园日报》，主要内容为先施乐园的演出信息、娱乐花絮、商品广告等等；永安公司天韵楼也发行了自己的《天韵报》，新新公司发行了《新新日报》。其中最著名、影响最大的当属《永安月刊》，于1939年5月创刊，1949年3月止，共发行118期，其目标读者为女性，尤其是主妇等百货公司主要顾客，内容包含永安公司相关广告和信息、小说、家庭生活、社会时政、文坛轶事、文艺随笔、人体摄影、漫画、广告插页等。它不仅是一份广告类的杂志，更是一本海派文化、文学杂志。上述几个刊物不仅仅是单纯的商业广告，它们充分展示了当时上海的社会风情，同时还是城市文化的载体，从中能够敏锐而准确地捕捉到上海城市居民生活的变化。[3]

1　仲富兰：《上海民俗——民俗文化视野下的上海日常生活》，文汇出版社，2009，第42页。
2　佚名：《先施公司举行儿童国货时装表演》，《申报》1935年5月26日；佚名：《先施公司举行廉美国货时装表演》，《申报》1935年5月14日。
3　吴咏梅，李培德：《图像与商业文化：分析中国近代广告》，香港大学出版社，2014，第80页。

身份的标识

正如前文所述，上海市民很早就形成了挥霍、时髦、风流的消费习惯。消费的意义转变成为一种实现自我价值的手段，它与社交联系在一起，奢侈的消费暗示着购买者的经济实力。同样，去百货公司买东西，也是一种身份的标识，虽然百货公司面向大众开放，几乎所有阶层的市民都能在百货公司找到他们能够买得起的东西，然而这显然是分部门来说的。每个百货公司都设有廉价商品部或者折扣处理部，这个部门的设立，就是为了揽住前来消费的低收入阶层市民；百货公司所设的国货部门和日用部门，则是为市民提供价格适中、质量良好的国货商品，适合城市中等收入的市民来消费；另外如进口箱包部门、进口家具或进口化妆品等部门，都为士绅富户提供高级定制服务，这无形中对各个阶层的市民进行了明显的分层。人们为了在社交场合中证明自己的经济实力，往往争相去购买自己能够买得起的最贵的东西。去百货公司“白相”，[1] 对于大部分上海市民来说，是一种谈资，也是一种骄傲。

多维度的活动空间

百货公司不仅仅是提供一个购买商品的活动空间，一个展示商品的空间，还是一个提供美好生活样板的空间——四大百货公司的多样化功能设置，为上海市民提供了丰富的活动内容。游乐场提供了繁杂的、相对廉价的中式娱乐，弹子房、棋牌室、保龄球馆、溜冰场、电影院等从西方引入的娱乐方式迎合各个收入阶层的顾客。各家公司附设的旅馆酒楼，不仅给外地游客提供了一个饮食住宿的地方，也给本地市民提供一个体验不同住宿方式的场所。公司设置的展览馆，在展示和介绍本公司所售商品之外，为上海的文艺美术展览提供了一方角落。正如本雅明认为的，城市中最有意思的空间是拱廊和百货公司，因为它们标志着都市漫游者和都市之间的矛盾关系。上海鲜少拱廊，传统的娱乐场所因其是迎合外地游客和上海小市民的场所，因此并不能与拱廊相提并论。而百货公司是面向任何人开放的场所，同时兼具了各种其他功能，是上海各阶层市民的理想活动场所，同时也是适合中国都市漫游者的场所。

总之，四大百货公司橱窗陈列的商品琳琅满目，广告铺天盖地，入夜之后的霓虹灯更是美不胜收，吃喝玩乐应有尽有，是上海市民重要的购物休闲娱乐场所。逛百货公司也是上海市民的一种生活时尚。[2]

可以说，从先施公司开业以来，四大百货公司以自己的方式改变了上海商业的布局，也改变了南京路传统商业街的面貌。百货公司的业主，不仅是销售

1 吴语词汇，“玩耍”的意思。

2 见上海市档案馆、中山市社科联《近代中国百货业先驱》前言。

商品的商人，还是南京路商业的变革者、南京路新景观的创立者、近代都市商业文化的领袖。[1]四大百货公司创造了百货公司的新文化，同时又将文化商品化，将娱乐商品化，在构建上海这个巨大的消费城市的过程中，起到了非常重要的作用。

百货公司的职员及消费者

百货公司的基本构架大同小异，以先施公司百货部分的部门设置为例，其总共分为五个部门。司理部：主管公司全部事务，共10位员工。进货部：专管公司进货事宜，设总进货员1名，进货员数名。收支部：管理公司财务事宜，设司库1名，收支员数名，内附设储蓄部供市民办理银行业务。[2]文案部：主要管理公司来往数目，负责广告文案、橱窗布置等，设正部长1名，副部长1名，文案员数名。营业部：即百货公司的营业部分，分为5层楼、19个部门，每层楼设监察员1名，每个部门设正副部长各1名，负责管理该部门事宜。

普通职员

> "今天是昨天的连续。电梯继续着它的吐泻。飞入巧格力糖中的女人。潜进袜子中的女人。立襟女服和提袋。从阳伞的围墙中露出脸子来的能子。化妆匣中的怀中镜。同肥皂的土墙相连的帽子柱。围绕手杖林的鹅绒枕头。竞子从早晨就在香水山中放荡了。人波一重重地流向钱袋和刀子的里面去。罐头的溪谷和靴子的断崖。礼凤和花边登上花怀。"
>
> ——横光利一，《七楼的运动》

刘呐鸥翻译的横光利一《七楼的运动》描绘的就是某百货商店七楼的营业员们竞相追求百货业主的放荡子久慈的故事。这段开篇就将每一个女营业员和商品一一对应起来。[3]百货公司除了最引人注目的营业员，还有各类其他工种的员工，多达数百人。

以永安公司为例，在开业之初就拥有600人以上的职员，[4]至1924年，普通职工人数已经发展到多达904人，1926年高级职员的人数为74人。1951年新

1　菊池敏夫：《战时上海的百货公司与商业文化》，第93–103页。

2　司库，相当于财务主管。

3　彭小妍：《浪荡子美学与跨文化现代性：20世纪30年代上海、东京及巴黎的浪荡子、漫游者与译者》，浙江大学出版社，2017，第135页。

4　岩间一弘、甘慧杰：《1940年前后上海职员阶层的生活情况》，《史林》2003年第4期第46页。

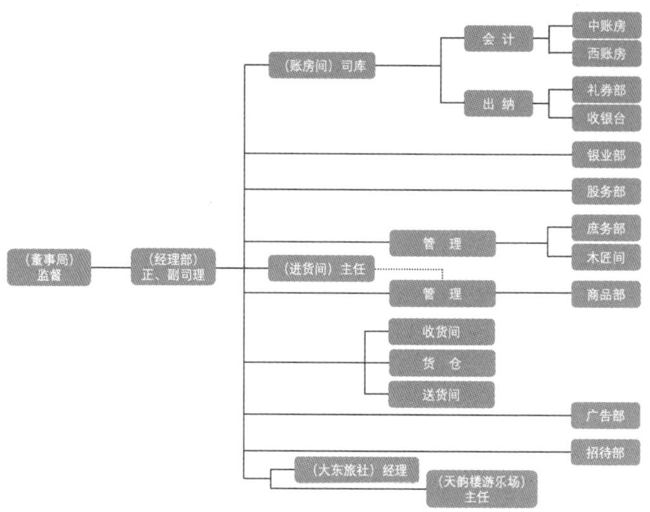

表4-4　永安公司管理架构图

新公司百货部门的人数为493人；[1] 1952年上海总工会的统计数据中，永安公司职工为775人，大新公司职工数为415人；[2] 先施公司1954年的职工人数为541人。[3] 这几家公司经营管理方面，都是学习西方的管理架构，以永安公司为例[表4-4]，董事局和经理部是公司的核心部分，其下分为两大部门：干事部和贸易部。干事部负责公司的各项行政事务，如总务、办货、账房、服务、租务等；贸易部则负责与销售相关的事宜，又细分为40多个商品部，配合商品部的有进货间、收货间、货仓、送货间、招待部和广告部等。总务方面分为庶务部和木匠间，前者负责卫生清洁、水电维修等杂物，后者负责各项装修等。账房间由会计和出纳负责，兼办一部分存款业务。总体来说，这个组织中分三种不同身份的人：监督和司理，他们可以说是公司的所有者；一般的职工，包括职员、营业员、练习生、门警、车夫和勤什人员这一类被雇佣的劳动人员；以及管理级和部长级高级职员。[4]

一般的普通职员，也分为几个等级：练习生、勤杂工、技工、店职员、账房间职员。练习生即公司招的实习生，是一般人进四大百货公司的第一个职位，也是最初级的职位。有意向进入永安公司工作的人，必须先通过各种考试，如英语会话、商业知识和珠算等，永安公司再依据介绍人的地位、公司需要、求

1　《新新公司概况》，上海市档案馆，档案号：Q226-2-13。
2　上海总工会档案：《永安公司 大新公司职工学历统计表》，上海社会科学院历史研究所，No. 51。
3　《中共上海市委私营工业调查委员会关于上海寰球百货商业的调查研究资料之二——有关先施公司的调查报告（草稿）》，上海市档案馆，档案号：A66-1-204-31。
4　上海社会科学院经济研究所：《上海永安公司的产生、发展和改造》，第86–92页。

48
先施公司女营业员

49
先施公司摄影部

职人的仪表等来决定是否录取或收为练习生还是营业员。练习生经过培训才能上岗，工作满三年可以提升为营业员，其工资随着工作年限的增加而逐步增长。在百货公司各部门工作的员工中，练习生占了相当大的比例，人数约为普通员工一半。[1] 尤其是在公司大减价之前，会招募一大批练习生。[2] 练习生的工作也比较辛苦，主要从事搬货、取货、整理货品、掇椅倒茶等。公司也有相关的规定来管理练习生，如永安公司专门制定的“学生应守之规则”中规定练习生不得搭乘电梯，不得进入柜台，不得随处而坐等。

普通职员一般是不需要复杂技术的售货员，按照工作性质，他们还可划分为“站柜”和“跑街”两种。不管是练习生还是营业员，都必须有“铺保”出具保单才能正式进入公司工作。除了普通的营业员，百货公司还会特聘（或者说在员工中挑选）一些面容姣好的女性来做营业员[48]，这些女性营业员对货品的销售有巨大的帮助。[3] 除了女性营业员，男性营业员也必须统一着装[49]。他们不仅必须熟悉商品售价、性能、特色、注意事项、在上海的销售情况、使用方法，还需熟记商品摆放的位置，以及将商品陈列得整齐美观。除此之外，营业员还有一系列工作内容，如顾客定做的商品，要按照顾客的要求与厂方联系，委托加工，并催促交货事宜；折子户中哪一户须本人前来方能付货，哪一户货款未清停止付货等都必须了然于胸。店员分工在1930年以后趋于精细，每一

1 岩间一弘、甘慧杰：《1940年前后上海职员阶层的生活情况》，第46页。

2 百货公司一般每年设六次大减价，即春、夏、秋、冬四季和圣诞节、春节。圣诞节又称冬至汛，春节大减价主要是推销陈货。

3 关于百货公司女职员的调查研究，详见綦娅慧：《浅谈民国时期上海百货公司的女职员——以四大百货公司为例》，华东师范大学，2015。

笔交易需要各部门人员的互相配合，如售货的营业员在一笔生意成交以后，可以让练习生协助结账，自己则转而招待下一位顾客。对于职工的管理，四大公司都有各自的要求，以永安公司为例，该公司在1927年制定了71条“服务规章”，规定员工不得与人争吵谩骂，营业时间不得玩忽职守，应服从公司调遣，对顾客竭诚相待等。但该制度由于职工们的强烈反对，并没有严格执行。

账房间职员的人数也是巨大的，永安公司早期账房间管理人员有300余人，其工资待遇在店员之上、部长之下。技工进公司一般是从临时工开始做，工资待遇与同业者差不多，约八角一天，工作几年之后，公司会挑选技术较好的技工转为正式员工，每月工资一般为20余元。其工作相对稳定，工作时间也比较固定，相较于同业者也算是待遇比较好的。勤杂工的工作性质和技工差不多，岗位没有必要经常变动，工作相对稳定。

四大百货公司在职工待遇方面或多或少优于其他公司，以1927年永安为例，永安公司练习生的月平均工资4.93元，普通员工月平均工资为28.32元，勤杂工的平均工资为16.64元。为了使职工岗位更为稳定，永安公司会根据当年获利的情况给每位职工增加适当的工资，使每位员工的工资收入随着工作年限逐年提高。除了每月固定工资外，还有其他的工资补贴，如延长营业时间，就会有“夜工钱”，在永安公司为期21天的大减价等销售旺季期间，公司会视情况补贴6元点心钱。[1] 另有“厘头”和“生意奖金”，即营业员的营业额超过1000元，公司会发放定量的奖金以示奖励；年末统计的销售前三甲也会获得金额不等的奖励。除此之外，还有“升工”“补工”“年赏”“花红”等收入。[2] 公司不仅提供膳食，也提供少量员工宿舍。由一个高级职员专门负责员工的伙食，每顿饭基本保证有四菜一汤，每逢初一、十五便会加菜，员工伙食的支出占工资总额的30~40%。[3] 普通员工享受的福利还包括能以较优惠的价格购买公司产品、每月职工发放两张理发券、给宿舍职工提供洗衣服务、公司负责职工部分医药费等。四大公司还开设了乐社、剧社以及篮球队等供职工业余消遣，如永安公司郭琳爽酷爱粤剧，永安公司成立了永安乐社，每周进行一次票友聚会，还成立了海鸥剧社[50]，定期排演节目。

普通店员每日工作时间一般为11小时，上午9点至下午8点，大减价时期工作时间延长30分钟。[4] 永安公司和先施公司实行周日休息制度，部分员工周日上午听道、下午工作。[5] 1924年，新新公司率先实行星期日全日休业。

1 徐鼎新：《原上海永安公司老职员座谈会记录》，1979年3月7日，上海市档案信息网。访问日期：2012年10月18日。

2 上海社会科学院经济研究所：《上海永安公司的产生、发展和改造》，第97–106页。

3 徐鼎新：《原上海永安公司老职员座谈会记录》。

4 巴杰：《民国时期的店员群体研究（1920–1945）》，华中师范大学，2012，第32页。

5 郭官昌：《上海永安公司之起源及营业现状》，《新商业季刊》1936年第2期第40页。

50
永安公司海鸥剧社1941年《未走之前》剧照

51
永安公司高级职员合影

52
先施公司参事合影

高级职员

在百货公司的总司理、副司理之下，普通职员之上，还有一批高级职员51，即各个部门的部长52。每家公司对高级职员的挑选都比较严格，尽量安排同乡亲友、从香港总公司调任的职员或者由他们认为可靠的人担任。如永安公司在开业之初的部长和管理级别的职员都是直接从香港总公司选派人员；后来才逐渐改为由公司领导人长期考察之后从上海的职员中提拔人选。[1] 如曾任永安公司皮箱部部长的谢祥麟，于1921年进入永安公司做练习生，一年多以后成为正式营业员，因其服务态度主动、热情、周到，逐渐升职至部长。[2]

各百货公司给高级职员的职权是不同的。如永安公司各部门的部长职权比较大，在业务方面和人事方面都有决定权，并且在管理职工的规章制度方面也有实质的权利。[3] 同时永安公司高级职员的职位比较稳定、不常调动，熟悉本部门货物销售的各种情况，有权决定货品是否需要多进货，是否降价、涨价或大减价。只要高级职员不生异心，这种做法对公司的发展是有利的。而先施公司因怕人才流失对本公司产生不利影响，各部门的部长经常相互调换，对手下职员的情况，进货、销货的详细情况也就不那么熟悉了。[4]

高级职员一般或多或少都购有公司股票，同监督和司理一样，被称为“受

1 徐鼎新：《原上海永安公司职员刘佳彦访谈记录》，1979年3月7日，上海市档案信息网。访问日期：2012年10月18日。
2 徐鼎新：《原上海永安公司老职员座谈会记录》。
3 上海社会科学院经济研究所：《上海永安公司的产生、发展和改造》，第89页。
4 徐鼎新：《原上海永安公司棉布部部长刘蘗（？）访谈记录》，1979年3月7日，上海市档案信息网。访问日期：2012年10月18日。

年份	高级职员类别		总收入	工资和补贴		因受职股东增加的收入	
				金额（元）	占比(%)	金额（元）	占比(%)
1925	管理	职工人均（共16人）	3776	2203	58.3	1573	41.7
		股份1000元的职工人均（共6人）	3116	1945	62.4	1171	37.6
		股份500元职工人均（共1人）	1938	1238	63.9	700	36.1
	部长	职工人均（共53人）	1823	1133	62.2	690	37.8
		股份1000元的职工人均（共19人）	2013	1238	61.5	775	38.5
		股份500元职工人均（共30人）	1600	1021	63.8	579	36.2
1926	管理	职工人均（共18人）	3744	2238	59.8	1506	40.2
		股份1000元的职工人均（共6人）	3251	2078	63.9	1173	36.1
		股份500元职工人均（共2人）	2008	1310	65.2	698	34.8
	部长	职工人均（共56人）	1926	1218	63.2	708	36.8
		股份1000元的职工人均（共20人）	2115	1332	63.0	783	37.0
		股份500元职工人均（共31人）	1631	1029	63.1	602	36.9
1927	管理	职工人均（共17人）	3699	2612	70.6	1087	29.4
		股份1000元的职工人均（共6人）	3152	2300	73.0	858	27.0
		股份500元职工人均（共2人）	1875	1391	74.2	484	25.8
	部长	职工人均（共59人）	1870	1338	71.6	532	28.4
		股份1000元的职工人均（共20人）	2047	1459	71.3	588	28.7
		股份500元职工人均（共33人）	1692	1253	74.1	439	25.9

表4-5　永安公司百货商场高级职员收入表

职股东”。高级职员的收入相当丰厚，其收入除了公司的工资和补贴之外，还有股息收入、花红收入以及板箱钱。[1] 甚至从1925年起，受职股东退休之后还可以领取养老金。以1927年为例，永安公司各部门部长的平均年收入达1870大洋元，管理级职工的收入则更高，平均达3699大洋元[表4-5]。[2]

消费者

“镜秋回头时看见是青云一个人，手里拿着一大堆物品，被大百货店的筑建的怪物吐出在大门口。

——快来给我帮忙一下。

这是命令，镜秋想着，走上去。

于是镜秋便跟着她横断了油滑的马路再进对面的一间百货店里去。绸缎部哄聚着一切虚荣的女人们这种好，这个也要，长三在狎客的脸前不顾他的眼睛变黑，变白，甜蜜地说着。全丝面的法国缎子是灯光下的镜子。”

——刘呐鸥，《都市风景线》

1　板箱钱，即该部门出售用过的包装木箱、铅皮等的收入，在早期都归本部门的受职股东所有。

2　上海社会科学院经济研究所：《上海永安公司的产生、发展和改造》，第90页，表27。

"——真的吗?
——我看着那店窗，便想那是使人们的感情浪漫起来的美丽的象征!
——真的吗?
——我是刚从那将人如蚂蚁似地吐出的大公司门口，也做了其中的一人，被吐出来的。许多的背脊，赶过我面前，重重叠叠，使那怪寂寞的背面深印在我的眼里，一个个消灭去。街上雾又很大，雾里又是电车的警醒的铃声啦，汽车的前灯啦。光线一转，那光轮中便无声无嗅地蠢动着像海底的鱼群一样的人，人，人，人，……我举头一看，那个百货店哪，店门已经关着，灯也熄了。建筑物的外形溶化在雾中，谁也不明白它和空中的界线。这时不料看见高高的上面的一处还有一个灯光。大概是那留在办事室里办理残务的人们吧。……"

——池谷信三郎，《桥》

在刘呐鸥和池谷信三郎的文字里，百货公司就是一个象征，用来体现都市欲望和物质文化，渲染现代都市的奢靡和放纵。

在百货公司创办之初，永安和先施公司都是打着"经营寰球百货"的口号，经销进口的高档商品，所以其早期的服务对象也以中外上层人士为主。1931年，永安公司出售进口商品营业额是国货的三倍有余，其中高档商品占83%，中低档商品占17%。相对于永安和先施，新新公司和大新公司经营的货品中国货的比重要稍微大一些，但总体来说也是以进口商品居多，档次相对较高。由此可见，四大百货公司的消费者也是以上层人士和富户为主。总体而言，百货公司的顾客可以分为四个大类：折子户、外地游客、散客、邮购客户。折子户，是四大百货公司极力争取的服务对象，通常是各国的领事，国民党政府的权贵以及社会闻人和豪门大户，各百货公司会主动联系他们，邀请他们成为折子户。对于一般的富户，须经介绍、公司考核，认为比较可靠，才能发出折子。拿到折子的顾客到百货公司来消费，不用当场付钱，只需要在折子上记一笔账，每年在端午、中秋、春节三个时节一次性结清之前的账款。[1] 对于折子户的个人喜好，营业员需要铭记于心：在他们选购商品时，营业员会为其奉上他们常喝的茶或者香烟、雪茄等；营业员也会依据折子户的喜好将店内新到商品优先提供给折子户来挑选。小小的折子体现了客户的身份和地位，于是城中的富户争相开户，唯恐拿不到折子失了面子。在1923 年，永安公司仅外国人折户就已经有1000

1 外国人的折子户则是一月一结。

53
一位普通市民站在柯思禄洋行橱窗前

多户，中国人的折子户多达3000余户。[1] 他们构成了永安公司最稳固的客户群。

除了折子户，能在百货公司购买大量货品的顾客还有外地游客。到上海来的外地游客，其中很大一部分是有经济实力的乡绅世豪，他们到了上海，为四大百货公司带来的不仅仅是百货店里旺盛的购买力，更有住宿、膳食、游玩等消费需求，四大公司综合的功能布局让他们在一幢大楼里面所有需求都能得到满足。这类消费者大多会每年甚至每月定期到上海采购，带着大量现金来消费，临走时还会购买相当数量的商品。也正是出于这一考量，马应彪在为先施公司选址时，考虑到浙江路南京路路口有一路直通上海火车站的公交车，能够给他们带来大量的外来游客；永安公司安排懂各地口音的营业员站柜；各大公司在大减价前几天，都派人去沪宁、沪杭铁路沿线各镇张贴广告，并在进上海的铁路沿线房屋墙面上涂刷大面积的公司广告等。

散客，即上海本地普通市民，定期会逛各大百货公司，其范围很广，有富户名媛，也有中小市民，他们是四大百货公司消费群体中的中坚力量[53]。如单身的女工在休假的时候就喜欢逛百货公司，为自己添置衣服和饰品。[2] 各大公司除了备有高档货品满足富裕顾客的需求外，每家公司也或多或少备有中低档商品来迎合一般市民的需要。永安公司经销的中低档商品，大部分仍是舶来品，主要是放在商场一层出售的各类日用商品。这类消费者平时到百货公司消费额

1　上海社会科学院经济研究所：《上海永安公司的产生、发展和改造》，第27页。
2　郭冰茹：《20世纪中国小说史中的性别建构》，华东师范大学出版社，2013，第51页。

并不大，但每当换季，人们需要添置衣着时，这一群体购买力强大，此时设计的大减价更能刺激他们的消费欲望。四大公司的散客群体除了中国的游客，还包括到沪做短暂停留的水手。他们也会在各大公司消费，购买皮箱一类的商品，在百货公司附属的酒吧消遣。

第四类人群大多是曾在上海生活的外商和传教士。他们离开上海去往其他外埠城市后，在当地买不到原先吃穿用度的商品，只能向上海的四大百货公司申请邮购。此外还有在中国其他地方生活的乡绅富户，也需要定期购买各公司的优质产品。基于这种需求，永安公司率先在1920年成立专门的邮售业务部，为这一部分顾客办理邮购业务。

城市游民

这里城市游民，指的是两类人，一类是本雅明和阿伦特都注意到的"游荡者"（flaneur），他们并不是"打着哈欠到处闲荡，它应是一种文化态度和文化政治，因为它产生了各种文化作品，如小说、抒情诗、绘画、散文、随笔、摄影、电影等等"，[1] 他们有着丰富的信息来源，却不用承担权力带来的责任，从而能以自由的心态对社会进行观察和介入。如刘呐鸥、施蛰存、穆时英、徐霞村等人，也正是他们，孕育出了20世纪中国人最引以为骄傲的一批文学艺术作品。[2] 这些文学作品或电影作品的故事，一般发生在百货公司、咖啡馆、舞厅、夜总会、电影院、跑马场、公园等充满消费气息的现代都市空间中。可以看出拥有多种功能设施的四大百货公司是构筑欲望城市必不可少的景观和背景。如施蛰存的小说《特吕姑娘》，讲述的是发生在百货公司的故事，营业部长教导店员秦贞娥：公司与店员的关系是一种企图双方繁荣的合作，秦深以为然并努力工作，却引来同事的嫉妒和总经理的批评。

54
百货公司橱窗前的乞讨者

但在现实生活中，百货公司除了是他们观察人生百态的场所，也是他们小圈子之间相互交流的地方。永安公司的大东茶室，室内环境幽雅、舒适，适合看书、写稿，是当时文坛各界人士汇聚之地。文艺作家和新闻记者，在此处交流作品、互通稿源。[3] 20世纪30年代，作家巴金与萧乾、黄源、杨朔、孟十还等人聚首的地点一般都在大东茶室。[4]

另一类城市游民则指的是在上海的各类无业游民，身份

1　海因茨·佩茨沃德：《符号、文化、城市：文化批评哲学五题》，邓文华译，四川人民出版社，2008，第77页。
2　高建平：《美学的围城：乡村与城市》，《四川师范大学学报》2010年第5期第34—44页。
3　桂国强，余之：《百年永安》，第34页。
4　傅光明：《萧乾散文：上册》，中国广播电视出版社，1997，第392—393页。

复杂，一般从事乞讨、偷窃、抢骗等活动，有些则处于帮会的控制之下。如上海有一类乞丐，他们既不沿街乞讨，也不桥面拉车或地上告状，而是专门站在各大百货公司和各大银行门口行乞[54]，见到穿着体面的外国妇女，“就马上毕恭毕敬地立正，行鞠躬大礼，口中则‘密斯’长、‘密斯’短地唠叨，直到得了钱，才逡巡而去”。[1]

“洋文化”传播模式的反思

早期“洋文化”的传播模式

在1840年以前，受过教育的中国人毫不犹豫地坚信中国作为世界的中心以及中华文化的优越，相信中国的价值观和文化规范是永久合理并且具有终极意义的，中国人的标准，就是文明的标准，时代的象征。[2] 然而从1840年开始，中华文明乃至中国几乎所有一切都受到前所未有的挑战，人们看到自己面对的，绝不是一个粗蛮不文的、文化落后的、马背上的战胜者，人们开始渐渐意识到西洋文化的过人之处。然而中国人并不是从一开始就都以拥抱的姿态对待这种先进文化。在19世纪末，中国人将洋人及其文化比喻做动物来加以贬低和嘲弄，但这种自以为是的信心很快被炮火摧毁殆尽。在20世纪初的义和团冲突中，中国排外人士的信心被完全摧毁，排外文学中的中国人就成为任人宰割的牛马形象。[3] 不同地域的中国，对外来文化的接受程度也不尽相同，比如上海和广东，同样是西方文明最早传入的地方，对于接受外来文化的积极性却大不一样。广州人在鸦片战争以后，对外侨表示强烈的憎恶，而上海虽然不是在本意上愿意和外侨亲善，但是至少愿意和外侨做半推半就的接近。[4]

中国近代建筑和城市建设方面的发展过程，不仅是引进西方建筑样式和西方建筑技术的过程，也是引进西方建筑体制和建筑观念的过程。这个过程，一开始都是由西方人主动带进来的。如上海公共租界在1854年正式成立工部局，

1　孙逊、杨剑龙：《全球化进程中的上海与东京》，上海三联书店，2007，第265页。

2　柯文：《在传统与现代之间——王韬与晚晴改革》，雷颐、罗检秋译，江苏人民出版社，2003，第16–20页。

3　黄贤强：《跨域史学：近代中国与南洋华人研究的新视野和新史观》，厦门大学出版社，2008，第23页。

4　乐正：《近代上海人社会心态（1860–1910）》，第26页。

负责管理市政建设、城市公共环境等。不论是出于改善其自身居住环境的目的，抑或是出于市民意识，或许带有某种商业目的，租界的管理者热衷于租界建设，并颁布了《土地章程》，对城市基础设施建设、公共秩序、居住者行为规范等都做了要求，如"商人租地并在界内租房……应行公众修补桥梁、修除街道、添点路灯、添置水龙、种树护路";"不得占塞公路，如造房、搭架、檐头突出、长堆货物等"。[1] 这些规定和建议都是现代城市管理理念的萌芽。

在建筑方面，最开始租界内大批的西式房屋也是由西方人设计建造，或者依据从其他殖民地城市带来的图纸建造。最初在上海租界从事建筑设计的并不是专业的建筑师，而是闯荡世界的冒险家，被人们称为"渡海建筑师"，他们一般是多面手，能够从事码头、堤岸、上下水道、道路等基础设施以及房屋、工厂建造的，能胜任多个领域的工程师，如英国工程师瓦特斯（Thomas James Waters)、哈特（John William Hart)、希林福特（A. N. Shillingford）等，业务涉及土木、建筑、机械、测量、上下水、煤气、电灯、铁器制造、房地产、造船等行业。他们设计的建筑大多带有浓厚的殖民地建筑风格，大部分建筑都是方盒子形体，简单而平缓的斜坡屋顶，带有白色列柱形成的外廊。随着租界内的外侨对生活品质要求的提高，他们对建筑的要求越来越高，新的设计和材料不断引入，从19世纪70年代开始，殖民地外廊式建筑越来越向西方古典建筑风格靠拢——先是维多利亚风格的清水砖墙立面处理手法大量地运用，然后是古典建筑语言的运用，再到现代主义建筑语言的使用。[2]

"洋文化"传播模式的转变

一般认为，西方建筑传入中国的模式最开始是纯粹由西方人带入、中国人被动吸收；在庚款留学归来的建筑师开始独立开办建筑师事务所之后，开始转向由中国人主动去学习并运用。有学者认为，中国现代诸多建筑类型如办公、银行、饭店、交通、医院、商业、娱乐、公寓等，都是一个"令人心酸的被动输入的过程"。[3] 这种论调显然是有失偏颇的。

事实上，近代的民间，对"洋文化"的学习已经早早开始，上海市民以及建筑营造业从业者早在19世纪末就已经注意到洋建筑的优胜之处，他们很愿意接受和使用西洋的建筑，并不自觉地在其中融入中国传统的元素。如他们早期建造石库门房屋时，一方面积极地面对和吸纳西方建筑的材料、技术和局部

1　马长林、黎霞：《上海公共租界城市管理研究》，中西书局，2011，第56页。
2　郑时龄：《上海近代建筑风格》，第164页。
3　邹德依：《中国建筑史图说：现代卷》，中国建筑工业出版社，2001，第8页。

元素；另一方面选择忽略与日常起居方式所对应的西洋建筑平面布局。[1] 但是这种学习，并不是建立在他们直接去西方面对全新的世界习得的经验基础上的，而是建立在中国传统对于建筑的理解之上，是对在中国的西洋文化和西洋建筑进行二次吸收的过程。

从文化传播的角度来看，中国人由被动地接纳西方全新的文明到直接主动学习，外国华侨可谓是开风气之先。如四大百货公司的业主和股东们，大多是南洋华侨。他们都是在少年之时远赴澳大利亚做生意，少年时期的人往往对于新的环境和文化有着更强的感知能力和学习能力。他们在悉尼生活了相当长的时间：马应彪在悉尼生活12年之久，郭乐为10年，李敏周生活时间最长，达23年，蔡昌也在悉尼生活了8年。长时间的侨居生活使他们对当时悉尼的文化和社会都有比较深刻的理解和认同，也对西方的文化和建筑有更明显的好感，也更愿意将侨居国的商业文化带回到中国来，反映在建筑上就是新的建筑空间、工艺和样式。

因此，马应彪和郭氏兄弟等人，在悉尼亲眼目睹了安东尼·荷顿和大卫·琼斯这些百货公司从原来的小店铺成长为大型的百货公司，并打算沿袭它的发展模式在中国开一家小型的百货铺，就意味着他们将一种全新的建筑类型和消费文化引入中国。虽然英商四大公司早于四大百货公司而建，但它们对中国零售业的发展并没有给予直接的影响。[2] 引导上海商业建筑进入一个全新状态并最终使南京路街道整体繁荣的决定性因素，其实是先施和永安为首的四大百货公司。

百货公司特殊的传播模式：间接模仿与再创造

以百货公司为例，新建筑类型的传播路线并不一定只是由外籍建筑师从欧洲直接引入中国，还包括凭借华侨的主动意识，从侨居地辗转引入中国。

在中国，无论是香港、广州还是上海，百货公司最早都是由西方人开设的，与英国的百货公司基本一致，但规模相对较小。新建筑的出现和传播，并不仅仅是建筑师以及相关建筑从业人员在其中起到关键的作用，民间的商人、华侨以及其他非建筑业人员在建筑文化的传播中也起到了非常重要的作用。

马应彪和郭氏兄弟等人在悉尼的中国城开设果栏，一街之遥便是当时悉尼最大的百货公司安东尼·荷顿[55]，他们之间还有生意往来，可以说马应彪和郭

1 王鲁民：《观念的悬隔——近代中西建筑文化融合的两种途径研究》，《新建筑》2006年第5期第54–58页。.

2 菊池敏夫：《战时上海的百货公司与商业文化》，第93–103页。

氏兄弟对百货公司的最初认识以及所有构想都来自这家公司。他们日后的回忆中也曾透露，他们在悉尼时便有意去观摩、学习悉尼百货公司的经营，安东尼·荷顿百货公司当时的老板也鼓励他们回国创业，并主动给他们介绍百货公司经营的经验，和他们讨论百货公司的经营问题。马应彪等人先是将这种新的经营方式带到中国的香港，开始他们的实践。起先，他们并没有足够的资金来开设一家大型的百货商铺，而是从仅有一间店面的小店铺开始经营百货商店的理念。先施公司直至1909年在香港德辅道开设六间门面、三层高的分店，才真正成为一家百货公司。百货公司自从在香港开设之后，就不断地拓展其业务，将其他功能整合到百货公司中去，这也呈现出与英商百货公司不同的发展特点。

百货公司的业主，在悉尼经商时期并没有积累经营百货公司的经验，他们和百货公司的关系也仅仅是购买者和出售者的关系。也正是由于没有经营经验，马应彪等人对于百货公司的经营项目有着比较宽泛的定义，他们并不拘泥于出售日用百货商品，而是将原本经营的一些业务一并带入到自己的百货公司中，创造更多的商机，并最终将衣、食、住、娱乐、金融等功能都纳入到它的体系中。这也是对新的文化吸收以后进行再创造的一个过程。民族企业家在上海开办的百货公司，因结合了澳大利亚百货公司、其自身的产业（金融业）、在香港广州发展起来的旅馆业、上海本地流行的屋顶游乐场，营建出一个可以让顾客在其中生活的场所，这也是传统零售业走向现代零售业的开始。

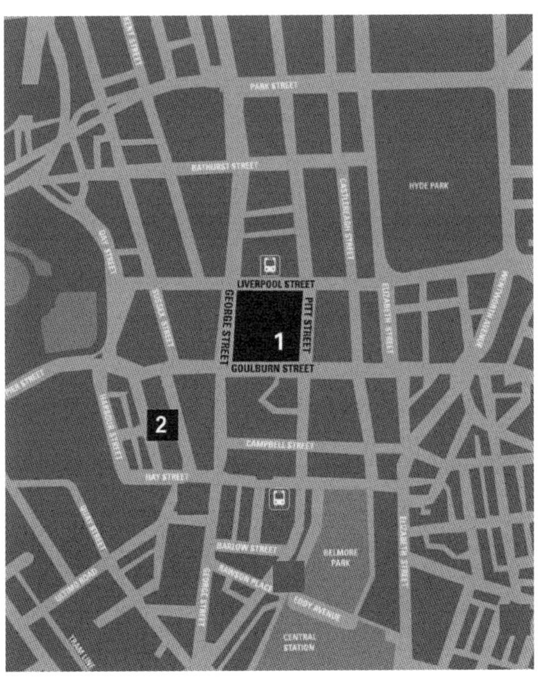

55

悉尼唐人街与安东尼·荷顿百货公司位置关系

1为唐人街区域

2为安东尼·荷顿公司，现为世界广场

体现在建筑上首先就是功能的混杂性。各大百货公司大楼都是多种商业、娱乐业功能共存的商业综合体，如何处理各功能之间的关系，每个百货公司略有不同，也是一个功能逐渐优化的过程。先施公司的七栋相对独立的建筑分为五大类功能，每一栋楼的功能相对简单；永安公司将两栋楼的功能分区有机联系在一起；新新公司首次将所有功能安排在统一的大空间内，但其布局并非完全合理；几年后的大新公司和新新公司一样，但其平面布局、功能安排已经趋于理性、成熟；永安新厦则是在竖向上安排不同的功能达到商业空间利用的最大化。

在建筑空间上，先施公司的7号楼（百货部门与旅馆部分）是与欧洲百货公司最有共同语言的。其最明显的特征便是通高的中庭空间带来的社交、展示功能，这在另外三家百货公司大楼中均不得见。大新公司和永安新厦虽然底层有夹层，夹层四周有走廊，形成高阔的室内空间，但这一处理手法显然不是来自欧洲的百货公司建筑语言，而是来源于美国。

建筑顶部高耸的尖塔也是上海四大百货公司自身的再创造。尖塔在细部上无论是呈现巴洛克、古典主义还是折衷主义的特征，其整体意象都是一种追求向上升腾、追求高度的哥特式建筑景观。百货公司屋顶乐园的设置也是其不同于欧美百货公司建筑的一种演变。屋顶乐园的主要活动空间并没有固定的建筑物或屋顶覆盖，相当于将中国传统的庙会移植到了百货公司的屋顶，并与现代西方娱乐活动结合在一起。

总结

总之，从悉尼到香港，再从香港到广州，随后到上海，再分散传播到中国各地，这样的传播路线不同于俱乐部、银行等类型的建筑，百货公司建筑有其独特的传播路线。中国民族百货业以悉尼的百货公司为原始模板，最终发展出大型综合功能的百货公司，其实现地就在上海的南京路。在百货公司没有引入上海之前，上海已经发展成为东亚最繁荣的港口之一;南京路也有取代福州路、广东路，成为上海最繁华的、集娱乐商业于一体的消费中心的趋势；上海的城市基础设施建设也给百货公司提供了基础设施的保障；传统建筑逐渐式微、西方移植过来的建筑形式已经被市民广泛接受；上海市民及时行乐、炫耀性消费习惯带来了生活方式的巨大转变。所有这些背景因素都是百货公司在上海开设的必备条件，也是四大百货公司在上海缔造百货帝国不可或缺的因素。

不可否认，上海的四大百货公司—先施公司、永安公司、新新公司以及大新公司的建筑活动彻底影响了南京路的街道空间，其高耸于建筑顶部的塔楼改变了民国上海市中心的城市景观和天际线。正是百货公司的存在，确保了南京路作为近代上海商业娱乐第一街的地位；它们在不同程度上影响了上海商业、娱乐业的布局。此外，百货公司对上海市民的现代化进程也有深远的影响，它不仅改变了市民的购物习惯、社会风尚和民间生活，更是实现现代性想象的中介。在建筑史中，四大百货公司的建筑成为近代百货公司的典范，尤其是永安公司和大新公司，对全国各地的百货公司建筑的影响一直持续到20世纪80年代末，之后仍对小型百货公司产生了深远的影响。

附　录

艾略特·哈沙德：一位美国建筑师在民国上海[1]

在20世纪20年代至30年代的上海执业建筑师中，美国建筑师艾略特·哈沙德[1]是最为多才多艺、多产和备受推崇的建筑师之一。他那风格多样的建筑为上海增添了国际风格的特征。1987年，在一项久负盛名的对西方建筑的调查中，哈沙德得到了进一步的认可：《弗莱彻建筑史》一书收录了六个民国时期杰出的外国建筑事务所或顾问，哈沙德是其中之一。[2] 出版于1988年，作为最早的关于上海建筑的中文书籍之一，作者在论述一战以后外国建筑师在上海的活动时，简单评论了三个建筑事务所作为该时期代表的外国事务所，哈沙德事务所就是其中之一。他们描述哈沙德设计的建筑类型很丰富，赞赏他独创性地在其立面上用砖作装饰，而室内装饰则趋于简单的处理手法。[3] 在80年代末，上海政府开始意识到老建筑的文化意义，将其中一批列为历史保护单位或强调其历史重要性。大部分由哈沙德设计建造的房屋都出现在这份名单上。[4] [5]

1

艾略特·哈沙德肖像

本译文所有图片均出自《艺术史研究第12辑》，图片的使用已经得到原作者的许可。

尽管备受公众认可和业界赞许，也被认为是20世纪二三十年代上海重要的外国建筑师之一，但哈沙德在上海以及中国其他城市的建筑作品非凡广度和重大意义从来没有得到充分的讨论。例如，他的建筑（大部分都基于美国原型）在多大程度上为上海本已混杂的建筑景观带来了风格上的多元性，这一点没有得到足够的研究。

本文通过调查艾略特·哈沙德在美国和中国的职业生涯，强调他为上海建筑和城市景观所做的贡献，来弥补这一欠缺。

1 英文原文刊载：Ellen Johnston Laing, "Elliott Hazzard: An American Architect in Republican Shanghai"，《艺术史研究，第12辑》。经原作者的允许和授权，本书作者翻译整理，部分翻译内容见：梁庄爱伦《艾略特哈沙德：一位美国建筑师在民国上海》，周慧琳编译，《建筑师》2017年第3期第122–129页。此处刊载的是全文翻译。

2 John Musgrove, ed., *Sir Banister Fletcher's A History of Architecture, 19th edition* (London and Boston: Butterworths, 1987), 1450.

3 陈从周、章明：《上海近代建筑史稿》，三联书店，1988，第222–23页。

4 这份名单可见于：沙似鹏编著《上海名建筑志》，上海社会科学院出版社，2005，第844–947页。.

5 1989年9月25日，上海市人民政府批复同意59处优秀近代建筑作为上海市文物保护单位，这59处建筑也是上海第一批优秀近代建筑。哈沙德设计的华安大楼、西侨青年会大楼和永安新厦都在这份名单中——译注。

2
1850年左右
上海外滩

3
1932年左右
上海外滩

背景

在第一次鸦片战争（1940—1942）结束后签订的《南京条约》（1842）中，中国开放了包括上海在内的五个通商口岸。到1880年左右，上海已经成为中国最重要的经济、贸易、工业中心。来自英格兰、美国以及法国的外籍人士在老城厢附近无人居住或人烟稀少的地带划出一块地方作为自己的聚居地。随后英格兰和美国的租界合并在一起，称为公共租界，而法国的租界仍然是独立的。上海的商业和银行中心就位于外滩附近，和他们在上海的住宅一样，西方人带来了他们最熟悉的建筑式样。[1] 在20世纪初，外滩沿线的建筑大多是三层或四层楼高的外廊式木结构房屋2。[2] 在一战后租界建设的高峰期，这些简易的房屋都被巨大的带有柱廊立面的建筑所代替。到1930年代，商业建筑那高耸的天际线占据了整个外滩，这在当时的中国也是绝无仅有的3。

在19世纪末，像伦敦、纽约这些商业资本集中的城市，意大利文艺复兴时期富丽堂皇的建筑形式和古典细部被有意地运用在商业建筑中，来象征意大

1　19世纪末20世纪初，在上海活动的八个建筑工程单位及其作品详见：Arno Wright and H. A. Cartwright, ed., *Twentieth Century Impressions of Hong Kong, Shanghai, and Other Treaty Ports of China: Their History, People, Commerce, Industries and Resources* (London: Lloyd's Greater Britain Publishing, 1908), 3:604, 622–634. 上海早期建筑发展详见：Jeffrey W. Cody, "The Woman with the Binoculars: British Architects, Chinese Builders, and Shanghai's Skyline, 1900–1937," in *Twentieth-Century Architecture and Its Histories*, ed. Louise Campbell (N. P., 2000), 251–274；沙似鹏《上海名建筑志》，上海社会科学院出版社，2005，第1–11页，以及后面的章节都有很详尽的调查。

2　Jon W. Huebner 对上海外滩建筑挨个进行的论述，以及上海市区建筑的简述都是非常好的资料（Jon W. Huebner, "Architecture on the Shanghai Bund," *Far Eastern History* 39 [March, 1989]: 209–269）。也可见于 Eric Politzer, "The Changing Face of the Shanghai Bund Circa 1849–1879," *Arts of Asia* 35, no. 2 (March-April 2005): 64–81。最完整和详尽的外滩及南京路建筑调研之一是常青：《大都会从这里开始》。

利富商，继而强调现代商人的成功和财力。[1] 在上海，商人同样倾向于采用意大利文艺复兴风格的建筑形式。少数大型的建筑事务所，如英商公和洋行几乎垄断了这一风格的项目。他们专注于这些大型商业公司的委托，以这种单一风格设计建筑物，鲜少以其他风格设计其他类型的建筑物。

在外滩之外，外侨们以他们家乡的建筑式样来为自己建造寓所；随后富有的中国买办、商人也会模仿这些巨大的府邸。这些寓所包括维多利亚时期的砖构公寓、英国乡村别墅、挪威乡村别墅以及宏伟的半都铎风格的住宅。外侨还建造了带有高耸尖塔的教堂、多层楼的酒店、电影院以及在市中心带有看台的跑马场。[2]

一战后的建筑潮为小型建筑事务所提供了机会。这时，艾略特·哈沙德也找到了其设计多样建筑风格的契机。

在大型的建筑设计机构和独立建筑师事务所的共同作用下，上海的城市景观转变为现代都市景观。这一时期在上海的诸多大型外国建筑师事务所中，只有公和洋行、墨菲事务所这两个事务所得到了广泛且持续的学术关注。[3] 1949年以前，在中国的外籍独立建筑师鲜少受到关注。出生于捷克的建筑师拉斯洛·邬达克（1893—1958）是个例外，他设计的四行储蓄会大厦（Park Hotel）是装饰艺术风格的经典之作。[4] 但他的生活以及职业生涯有待更深入的解读。同样，在中国工作过的其他外籍建筑师的建筑成就，有待在意义深远的背景下进行系统的研究和评价。

艾略特·哈沙德在美国

艾略特·W.哈沙德（1879—1943）在南卡罗来纳州乔治市贝内文托（Benevenum）一个水稻种植园长大，该种植园于1746年前后建成[4]。其房屋有

1 Winston Weisman, "Commercial Palaces of New York 1845-1875," *Art Bulletin* 36 (1954): 286；同样见于 Kenneth Turney Gibbs, *Business Architectural Imagery in America, 1870–1930* (Ann Arbor: UMI Research Press Architecture and Urban Design, 1984).

2 上海住宅以及公共建筑的地域风格详见：郑时龄《上海近代建筑风格》，上海教育出版社，1999。尤其是第六章。

3 墨菲事务所详见 Jeffrey W. Cody, *Building in China: Henry K. Murphy's "Adaptive Architecture" 1914–1935* (Hong Kong: Chinese University of Hong Kong, 2001). 公和洋行详见 Malcolm Purvis, *Tall Stories: Palmer & Turner, Architects and Engineers, the First 100 Years* (Hong Kong: Palmer and Tuner, 1985). Cody 的著作 *Exporting American Architecture 1870–2000* (London and New York: Routledge, 2003) 中也提供了大量线索。

4 详见1998年 Lenore Hietkamp 在维多利亚大学的硕士论文"The Park Hotel, Shanghai (1931–1934) and its Architect, Laszlo Hudec (1893–1958): Tallest Building in the Far East' as Metaphor for Pre-Communist Shanghai." 以及她的论文 Lenore Hietkamp, "The Park Hotel: A Metaphor for 1930's China," in *Visual Culture in Shanghai, 1850s–1930s*, ed. Jason C. Kuo (Washington, D. C.: New Academia, 2007): 279–332. 同样见于：宋路霞《回梦上海大饭店》，上海科学技术文献出版社，2004，第107–140页；娄承浩、薛顺生《老上海经典建筑》，同济大学出版社，2002，第4–7页；沙似鹏《上海名建筑志》，第137–141页。

4
1746年的南卡罗来纳州Benevenum

5
Hobart A. Walker and Elliott Hazzard, 鱼类批发市场，组约市比克曼大街，靠近东河，1910

着古典的柱廊、平缓的坡屋顶和双烟囱，这是美国南方典型的殖民地种植园建筑。长大后的哈沙德在“城堡”（南卡罗来纳军事学院，South Carolina Military Institute）学习三年，然后进入乔治亚州理工学院（Georgia Technological Institute）学习两年建筑（1898—1899）。[1] 1900年他迁居纽约。

在纽约，哈沙德先在布鲁斯·普莱斯（Bruce Price, 1845—1903）手下工作，后者以设计木瓦房子和郊区塔克西多公园（Tuxedo Park）附近的私人住宅而出名。[2] 哈沙德在普莱斯1903年去世后继续留在其事务所工作。普莱斯的合伙人亨利·德·希布尔（Henri de Sibour）“在普莱斯去世后继续主持公司事务好多年”。[3] 哈沙德随后跟随斯坦福·怀特（Stanford White，1853—1906）一起工作，后者是著名的麦金、美德与怀特（Mckim, Mead & White）事务所的合伙人之一。该事务所是当时世界上最大的建筑师事务所。[4] 他们雇佣了大量助手、绘图员以及从业人员。据小山姆·H. 格雷比尔（Samuel H. Graybill, Jr.）回忆，普莱斯合伙人很少，但他往往有“50名经验丰富的职员”。[5] 1902年麦金、美德与怀特事务所的员工人数达到100人。[6] 但是没有档案记载哈沙德在布鲁斯·普莱斯和斯坦福·怀特那里分别有什么建筑实践。据艾略特·哈沙德的小儿子迈克尔·哈沙德（Michael Hazzard）透露，他父亲被怀特聘用，“每周13美元的薪水。罗德与泰勒（Lord and Taylor）大楼（百货公司）是他（哈沙德）在纽约建成的建筑之一。此外，他还参与设计了老齐飞格剧院（Ziegfeld Theater）”。[7]

1905年，哈沙德在纽约第五大道571号成立了自己的事务所；1907年他将事务所搬到第五大道437号的柯纳波大楼（Knabe Building），与赫伯特·A. 沃克（Hobart A. Walker）合作成立新的事务所。该事务所随后设计了鱼类批发市场，于1910年建成[5]。该市场位于比克曼大街尽端，靠近东河，该项目的难

1 艾略特 哈沙德的儿子迈克尔 S. 哈沙德曾于2002年1月26日写了一封信给作者，提供了大量哈沙德的信息。相似的资料也可见于Tess Johnston and Deke Erh, *Frenchtown Shanghai:Weatern Architecture in Shanghai's Old French Concession* (Hong Kong: Old China Hand Press, 2000), 77.

2 Cody, *Building in China*, 142 n 82. 普莱斯的作品详见于：Norval White and Elliot Willensky, *AIA Guide to New York City*, 4th ed. (New York: Three Rivers Press, 2000), 22, 129, 197, 232, 257, 403, 474, 509.

3 Samuel H. Graybill, Jr. "Bruce Price, American Architect, 1845–1903." (PhD dissertation, Yale University, 1957), 6–7.

4 关于斯坦福 怀特，比较权威的著作是Charles C. Baldwin, *Stanford White* (New York: Dodd, Mead & Company, 1931).

5 Grabill, *Bruce Price*, 6.

6 Leland M. Roth, *The Architecture of McKim, Mead & White 1870–1920: A Building List* (New York and London: Garland Pubilshing, 1978), xxxv.

7 Johnston and Erk, *Frenchtown Shanghai*, 77. 哈沙德在该建筑或老齐飞格剧院项目中的作用并不明了。关于罗德与泰勒百货公司历史的书籍中也没有建筑师的记载（*The History of Lord and Taylor* [Centennial Publication], New York: Lord and Taylor, 1926）.

点在于部分建筑要建造在水面之上，而其钢框架又必须要远离盐水的侵蚀；最终这一目标通过用混凝土包裹钢框架来达成。该建筑被誉为“现代钢筋混凝土结构的典范”。[1] 1910年前后，温德尔·P. 布莱顿（Wendell P. Blagden，1882—1938）加入了哈沙德的事务所。他们参加了位于弗吉尼亚州列治文的联邦纪念堂（Confederate Memorial）6的投标。该方案中巨大的柱廊显然源自弗吉尼亚大学的杰弗逊纪念堂7，但该方案并没有赢得最终的投标。1910年沃克和哈沙德设计了一栋位于纽约长岛的格雷特内克（Great Neck）的私人住宅8。该住宅是“英国路边小屋”风格，以拉毛木板为特征，木瓦屋顶上用圆形屋檐、屋脊，以及局部出挑和凹槽来模仿茅草屋顶。1914年，哈沙德为玛格丽特·瓦尔多夫人（Mrs. Margaret Waldo）设计了一座相似的小屋，同样位于长岛的格雷特内克。[2]

6
Hobart A. Walker, Elliott Hazzard and Wendell P. Blagden 列治文的联邦纪念堂，弗吉尼亚州，1911

7
托马斯·杰弗逊，弗吉尼亚大学的杰弗逊纪念堂，弗吉尼亚州，1819

8
Hobart A. Walker and Elliott Hazzard，英国路边小屋设计图，长岛格雷特内克，1910

显然，哈沙德和沃克的合作止于1910年前后，因为在1911年，哈沙德与哈罗德·P. 厄斯金（Harold P. Erskine，1879—1951）创立了新的事务所。在新成立的哈沙德、厄斯金和布莱顿事务所，哈沙德是最主要的领导者。这个机构存续时间也很短，随着1914年布莱顿离开、去纽约罗切斯特的一家建筑师事务所而宣告终结。哈沙德与厄斯金的合作持续到1916年，之后哈沙德作为承包商与欣其曼（Hinchman）合作。[3]

在哈沙德、厄斯金和布莱顿维持合作期间，事务所设计了纽约南布朗克斯辛普森大街（Simpson street）上的警察局（现为纽约警察局62号办公区）。考虑到该建筑“作为政府的一个职能部门”，哈沙德等人采用了新文艺复兴风格，三层楼高的立面“底层有一个巨大的拱廊，拱廊周围的墙面用粗犷的外圆角的装饰线；与之形成对比的是，上两层立面采用光滑的石灰质薄方石……上覆带有大量装饰的红陶檐口，以及宽阔平缓的四坡屋顶（原为绿色瓷砖），让人想起15至16世纪早期佛罗伦萨和罗马的宫殿”。[4] 事务所在最初方案的基础上修

1 “Wholesale Fish Market,” *American Architect*, 97: 1787 (23 March 1910), n. p.

2 插图见：*New York Times*, 14 July 1912, RE 1.

3 Landmarks Preservation Commission, *62nd Police Precinct Station House* (New York: Landmarks Preservation Commission, 1990), 5. 据说布莱顿在沃克和哈沙德事务所当设计师。

4 Landmarks Preservation Commission, *62nd Police Precinct Station House, 1.*

改了好几轮，直至1912年5月14日，其最终的方案才被纽约市艺术委员会接受9。同年，一封寄给哈沙德、厄斯金和布莱顿的信，宣告他们担任“纽约市警察局的建筑师”。[1]

1915年，布莱顿离开后，哈沙德和厄斯金为一栋九层楼的公寓设计了平面，该建筑“伫立在第五大道的第57和58街之间，是玛丽·梅森·琼斯（Mary Mason Jones）的遗产，由刘易斯·克鲁格·哈塞尔夫人（Mrs. Lewis Cruger Hasell）继承。该项目耗资8万美元”。[2] 他们在纽约设计了两幢阁楼建筑，一座在第46街西16—18号10，另一幢位于第38街西29—31号。[3] 两幢房子的立面都带有鲍扎美术风格（Beaux Arts Style），以有节制的装饰为特征：“束状植物”、花环装饰、神像柱头、圆形顶部，以及矩形牌匾。

在一战结束后，三人之中只有哈沙德仍然从事建筑行业。[4]

回顾哈沙德在纽约市区的建筑活动，为研究其后来在上海的成就打下了基础。抵达上海之时，他对各种风格建筑的设计了然于胸，包括当时风靡于纽约以及其他主要城市的鲍扎美术风格，大为流行的意大利文艺复兴风格，更富地域特色的英国小屋，还有他在设计维吉尼亚州列治文联邦纪念堂之时表现出来的南方建筑特点。在20世纪20年代到30年代，哈沙德将其艺术的多样性带到了上海。

9
辛普森大街警察局，南布朗克斯区，1912

10
纽约46号西大街16-18号

1920年，哈沙德搬至亚特兰大的格鲁吉亚，在那里他成为百思特（H. D. Best）工程公司的代表人物。[5] 据迈克尔·哈沙德回忆，他的父亲当时为标准石油公司管理其在亚特兰大地区的多个项目。[6]

1 有研究指出，布莱顿和警察局局长的家庭关系，使得哈沙德事务所在承接该项目时获得便利。该建筑的几次讨论和其多次修改，详见：Landmarks Preservation Commission, *62nd Police Precinct Station House.* 1997年建筑师卡布瑞拉 巴瑞科勒（Cabrera Barricklo）负责该建筑的修复工作（White and Willensky, *AIA Guide to New York City*, 565）。

2 *American Architect*, 117: 2050 (7 April 1915), 18.

3 “Harold Perry [Erskine],” New York Architecture Images—New York Architects. Web Site: www.nyc-architecture.com. Accessed 2 September 2006.

4 厄斯金决心成为一名雕塑家。他在这方面艺术创作的成就见于Peter Hastings Falk ed., *Who Was Who in American Art, 1564–1975*, vol. 1 (Madison, CT: Sound View Press, 1999), 1057. 布莱顿在1918年参军复原后找不到合适的建筑方面的工作，就职于一家券商公司。Landmarks Preservation Commission, *62nd Police Precinct Station House*, 5.

5 Cody, *Building in China*, 142 n 82.

6 作者的信，2002年1月26日。

艾略特·哈沙德在中国

1894年，标准石油公司在中国成立了办事处，后来该公司要求总部派遣一名建筑师来管理他们在中国的几个基础设施建设项目。迈克尔·哈沙德记得标准石油公司推荐了他父亲，并为他提供了为期两年的合同。[1]但是另一种说法是，1918年在中国成立事务所的墨菲和达纳事务所想为其上海办事处寻找合适的管理者，亨利·墨菲选择了哈沙德。[2]不管起因如何，哈沙德携妻挈子于1921年1月抵达上海；他们落脚在广东路1号墨菲和达纳的公寓里。[3]据迈克尔·哈沙德回忆，他的父母很快"爱上在上海的生活"，他父亲意识到作为一位职业建筑师、远东地区唯一一位美国建筑师协会的成员，他在上海将会有大展拳脚的机会。[4]在墨菲事务所上海办事处（Murphy, McGill & Hamlin）里，哈沙德是"完全可以独立处理所有远东项目"的人物。[5]1923年的一份整版广告中写着，"在上海的美国建筑师"只有三位：罗兰·A. 克利（R. A. Curry）、墨菲事务所以及艾略特·哈沙德。[6]

1923年墨菲关闭其上海办事处之后，哈沙德留在了上海，并作为独立建筑师承接项目。在1924年，随着业务的扩展，哈沙德事务所已经拥有四名职员，包括E.雷恩（E. Lane）和肯特·克兰（Kent Crane）。[7]雷恩也是哈沙德第二副业——中国木工和干窑公司，专营门窗定制业务——的经理。哈沙德作为该公司的主要负责人，他的妻子苏珊（卒于1936年）则是出纳员。[8]哈沙德经常为其设计的房屋以及其他建筑提供其木工干窑公司生产的产品。[9]

在加入哈沙德公司之前，肯特·克兰（1895—1966）就职于纽约墨菲和达纳事务所，并于1919年来到上海。作为该事务所"最好的设计师之一"，克兰曾负责七层高楼大来大楼的立面设计，该项目是墨菲和达纳事务所在上海的代

1 迈克尔·哈沙德在2002年1月26日给作者的信。在另外一封信中，迈克尔·哈沙德说："在一战结束后，中国政府聘请我父亲来从事城市规划方面的工作，合约为两年。"迈克尔·哈沙德2002年8月7日写给作者的信。

2 Cody, *Building in China*, 132.

3 *Millard's Review*, 22 January 1921, 444.

4 迈克尔·哈沙德2002年1月26日给作者的信。

5 Cody, *Building in China*, 142 n 82.

6 *China Weekly Review*, 10 November 1923, 450. 罗兰·克利（1884—1947），美国俄亥俄州伍斯特人，是最早在上海从事建筑活动的美国人之一，毕业于康奈尔大学，先在俄亥俄州克利夫兰从事建筑实践，于1914年来到上海（Cody, *Exporting American Architecture*, 110）。或许克利在上海最著名的建筑是美国总会，1924年建成，于1925年3月31日正式开业。见本人论文"Architecture, Site, and Visual Message in Republican Shanghai"，载《艺术史研究》，第9辑，中山大学出版社，2007，第427 429页。

7 *North-China Desk Hong List, 1924* (Shanghai, North China Daily News and Herald, 1924), 161.

8 *North-China Desk Hong List*, 1924, 88. 苏珊·哈沙德的去世，见"Mrs. Eliott(sic) Hazzard To Be Buried Today," *China Press* (March 23, 1936): 8；以及"Mrs. E. Hazzard Laid to Rest At Bubbling Well," *China Press* (March 24, 1936): 8.

9 见"China Woodworking and Dry Kiln Company, Inc." *China Press*, 28 February 1930, section on Construction and Trade Development, 98.

11
美孚（纽约标准石油公司）公司办公大楼-1，汉口，1923

12
美孚（纽约标准石油公司）公司办公大楼-2，汉口，1923

表作。[1] 克兰1928年回美国之前一直在哈沙德事务所工作。[2]

总之，哈沙德为改变上海的天际线作出了很大贡献，包括哥伦比亚乡村俱乐部（1923—1925），跑马场对面的两个重要建筑华安大楼（1926）以及西侨青年会大楼（1928）。他也设计了大量商业建筑、电影院、公寓大楼和私人住宅，以及上海基督教科学总部（1934），最著名的就是永安新厦的塔楼（1933—1937）。[3]

汉口美孚办公楼；厦门美国领事馆大楼

尽管哈沙德设计的大部分房屋都在上海，仍然有两个项目位于其他城市。1923年，他设计了六层楼的汉口美孚办公大楼（纽约标准石油公司）11-12。该建筑为当时流行的意大利宫殿风格，花岗岩立面，底下一层带有粗犷的装饰线条，巨大的拱形窗户，立面中心位置有四根巨大的柱子。它与正在建设中的上海外滩办公楼并没有多大的差别。汉口美孚办公楼在1923年底或1924年初破土动工。[4]

1921年开始，美国国会每年拨款62 904美元用于厦门旧领事馆的拆除和重建，新的领事馆由哈沙德设计。[5] 然而一直到1926年对外服务建设委员会成立并接受了哈沙德设计的方案，该笔拨款才真正到位，工程才开始动工，该项目于1928年完成。哈沙德最初设计的厦门领事馆方案据说得到了国会的认同，该建筑为超常尺度的两层楼房屋，六根两层楼高的巨柱支撑着向内凹陷的门廊。[6] 门廊两侧为类似山墙的坚固结构，这种处理手法与美国南方建筑很像。然而，建筑师最初的设计往往并不能让业主满意，需经过大量的修改。建成的

1 Cody, *Building in China*, 119, 131, 141 n 68. Citation to 131. 大来大楼外立面的两个方案详见*Far Eastern Review*, December 1919, 794. 以及*Millard's Review of the Far East*, 27 November 1920, v. 大来大楼实际建成方案见于Cody, *Building in China*, 130, 图32；蔡育天：《回眸——上海优秀近代保护建筑》，上海人民出版社，2001，第10页。

2 China weekly review, 24 September 1927, 105. 克兰的母亲露易丝（Louise Crane）是《中国店铺招牌幌子》（China in Sign and Symbol: A Panorama of Chinese Life, Past and Present [London: B. T. Batsford and Shanghai: Kelly and Walsh, 1927]）的作者，她到上海来看望克兰，两人一同回美国。肯特为其母亲的书绘制插图。在纽约，克兰就职于一家名为约克和索亚（York and Sawyer）的建筑公司一直到退休。（"Obituary: Kent Crane," Obituary, New York Times, 9 December 1966, 47.）

3 哈沙德为上海美国学校设计了体育馆（Phoebe White Wentworth and Angie Mills, *Fair is the Name: The Story of the Shanghai American School, 1912–1950* [Los Angeles, CA.: Shanghai American School Association, 1997], 125）。据迈克尔 哈沙德2002年1月26日给作者的信中所写，其父亲还设计了一座天主教堂。但作者没有找到关于教堂的任何记录。

4 "New Socony Building at Hankow," *Weekly Review*, 12 May 1923, 389.

5 "United States Government Building in Asia," *Far Eastern Review*, October 1929, 461.

6 "New American Consulate Building Plans at Amoy Win Approval of Congress," *China Press*, 19 April 1925, 1. 建筑师渲染的领事馆效果图也转载于此。

厦门领事馆没有原方案那么夸张，并且与原方案相比有很大不同[13]。与原方案六根柱子的内凹门廊不同的是，建成的建筑入口处向外凸出，由四根两层楼的巨柱支撑，转角仍凸出于墙面。入口处的门洞上方开有气窗，具有典型的殖民地风格。厦门领事馆被誉为南方殖民地建筑风格，该设计“适合中国南方港口城市温暖的气候”。[1] 事实上，它与哈沙德在南卡罗来纳州的老宅很像[14]。

13
厦门领事馆，1928

14
美国乡村俱乐部南立面，上海，1923

美国乡村总会（1923—1925）

美国乡村总会起源于旅沪美国人的切实需求。在1917年之前，很少有美国人被其他国家的俱乐部接纳并且成为会员。美国人缺少一个属于自己的俱乐部，尤其在上海这个娱乐匮乏的城市：

> “在一天的劳累工作、与来自全世界的人交流之后，在沪美国人需要一份来自自己人的特殊安慰。尤其在1914—1916年间，战争的紧张气氛弥漫在上海所有欧洲总会，然而美国是中立国，这更激发了他们建造一所自己的俱乐部的决心。”[2]

1917年，一些在上海定居的美国人成立了乡村总会。起先在法租界的杜梅路50号（现东湖路）租用了一处住宅作为俱乐部。1921年，俱乐部成员从原先的90人增加至411人，俱乐部的管理人员开始寻找其他合适的场所。新的美国乡村总会选址于大西路301号（现延安西路1292号）。艾略特·哈沙德被聘请来设计这座新建筑，与美国的乡村俱乐部一样，该总会也需要将社交活动空间以及体育娱乐活动空间整合在一栋建筑里面。

乡村俱乐部是美国一种独特的产物，是由男性打高尔夫球所需要的场地衍生出来的俱乐部。它提供一处远离城市喧嚣的清幽之所，慢慢地演变成为容纳更多娱乐活动的场所，这些娱乐活动包括一些运动项目，如网球、游泳；一些纯社交活动，如跳舞和节日聚会等。与以男性为主导的城市俱乐部不同的是，乡村俱乐部的成员男女都有。在美国，乡村俱乐部的设施和选址一般都会以高尔夫球场及景观球道为前提。到1920年代，建筑师们设计了很多理想的乡村

1 “United States Government Building in Asia,” 461.

2 “Construction Starts on Columbia Country Club,” *China Weekly Review*, 10 November 1923, 440. 下文关于美国乡村总会的历史和食宿信息均参考自” Construction Starts on Columbia Country Club,” 440–449.

俱乐部方案。[1] 其中一些平面受到青睐，但并没有形成乡村俱乐部的标准平面，也没有出现特定的、广为接受的俱乐部建筑风格，它的风格很可能由当地的地理位置所决定。如新英格兰的乡村总会，可以看出美国殖民地、英国、格鲁吉亚或法国的农舍风格，而在加利福尼亚、佛罗里达以及美国西南部则有西班牙或意大利的元素。[2]

美国乡村总会项目于1923年动工。该项目中，高尔夫占据的地位并不高，仅仅提供了"钟面式高尔夫"的设施。即"以尽可能少的杆数将球打入洞内，这些洞是设置在一个圆圈内的规则间隔的、沿圆周方向的12个孔，就像时钟上的数字一样"。[3]

美国乡村总会的一层平面不同于在美国被广为接受的任何一个平面。它有一个凉廊，到了冬天，可以用玻璃将其封起来并通上暖气，就可以当室内空间使用；还有一个露台、一个烧烤屋、一个餐厅以及一个大宴会厅。除了钟面式高尔夫球室之外，还设有壁球室、健身房以及保龄球道、淋浴房、桌球室以及服务人员宿舍。该俱乐部以拥有20个网球场以及停车场为特点，还有一个"42英尺宽、100英尺长的露天游泳池，泳池周围是西班牙式的凉廊，这是个非常体贴入微的布置；宽敞的休闲空间可以让观众看到北面水上运动的情况"。[4] 受益于制冷系统，在冬季，游泳池可以变成溜冰场使用。

美国乡村总会采用西班牙教会风格（spanish mission style），因为其"非常好地适应当地的气候、结合当地材料、工程质量有保障，而达到迷人的建筑效果，这种不拘小节的处理手法，使艺术效果最大化……"这种风格的建筑在美国的声望已经"通过1915年巴拿马博览会的西班牙殖民时期建筑进一步提高了"。[5] 美国一些著名的乡村俱乐部也都采用了这种风格，如德克萨斯州圣安东尼奥乡村总会（1917）和加利福尼亚州圣巴巴拉乡村总会（1918）。[6]

西班牙穆斯林风格建筑作为西班牙建筑风格的一种，1917年在上海就已经有建成的案例，比如由拉佛恩特和伍腾（Lafuente & Wooten）设计的位于静安寺路的飞星公司。[7] 这一风格最著名的案例便是建成于1924年的孔祥熙（1881—1967）府邸。[8] 一排排薄薄的壁柱，抽象的几何图案装饰瓷砖以及椭圆形、马蹄形、冰裂形等丰富多样的窗户形状彰显了建筑的华丽。

1 这些方案详见于 James M. Mayo, *The American Country Club: Its Origins and Development* (New Brunswick, N. J. and London: Rutgers University Press, 1998), 143–147.

2 Mayo, *American Country Club*, 150.

3 *Webster's International Dictionary of the English Language* (Springfield, MA: G & C Merriam, 1933), 929.

4 *China Weekly Review*, 10 November 1923, 443. 关于游泳池的图片资料，详见 Charles J. Ferguson ed., *Andersen, Meyer & Company Limited of China: Its History: Its Organization Today, Historical and Descriptive Sketches Contributed by Some of the Manufacturers it Represents, March 31, 1906 to March 31, 1931* (Shanghai: Kelly and Walsh, 1931), 87.

5 Herb Andree and Noel Young, *Santa Barbara Architecture: From Spanish Colonial to Modern* (Santa Barbara: Capra Press, 1980), 87.

6 Mayo, *American Country Club*, 108.

7 郑时龄：《上海近代建筑风格》，第308页。

8 蔡育天：《回眸——上海优秀近代建筑》，第197页。

哈沙德选择了更加丰富的、典型的、美国西南部的西班牙教会风格。美国乡村总会的立面上随处可见西班牙教会风格的特点，通过照片也可以看出：简朴的几何形体，素平的墙体上开着狭长的拱形窗户；平铺的屋顶；拱形窗户两侧的螺旋麻花柱；二层阳台的铸铁栏杆[14]。与哈沙德设计的原始方案对比可以看出，建成的建筑可能因为资金的短缺而没有完全按照哈沙德最初的设计建造。美国乡村总会的原始方案中还包括一个“剑”（espada a）——西班牙教会风格中的一个典型元素。它是一个扇形的、弧形或凸起的尽端山墙，用在建筑的端部并在顶上加盖一个钟楼。西班牙教堂中往往用它来增加高度以吸引市民的注意[15]。[1] 哈沙德为该俱乐部设计的北立面方案中，墙的一端有一个大大的“剑”，但是这个元素在建造的时候被取消了。建造过程中同样对建筑的南立面方案做了多处删减，仅留一处“剑”，作为俱乐部入口处最华丽的装饰和视觉中心[16]。这一处的“剑”上开有几何形状的门洞，带有一个壁龛以及两根螺旋柱。丰富的几何图案进一步装饰了壁龛。竖立在顶部的宝顶强调了优雅的曲线山墙。

15
加利福尼亚州传教士风格建筑中“剑”的形式

16
美国乡村俱乐部“剑”的细部，上海，1923

华安会人寿保险公司（1924—1926）

华安会人寿保险公司成立于1912年6月，为了响应不久之前成立的中华民国宣言：“为了新的社会秩序做一些真正有建设性、有价值的事情”。[2] 华安会人寿保险公司是一个华资企业，为中国人提供全新的保险类型：人寿保险。该协会同样以“完全西式的理念、方法进行管理”为荣。1926年10月12日，中华民国成立15周年之时，华安会人寿保险公司全新的九层商住大楼建成落幕，该项目由哈沙德设计，位于跑马场的对面，静安寺路104号（现南京西路108号）[17]。该场地被描述为：“面对着上海跑马场……作为公共租界最有吸引力的地块……坐落在优美的先施、永安和新新（百货公司）附近。”[3] 在20年代中期，有相当数量的中国本土建筑师事务所活跃在上海建筑界。[4] 但是正如华安大厦开幕之时的一个发言者所言，艾略特·哈沙德是“一位在建造与纽约类似的建筑方面有丰富且广泛经验的建筑师，从他参与设计和建设的项目中可以借鉴很多经验”。[5] 该发言人同时也赞扬了肯特·克兰设计的室内装饰。华安大

1 关于“剑，”详见Kurt Baer, *Architecture of the California Missions* (Berkeley and Los Angeles: University of California Press, 1958), 44–46.

2 “China United Opens Its New Building with Noteworthy Attendance,” *China Press*, 12 October 1926, 6.

3 “China United Assurance Building Holds Official Opening Ceremonies,” *China Weekly Review*, 16 October 1926, 188.

4 名单详见：郑时龄《上海近代建筑风格》，第320–348页。

5 “China United Opens Its New Building with Noteworthy Attendance,” 6.

17
华安人寿保险大厦，上海，1926

18
华安人寿保险公司内部-1，上海，1926

19
华安人寿保险公司内部-2，上海，1926

楼的大厅顶部是格子状天花，墙面壁柱的周围铺有灰色条纹的白色大理石，上面布满了当时流行的装饰艺术风格的图案18-19。1934年，华安大楼的寓所就以“公寓的装修高雅、温馨，更符合个人品味。更以卓越周到的服务著称”和两个大餐厅作为广告宣传的亮点。[1]

在建筑形式和细部方面，华安大楼的确与美国市中心的一些商业办公楼有相似之处。入口处有六根罗马多立克式柱子，两侧都由爱奥尼式柱子划分为若干开间，内开高耸的拱形窗。建筑的中部向内凹进，顶上是两层柱廊的钟楼，下层柱廊为科林斯柱式，上层则为塔斯干柱式，钟楼的顶部有一个金色的穹顶、一个灯塔和一个尖顶。大楼的底下两层外立面是花岗岩面层，上面几层的外立面看起来是石材立面，但实际上是混凝土材质。夜晚，从灯塔顶端发射出上千瓦的灯光，在十二英里开外或黄浦江两岸都能看得清清楚楚。[2] 建筑中部形成向内凹进的形体以及顶上做灯塔，这种处理手法在19世纪末20世纪初的麦金、美德与怀特事务所的方案中很常见。至少有一位学者指出哈沙德设计的华安会保险公司大楼与麦金、美德与怀特事务所在1908年设计的纽约市政建设大楼有相似之处。[3]

然而，华安保险公司大楼的造型是出于华安大楼的业主对于建筑外形的特殊要求，他们希望建筑能让人回想起美国一座历史更悠久的建筑：费城的美国独立纪念馆（Independence Hall in Philadelphia）。事实上，华安大楼是对中国政治事件的一种积极回应。在1926年8月7日刊登的一张广告画中，华安大楼被标以“独立纪念堂”的标语，该广告画甚至以英文大写字母的“独立”（INDEPENDENCE）来歌颂它。[4]

1　*All About Shanghai: A Standard Guidebook* (Shanghai: University Press, 1934), reprint, 1983, 110.

2　细节描述参考：罗小未《上海建筑指南》，上海人民美术出版社，1996，第102页；以及 *"China United Assurance Building on Bubbling Well Pays 10 Percent Dividends,"* China Press, 9 September 1928, 4.

3　Nicholas R. Clifford, *Spolit Children of Empire: Westerners in Shanghai and the Chinese Revolution of the 1920s* (Hanover and London: Middlebury College Press, 1991), 40. 也可见于《上海漫画》，1928年11月10日，2。更多关于华安大厦的选址，可见作者的文章“Architecture, Site, and Visual Message in Republican Shanghai,” 430–435；娄承浩、薛顺生《老上海经典建筑》，第50–51页；沙似鹏《上海名建筑志》，第101–106页。

4　*China Weekly Review* (August 7, 1926): 239.

华安大楼选择在1926年10月10日这一天开幕，进一步强调了独立的政治主题。因为这是中华民国成立十五周年的纪念日，也是中国摆脱封建统治、获得新生的第十五个年头。开幕当天，建筑也被明亮的灯光妆点起来。[1]

对于上海居民来说，华安大楼被认为是“上海高档建筑的样板。它必须是不计花费地满铺装饰。它也得是经典的结构，钢框架及应力混凝土结构”。[2]

西侨青年会（1926—1928）

坐落在静安寺路38号（今南京西路150号），与华安大楼相比邻的，就是哈沙德为旅沪青年设计的西侨青年会大厦[20]。乔治·菲奇（George Fitch，生于1883年）负责募集建造该大楼的资金。出生于苏州传教士家庭的菲奇，先后在俄亥俄州的伍斯特学院、哥伦比亚大学以及协和神学院学习。在毕业和按手礼之后，他被任命为中国基督教青年会国际委员会的兄弟秘书。[3] 在菲奇的自传中，他认为为西侨青年会大楼募集资金，以及建成后十余年管理该大楼的工作经历是其职业生涯最重要的事务。他回忆到，1925年，几个英国人和美国人邀请他来建造一座西侨青年会的大楼，为来上海经商或从事政府业务的美国、英国、德国和瑞士等国的外侨提供临时住所。[4] 菲奇购入静安寺路上的地皮，并征得基督教青年会国际委员会的许可，进行建筑规划。

20
西侨青年会大楼，上海，1928

菲奇曾向亚瑟·Q. 亚当森咨询，后者是中国基督教青年会建筑委员会的负责人。[5] 据说，亚当森也是西侨青年会大楼的建筑师，但事实上，他的作用类似于监理建筑师。哈沙德才是主要设计师或设计师顾问，在设计该建筑时起了更大的作用。[6] 李锦沛（生于1900年）是主要的绘图员。李锦沛出生于美国纽约，先后在普瑞特艺术学院、麻省理工学院以及哥伦比亚大学学习。

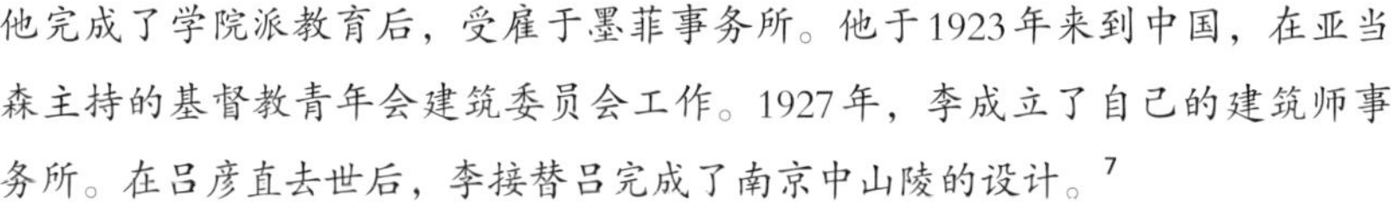

他完成了学院派教育后，受雇于墨菲事务所。他于1923年来到中国，在亚当森主持的基督教青年会建筑委员会工作。1927年，李成立了自己的建筑师事务所。在吕彦直去世后，李接替吕完成了南京中山陵的设计。[7]

1 “China United Assurance Building Holds Official Opening Ceremonies,” 188；建筑的照片如此妆点，这在关于老上海的书中很常见，如：李天纲等《老上海》，上海教育出版社，1998，第231页。

2 *“China United Assurance Building on Bubbling Well Pays 10 Percent Dividends.”*

3 Ethan T. Colton, “introduction,” in George A. Fitch, *My Eighty Years in China*. Revised edition (Taipei: Bostonese, 1974), xvii–xviii.

4 下文信息来自 Fitch, *My Eighty Years in China*, 44–45；以及 George A. Fitch, “The Story of Shanghai’s Foreign Y. M. C. A.,” *China Weekly Review*, 24 March 1928, 95–110.

5 “Shanghai Architect to Supervise Work of Building New ‘Y’ in Jerusalem,” *China Weekly Review*, 25 July 1931, 322.

6 Cody, *Building in China*, 105 n.117.

7 *Who’s Who in China: Biographies of Chinese Leaders* (Shanghai: China Weekly Review, 1936), 137；伍江：《上海百年建筑史：1840–1949》，第155–158页。

1928年，位于静安寺路的西侨青年会是当时上海最独特的建筑之一。事实上，据说该建筑“有可能是上海工程建设的一大进步。其外立面的装饰也是这个城市全新的建筑立面处理手法”。[1]

这幢新大楼共九层，对称布置，但左右并非完全一致，中间部分向内凹进的处理手法和华安大楼一样，但西侨青年会的立面与华安大楼完全不同[21-23]。建筑的中间部分深深地向内退进，这一处理手法来源于纽约的大楼，在上海之前建造的建筑中是绝无仅有的。[2] 西侨青年会如此独特的立面属于意大利北部文艺复兴风格，两层楼高的拱券下方有三个出入口，装饰着两层高的双柱，侧窗的两边各有一个拱券包围着中间的窗户。在这之上是三排竖直的窗户立于建筑裙房之上，占据了大部分立面。立面以延伸出屋面的塔状窗间墙收头。一篇报道曾这样形容该立面的效果：“既体现出该建筑的实力和气概，又有着与其功能相匹配的平易近人和尊严。”[3]

正是因为外侨青年会大楼高度并不突出，所以就通过立面威尼斯主题的装饰来弥补。这是该楼的第二个特征，同样也是一种在美国大为流行，但在上海却鲜为人知的手法。建筑的底下几层用不同颜色的砖拼出菱形方块的图案覆盖整个立面，这一处理手法源于威尼斯总督府。彩色砖呈几何图样装饰建筑的表面，将其从一个平淡无奇的墙面转化为“令人激动的、精致的、蕾丝状的结构”。[4] 外侨青年会大楼的立面采用这种精心布置的、视觉效果丰富的、独特的手法，这样的建筑在上海并不多见。[5]

菲奇高度赞扬了西侨青年会的建筑设施，这些设施在建造完成之前就已经被获准提前参观该建筑的外国记者所推崇。这些文章刊登在《中国评论周

21
西侨青年会大楼立面细部-1，上海，1928

22
西侨青年会大楼立面细部-2，上海，1928

23
西侨青年会大楼立面细部-3，上海，1928

1 “Huge Y. M. C. A. Wonder Building On Bubbling Well Road Dedicated to Shanghai Youth in Ceremony,” *China Press*, 8 July 1928, 7. 关于开幕式照片见 *China Press*, 8 July 1928, Pictorial Supplement, 1.

2 见本人论文“Architecture, Site, and Visual Message in Republican Shanghai”, 435–440.

3 “Huge Y. M. C. A. Wonder Building On Bubbling Well Road,” 7.

4 Andrew Plumridge and Wim Meulenkamp, *Brickwork: Architecture and Design* (New York: Henry N. Abrams, 1993), 126. 本书是关于砖、砖艺设计、材料以及建造方法等方面最合宜的书之一。这一概念可能源于15世纪中期的法国，受西班牙摩尔人建筑的影响；这种“威尼斯总督府”样式的外立面装饰也可见于1905年建成的纽约市 Wetzel & Company 大楼（Robert A. M. Stern, *Gregory Gilmartin and John Massengale, New York 1900: Metropolitan Architecture and Urbanism* [New York: Rizzoli, 1983], 197.）

5 Fitch, *My Eighty Years in China*, 45.

刊》(China Weekly Review)上,图文并茂,大力宣传该建筑。[1] 西侨青年会号称其客房部分拥有所有现代化的设备和最新的技术设施,这些设备的名单似乎无穷无尽。其中最有吸引力的设施是一个零食柜和饮料柜,是拥有"生产美味食品的最先进的设备",一处理发店,一处裁缝铺,四条保龄球道,化妆室,淋浴房,"电、蒸汽和桑拿浴室",按摩床以及更衣室。长宽深分别为22.8×7.6×2.7米的泳池内壁上贴着马赛克瓷砖,地面是由阿尔伯特·H. 斯旺(Albert H. Swan)的夫人玛丽·费里斯·斯旺(Mary Ferris Swan,1887—1974)专门设计的。1912—1919年间,A. 斯旺任职于基督教青年会,随后回到美国学医,1921年重返上海。玛丽·斯旺在芝加哥艺术学院受过专业教育,并在上海的艺术俱乐部举办过水彩画展。斯旺夫妇是乔治·菲奇的朋友。[2]

西侨青年会大楼的一层布置有大厅、服务台、社交厅、31.4×10.7米的休息厅、台球室、化妆室和浴室(浴池开放与否视家庭的女性会员及其嘉宾等情况而定)、通向游泳池的走廊。二层平面(夹层)是男士游戏室、社交厅以及健身房。三层有餐厅、宴会厅(也作会议厅之用)、图书馆、教室、俱乐部客房以及通往健身房的走廊。四层布置着四个壁球场,也作手球场之用,厨房、冷冻室、三十间客房、浴室及厕所。五层至九层一共有153间客房。客房标间布置着席梦思床垫、五斗柜、写字台、圈椅和小椅子、内置式衣柜、嵌入式医药柜、地毯和窗帘。从模糊的现存照片中可以看出,图书馆和休息厅的天花板都有精致的装饰,这些装饰线条应该都是由复杂的石膏模具制成。[3]

得益于现代化的便利和先进技术设备,尤其得指出的是建筑中还配备了奥蒂斯电梯、中央制热、冷热自来水、游泳池配备的过滤和氯化设备、消防灭火设施。[4]

华安会保险公司大楼和西侨青年会大楼成为现代上海"摩天楼"的标志性建筑,其他地方的报纸上也频繁刊登它们的照片。[5] 之后好些年,这两幢建筑雄踞在跑马场的一侧,控制着上海跑马场一带的天际线[24]。这

24

老上海的明信片,哈沙德设计的华安保险大楼和西侨青年会大楼作为上海摩天楼的标志性建筑而展示,1930

25

老上海明信片,跑马场沿线的哈沙德设计的华安人寿大楼和西侨青年会大楼,邬达克设计的四行储蓄会大厦

1 Fitch, "The Story of Shanghai's Foreign Y. M. C. A."; P. Palamountain, "New Foreign Y. M. C. A. Will Open about June 1," *China Weekly Review*, 24 March 1928, 100–102, 110.

2 在此感谢Carherine Mackenzie博士提供斯万夫人的生平资料。

3 Fitch, "The Story of Shanghai's Foreign Y. M. C. A.," 98; L.T. Chen, "Y. M. C. A. Now 30 Years Old in China," *China Weekly Review*, 14 March 1928, 108.

4 这些清单的信息源于Fitch, "The Story of Shanghai's Foreign Y. M. C. A.,"以及P. Palamountain, "New Foreign Y. M. C. A. Will Open about June 1,"也可见于"George Fitch Shows Newspapermen the New Foreign Y. M. C. A. Building Which is to be Opened on May 1," *China Press*, 18 April 1928, 4. 更多关于该建筑的信息,可见:娄承浩、薛顺生《老上海经典建筑》,第168–169页;以及沙似鹏《上海名建筑志》,第298–301页。

5 如出版于中国北方城市天津的《北洋画报》,1932年8月2日,第820期第2页。

个地段太有价值，以至于华安大楼和西侨青年会大楼的霸主地位并没有持续多久。拉斯洛·邬达克（Ladislaus Hudec）设计的四行储蓄会大楼成为视觉的中心，该建筑于1934年建成，是当时上海最高的建筑[25]。

1927年，艾略特·哈沙德的事务所迅速发展，拥有六名职员，不仅包括肯特·克兰，E. 雷恩，还有W. 邓恩（W. A. Dunn），[1] 及邓恩的艺术家妻子伊丽莎白·邓恩（Elizabeth Otis Dunn），她为哈沙德画了一张炭笔肖像画。[2] 1928—1937年间，哈沙德忙于设计和建造风格或新或旧的不同类型的建筑。

26
新光大戏院，1930

新光大戏院

哈沙德设计的新光大戏院，由奥登娱乐公司（Odeon Amusements）在1930年投资建造，位于上海腹地宁波路276号（现宁波路586号），它与西侨青年会一样，立面采用两种红色的砖拼成菱形方块的处理手法，并使用了意大利和西班牙文艺复兴母题。在1930年发表的新光大戏院草图中可以看到，其立面被四根有菱形图案装饰的壁柱分割为五个部分，每一壁柱在女儿墙之上都以瓶状的装饰构件收头[26]。入口设在底层的中部，不仅有充满装饰线条的门楣来强调，还通过门楣上方两层楼高的狭长的拱形窗户，以及窗户顶上曲线形式的山花、中部插有一枚中华民国的国旗来强调。入口两侧呈对称布置，在底层都有一个大拱门，拱门之上则是并列排布的两扇狭长的拱形窗户。立面的左右两侧边缘都做了菱形图案的装饰。据一篇文章中描述，该建筑底层立面用红色的砖，而檐口、腰檐等其他部位都是用浅黄色光滑的人造石，镶着绿色的中式格栅砖的镶板。入口处是大理石台阶，引导人们进入豪华的大厅，大厅内有一个木结构的售票亭。

> “楼梯以优美的拱形，从门厅两侧一直延伸到大厅……中间的穹窿最大最高，布满精致的装饰。色调以浅黄色和深黄色为主，一些装饰显现出象牙般的色调。窗帘是蓝色和金色的。”[3]

1 *North-ChinaDesk Hong List, 1927* (Shanghai：North China Daily News and Herald, 1927), 132.

2 *China Press*, 8 March 1925, Sunday Pictorial Section, 1.

3 “Strand Theatre on Ningbo Road Is New Cinema,” *China Press*, 29 September 1930, 4. 1930年10月26日的*China Press*第七版刊登了新光戏院大厅的照片，比较模糊。哈沙德的名字也与另外一座戏院相关，即兰心大戏院（茂名南路87号），建成于1931年。兰心大戏院是英国戏剧社团业余戏曲俱乐部（成立于1866年）的根据地，同时也作为其他社交活动的场所。哈沙德事务所与该戏院的关系尚不明确。一说该建筑没有建筑师信息（Johnston and Erh, *Last look*, 44）；另一说哈沙德为该建筑的建筑师（陈从周、章明：《上海近代建筑史稿》，第204页）。还有一书上开始说哈沙德为建筑师，继而说他委任英商洋行Davies and Brooke来设计该戏院（沙似鹏：《上海名建筑志》，第19、191页）。三份出版物都声称Davies, Brooke和Gram洋行为该建筑的设计者，并没有提及哈沙德（罗小未：《上海建筑指南》，第138页；蔡育天：《回眸——上海优秀近代保护建筑》，第92页；郑时龄：《上海近代建筑风格》，第327页）。

新光大戏院宣称有最先进的声学、通风、制热和制冷、防火系统。与青铜牌匾装饰相结合的间接照明系统、铸铁灯具和其他照明灯具营造出愉悦、舒适的氛围。它被誉为“远东地区在各个方面都尽善尽美的剧院”。[1] 1930年11月21日的报纸上是这样赞赏艾略特·哈沙德的：

> “正是因为哈沙德先生的艺术天分和建造技巧，奥登娱乐公司的这个华丽构思和完美的计划才得以实现。对于那些喜欢和谐的环境、体面的放松、充实的舒适度感以及世界上最伟大的制片厂才能制作的高质量电影的人来说，这个豪华剧院是不二之选。”[2]

目前新光大戏院已经与原来的建筑有所不同 27-28。它的立面仍然有着精致的菱形图案装饰，主入口上方窗户周围有着奢华的装饰和绿色瓷砖的花饰。三楼由螺旋状柱子划分成三部分的窗户也还能看得见，但是二层巨大的拱形窗户被改造成了方形的小窗。檐口比原来的要大，取消了四个水瓶状收头和中部插国旗的构筑物，加建了一层，其立面仍然延续了下面几层的菱形图案。

27
新光大戏院立面细部-1，1930

28
新光大戏院立面细部-2，1930

对新光大戏院的这些评价都集中在舒适度、奢侈和现代性的体验上，事实上这些都符合建造电影院的主要目的：提供一处逃离现实世界的场所。据1929年《周六晚邮报》（Saturday Evening Post）的一篇报道，影院经理的职责就是“出售他的剧院。他所做的广告、开发利用、昂贵的装饰，以及对观众舒适度的注重，所有这些的目的不仅仅为了让顾客进来看电影，还为了让顾客欣赏他的安乐世界”。[3] 电影院不光提供一个“观众逃避现实的环境”，它还提供一处场所，顾客在里面可以“从荧幕上穿细跟高跟鞋的女主角

1 “Strand Theatre on Ningpo Road Is New Cinema,” *China Press*, 21 October 1930, 3.

2 “Shanghai's Newest Cinema, The Strand Theatre, Being Opened to Public Today,” *China Press*, 21 November 1930, 1. 开业当天所放的电影是音乐浪漫剧《入乡随俗》（*Let's Go Native*），由南太平洋公司发行，珍妮特·麦克唐纳（Jeanette MacDonald）和杰克·奥克（Jack Oakie）主演。

3 正如Charles Gilbert Reinhart所言，“Halls of Illusion,” *Saturday Evening Post* 201 (May 11, 1929), 引自Robert A. M. Stern, Gergory Gilmartin and Thomas Mellins, *New York 1930: |4 Architecture and Urbanism Between the Two World Wars* (New York: Rizzoli, 1987), 246.

那里吸收新的衣着时尚、仪态和恋爱方式……”[1] 在某些方面，电影院就像百货公司一样，是逃避世俗的一个避难所。

上海电力大厦和中国企业银行

装饰艺术风格是上海建筑的重要特点之一，哈沙德之后设计的建筑也逐渐脱离文艺复兴风格，转向装饰艺术风格。[2] 1926年装饰艺术风格已经在上海的建筑中崭露头角，其中一个典型案例便是沙逊大厦，沙逊及其公司总部所在地，曾名华懋饭店（今为和平饭店）。该建筑由公和洋行设计，于1926年动工，1929年建成。沙逊大厦是外滩第二大建筑。12层的塔楼，顶上覆有一个金字塔尖顶，是上海的地标建筑，并以装饰艺术风格的室内装饰和外立面窗框而闻名。[3]

哈沙德轻轻松松地就从之前惯用的建筑风格转变到更富有魅力的、现代的装饰艺术风格。他设计的上海电力公司（南京东路181号），建成于1931年，就是这种新的流线型风格29-30。它被誉为“南京路上与众不同的建筑”。[4] 六层楼高的混凝土大楼优雅地表达了简洁性和有效性。建筑以转角为轴线，向两侧延伸，台阶状的塔楼强调了转角的入口。通过立面凸起的结构，建筑被划分为三个垂直的部分，“中间部分由三组垂直的窗户带贯穿五层楼。在窗户之间和檐口附近，有复杂而精致的装饰”。[5] 富有韵律的、薄薄的、垂直方向的肋状构件鲜少装饰，建筑的顶部则装饰了全新的人字形图案。窗户下方的金属浮雕

29
上海电力公司，上海，1931

30
上海电力公司立面，1931

1 Stern, Gilmartin and Mellins, *New York 1930*, 246.
2 关于装饰艺术风格建筑的定义，见Patricia Bayer, *Art Deco Architecture: Design, Decoration and Detail from the Twenties and Thirties* (London: Thames & Hudson, 1999).
3 Huebner, “Architecture on the Shanghai Bund,” 135; Richard Jones, “Metalwork of the Shanghai Bund,” *Arts of Asia* 14, no. 6 (November / December 1984): 88–89; Johnston and Erh, *A Last Look*, 96–103.
4 *China Press*, 24 December 1931, Building, Real Estate and Engineering section, 1.
5 常青：《大都会从这里开始》，第110页。

装饰是装饰艺术风格的典型做法，它结合了轮廓线、浅浮雕、棱角分明的图案和锯齿形状的装饰[31-32]。该公司的效率和力量通过这种完全异于先前风格的方式，即建筑上全新的抽象元素表达出来。

1930年前后，上海经历了另一个建筑高峰期，这次的建筑高潮以高层建筑和公寓楼为主。哈沙德另一幢装饰艺术风格的建筑是为刘鸿生设计的四川路33号（四川中路）的中国企业银行（也称为刘鸿生办公大楼）。精练简洁的中国企业银行大楼共有八层，与上海电力大楼一样，其立面也有简洁的垂直肋和阶梯状层层退进的塔楼，建筑形体简洁抽象[33]。由于上海是软土地基，该建筑更关注其稳固性，建筑正面的高度为40米（132英尺），从街面到顶端插旗帜的点，距离约为44米（144英尺）。在建筑开始建造之前就有超过300根桩打入基础。业主刘鸿生将这幢楼的八楼作为自己的公寓，艾略特·哈沙德后来也将其办公室迁至该楼的七层。[1]

公寓以及私人住宅

现代美国式高层公寓不仅吸引外籍人士来居住，同时也吸引着上海本地的市民，它为他们提供了除市郊花园和排屋之外的另一种选择。[2] 1926年，J. 波特（J. S. Potter）认为上海需要更多的公寓，但他觉得高层公寓可能更受外籍人士的欢迎，因为中国人可能相对更偏爱低层住宅。[3] 但是中国人，尤其是受过专业教育的市民，也喜欢公寓住宅，因为公寓能够提供更好的私密性。[4] 哈沙德设计了几栋大型的公寓大楼，包括托益公寓（Teog Apartment，也叫River Court，1930—1931），[5] 海恪大楼（Haig Court，

33
中国企业银行，上海，1931

31
上海电力公司细部-1，上海，1931

32
上海电力公司细部-2，上海，1931

1 "New Szechuen Road Building Brings Business," *China Press*, 27 August 1931, Building, Real Estate and Engineering section, 1, 4.

2 Cody, *Exporting American Architecture*, 120.

3 J. S. Potter, "A Consideration of Shanghai Present Day Real Estate-the Position in 1926," *ChineseWeekly Review*, Supplement *Greater Shanghai*, 4 December 1926, 65.

4 Frank Dikötter, *Exotic Commodities: Modern Objects and Everyday Life in China* (New York: Columbia University Press, 2006), 159–161.

5 关于托益公寓的信息不明确。一份发表于1930年的声明声称，该公寓坐落在愚园路靠近Tiny Hotel附近，是一座7层楼高的建筑。它为上海市民托益夫人所建，该建筑包含21个大大小小的房间，每间都配备有最新、最现代的生活设施。业主自留屋顶露台洋房自用（*China Journal* 12, no. 6 [June 1930], 350–351）。次年，一篇文章报道关于愚园路靠近Tiny Hotel的一座混凝土框架结构的公寓，由哈沙德设计，建议修改设计概念。现名为River Court（愚园路753号），8层楼，20个公寓套房，所有家具设备也是时下最先进的。该文章扩展介绍了公寓的另外一些方面。公寓拥有网球场、儿童操场以及20个停车位，即每户一个车位的配备。建筑的屋顶仍有一露台洋房，但没有说明是留给业主自住的（"Fourteen Floors for River Court," *China Press*, 16 July 1931, 19）。为什么文章题目为14层建筑，而文中却说建筑只有8层，这一点尚不明确。作者没有找到该公寓的任何图像资料。据译者考证，托益公寓指的是愚园路

1930—1931）以及枕流公寓（Brookside Apartments，1931）。

海恪大楼[34]坐落在海恪大道400号（现华山路370号），最初采用西班牙犹太人业主的名字命名为埃利亚斯公寓（Elias Apartments），但是最终以它所在的街道命名。[1]哈沙德最初设计的方案为10层楼，有36个套房，第九层是宽敞的洋房，且建筑带有车库和洗衣房。[2]海恪大楼的底层平面为方形。建国后又加建了两层。

枕流公寓是政治家、外交家李鸿章的小儿子李经迈的产业，位于海恪大道433—435号（今华山路731号）。该公寓位于德国花园总会及其相邻建筑的对面，所以公寓利用位置之便，使每套房间都有总会花园的景观。[3]枕流公寓的底层平面呈V字形，这一形状在中国很受欢迎，因为它像中国汉字的"八"[35]。对中国人而言，"八"意味着"发"，这样的住宅能给住户带来好运。哈沙德出任枕流公寓的项目经理。该公寓是当时上海最有名的大楼之一，很多明星和名人都居住于此。[4]

海恪大楼和枕流公寓中，哈沙德将装饰艺术风格的细节与西班牙式的红瓦屋顶和白墙相融合。这两者结合所形成的优雅的视觉效果在枕流公寓中尤为明显，这些细节创造出视觉上的趣味性。值得一提的是，屋顶中央区域的骑楼上的镂空装饰和尖顶的形态让人回想起西班牙建筑的山墙[36]。同时，哈沙德在美国乡村俱乐部中率先使用的西班牙教会建筑风格，此时在上海大肆流行，尤其是在居住建筑中。[5]1934年2月，本土建筑师范文照（1893—1979）和林朋（Carl Christian Lindbom）联合举办了西班牙式住宅建筑图案展览会，林朋发表了关于上海西班牙风格建筑的适应性的文章。[6]

34
海恪大楼，上海，1931

35
枕流公寓，上海，1931

36
枕流公寓细部，上海，1931

769号洛公园和753号江宁公寓（River Court，也称江上大楼、海上大楼），地块由边瑞馨家族出售给犹太人托益（R. E. Toeg），因此得名托益公寓。托益的两个儿子也是江宁公寓的管理者。详情可见：徐锦江《愚园路上的"洛公馆"究竟是不是洛克菲勒的公馆》，《文汇报》2020年3月13日，https://wenhui.whb.cn/third/zaker/202003/13/332840.html. 哈沙德设计的是愚园路753号江宁公寓。

1 Johnston and Erh, *Frenchtown Shanghai*, 79.

2 "New 10-Story Apartment for French Concession," *Chinese Weekly Review*, 25 October 1930, 293; "Construction of New Apartment House to Start," *China Journal* 13, no. 5 (November 1930), 263.

3 "Shanghai Tomorrow," *China Press*, 28 February 1930), Construction and Trade Development, 57.

4 娄承浩、薛顺生：《老上海经典建筑》，第126页；同见于沙似鹏《上海名建筑志》，第217–220页。

5 "Spanish Style Home Unique in Shanghai," *China Press*, 26 May 1932, Building, Real Estate, Engineering supplement, 4. 上海在1930—1940年间建造的10栋西班牙建筑照片资料可见于：蔡育天《回眸》，第256，257，272，281，300，318，323，324，325页；沙似鹏《上海名建筑志》，第387–405页。

6 "Exhibition of Shanghai Spanish Homes Planned," *China Press*, 25 January 1934, 12; "Spanish Houses for Shanghai," *China Press, 1* February 1934; Carl Christian Lindbom, "Architecture of Old Spain Suitable Here, " *China Press*, 22 February 1934, Real Estate Section, 12. 关于范文照，见：伍江《上海百年建筑史》，第153–155页。

37
R. 布哈德别墅 -1，上海，1930–1932

38
R. 布哈德别墅 -2，上海，1930–1932

39
康奈尔·S. 富兰克林府邸，上海，1931

40
康奈尔·S. 富兰克林府邸侧面，上海，1931

1930至1932年间，哈沙德在其设计的永福路52号布哈德别墅中继而青睐西班牙殖民风格[37-38]。R. 布哈德（R. Buchan）是上海艾伦和布哈德券商公司的合伙人。[1] 该建筑是一座典型的、富有浓郁西班牙殖民风格的建筑，没有丝毫装饰艺术风格的细节。建筑的外墙被富有纹理的奶 油色石灰砂浆覆盖，屋顶为红色的陶瓷瓦。西班牙殖民风格的特征体现在拱形门廊、女儿墙装饰细节、钟塔的象征、带圆拱的阳台，以及支撑拱形窗户和主入口后面两侧矩形窗洞的螺旋柱。布哈德别墅的设计水准和独特的审美情趣得到了认同。[2]

1931年，哈沙德应邀为来自密西西比的康奈尔 · S. 富兰克林（Cornell S. Franklin）设计一座带有美国南方风格的府邸。这一住宅的设计让哈沙德重归其家乡的殖民地种植园风格。富兰克林是弗莱明、富兰克林和奥尔曼事务所的律师；他在上海公共租界工部局代表美国处理相关事宜[39-40]。[3] 哈沙德为富兰克林设计的豪宅位于霞飞路（今淮海路338号），是一栋庄严的、简化了的美国种植园风格住宅，一共两层楼，有着深深的廊子和巨大的柱子。主入口位于建筑的中部，平板大门的上方有一个帕拉第奥式的气窗，两侧各有一立柱和扇形灯。府邸的前面有宽大的草坪，屋后有一个网球场、一个游泳池。[4]

1 *North-China Desk Hong List, 1930* (Shanghai, North China Daily News and Herald, 1930), 19.

2 关于该建筑更多信息，见：薛顺生、娄承浩《老上海花园洋房》，第73–74页；沙似鹏《上海名建筑志》，第393–394页；以及大量照片见于上海市徐汇区房屋土地管理局《梧桐树后的老房子》，上海画报出版社，2001，第62–63页。

3 *North-China Desk Hong List*, 1930, 120; Johnston and Erh, *Frenchtown Shanghai*, 80.

4 薛顺生、娄承浩：《老上海花园洋房》，第158页。关于弗兰克林府邸见：Johnston and Erh, *Frenchtown Shanghai*, 81–82；薛顺生、娄承浩《老上海花园洋房》，第158–159页；以及蔡育天《回眸》，第228页。

41
基督教科学派，上海，1934

42
基督教科学派现状，1934

43
基督教科学派现状，1934

44
基督教科学派立面及门的细部，上海，1934

45
基督教科学派门的细部，上海，1934

基督教科学派总部

1934年，哈沙德承接的上海基督教科学派总部项目标志着其设计风格转向一种古老的建筑：罗马古典建筑[41]。基督教科学派偏爱古典主义，“因为它与哥特教堂建筑的神秘主义传统完全不同”。[1] 该项目位于今北京西路和胶州路的转角口，哈沙德依据地形设计了一座半圆形的建筑。弧形的房屋很好地适应了基督教科学派的功能需求：使桌子后面的读者都能得到良好的回应。[2] 立面的色调简洁朴素：底下为白色，上面为浅黄色，门的四周包有蓝色大理石的门框，门框里面则是深褐色的青铜大门，至今仍能看到[42]。哈沙德保持他一贯的风格，将装饰减至最少。在底层大门的两侧开有铸铁栅栏的小窗口，与铸铁装饰的大门两侧（现已拆除）共同烘托了建筑的立面[43]。巨大的拱形窗户有扁平的梯形锁石一直延伸到檐口的底部；壁柱的柱头采用简化了的多立克柱头形式，[3] 大门也鲜少装饰，仅仅门把手上装饰着花环和鬼脸[44-45]。

1 Stern, Gilmartin and Massengale, *New York* 1900, 110.

2 “First Church of Christ to Inaugurate New Building,” *China Press*, 1 November 1934, Real Estate Section, 13.

3 爱奥尼柱式——译者注。

永安新厦

很多中国人到上海做生意，利用上海优越的经济环境来创造财富。创办于香港的百货公司也在其列，他们到上海来扩展其奢侈品销售的业务。[1] 先施公司1900年创办于香港，于1917年在上海开设分店。永安公司1907年创办于香港，1918年在上海开设分店。[2] 两家百货公司隔南京路相望，它们的建筑也是经历了一番激烈的竞争。先施公司由英商德和洋行设计。这是一栋钢筋混凝土结构的英国文艺复兴风格的建筑，底层立面采用宁波的石材，上面几层则采用花岗岩纹理的混凝土立面。立面有大量的柱子和檐口。[3] 永安公司的设计方为香港的公和洋行，建筑为六层楼高的钢筋混凝土结构，占据了南京路上的一整个街区。[4] 永安公司不仅出售几乎涵盖所有类目的寰球百货，其业务还包括酒楼、茶室、娱乐大厅、花园走廊和冬季花园、屋顶花园以及著名的大东旅社。该公司外立面比较特殊的一个地方就是，垂直的布幔和壁柱上面都写有公司和所出售商品的名称。“这些看似随意胡乱写的文字，在随后的灾难中幸免于难。”[5] 这些百货商店是南京路高档零售商区的一部分，按照现代学者的说法，它们提供了“各种各样令人眼花缭乱的服务，是西方文化和亚洲文化的强大融合”。[6]

1933年，永安新厦开始动工，建筑由艾略特·哈沙德和E. S. J. 菲利普斯设计 46-47。新大楼位于浙江路、九江路和湖北路围合而成的三角形地块中（现南京东路627号）。该大楼的形象一如美国纽约的商业大楼。裙房通过两个横跨浙江路的人行天桥与老的永安大楼相连接，这是上

46
康奈尔·S. 富兰克林府邸，上海，1931

47
康奈尔·S. 富兰克林府邸侧面，上海，1931

1 最终在上海开有四家大型百货公司。见 Wellington K. K. Chan, “Selling Goods and Promoting a New Commercial Culture: The Four Premier Department Store on Nanjing Road, 1917–1937,” in *Inventing Nanjing Road: Commercial Culture in Shanghai, 1900–1945*, ed. Sherman Cochran (Ithaca, NY: Cornell East Asia Series, 1999), 19–36.

2 关于两家百货公司翔实的研究，见 Yen Ching-hwang, “Wing On and the Kwok Brothers: A Case Study of Pre-war Chinese Entrepreneurs,” in *Asian Department Stores*, ed. Kerrie L. MacPherson (Honolulu: University of Hawai’I Press, 1998), 47–65; and Wellington K. K. Chan, “Personal Styles, Cultural Values, and Management: The Sincere and Wing On Companies in Shanghai and Hongkong 1900–1941,” in *Asian Department Stores*, 66–89.

3 Kerrie L. MacPherson, “Introduction: Asia’s Universal Providers,” in *Asian Department Stores*, 11. 关于先施公司建筑的更多信息，可见 *North China Herald*, 20 October 1917, 163; “New Department Store and Hotel for Shanghai,” *Far Eastern Review*, December 1916, 254–255; Huebner, “Architecture and History in Shanghai’s Central District,” 223.

4 “The Wing On Department Store,” *Far Eastern Review*, October 1918, 424. 该文章（42–425）记录了大量该建筑的细节。

5 “The Wing On Department Store,” 425.

6 MacPherson, “Introduction: Asia’s Universal Providers,” 1.

海难得一见的建筑景观。该楼甚至与四行储蓄会大厦争夺过上海最高建筑的头衔。1932年，新闻上一则关于永安新厦的广告，标题为将来会是“远东第一高楼”。[1] 1933年，另一则广告则宣称它是“上海第二高楼”。[2] 1936年，该大楼据说有24层，“比上海当时最高楼房足足高出24英尺”。[3] 1938年，永安公司的跑冰场于该楼三楼开设。七楼的酒店取名为“七重天”，作为上海最顶级的酒楼而名震一时。[4]

永安新厦，狭长的塔尖从巨大的街区里拔地而起，其立面剪影很像纽约的伍尔沃斯大厦，后者一度被称为“商业世界的主教堂”。这是永安新厦有目的地参照了商业上成功案例的力证。

1937—1943年间

1937年，由于日本侵华战争，很多美国人逃离上海；然而，也有一部分人留了下来，哈沙德正是其中之一。但是在上海的日子变得愈发艰难。同年哈沙德设计的美孚公司新办公大楼计划无奈流产。[5] 1941年哈沙德事务所的业务已经很少，哈沙德将事务所迁至海格大道433号（枕流公寓），人员也减少到仅有一名；中国木工和干窑公司也不再归哈沙德所有，该公司迁往杨树浦港路（现为杨树浦路）。[6]

1942年，珍珠港事件后，日本人开始遣返留华的外国人，同时将中国其他地区的外籍人士都迁至上海。美国乡村俱乐部成了收容所，外籍人士在住进上海城内外的集中营之前都在那里短暂落脚。一位妇女回忆道：“在上海，我们被抛弃在乡村俱乐部里，建筑内的家具都被移走，取而代之的是临时搭建的帐篷和床……我们在这里待了8个月。”[7]

1943年1月，日本人开始将在沪侨民迁至上海敌国人集团生活所（集中营的一个别称），在上海及其周围地区一共有八个。到1943年4月，美国乡村俱乐部也成了上海集中营。囚犯在俱乐部的房间内用布帘隔成小间，来继续其家

1 “Wing On Department Store To Have Tower in Far East on New Annex,” *China Press*, 9 June 1933), Real Estate and Engineering, 1.

2 “New Wing On Building Now Being Built,” *China Press, 4* May 1932, 11.

3 “New Wing On Skyscraper Is Fast Nearing Completion,” *China Press, 9* July 1936, 9; “24-Story Wing On Tower Ready: Shanghai’s Tallest Building Will Be Opened Soon,” *China Press*, 31 March 1937, Progress Supplement, 51. 更多关于永安新厦的资料，见：娄承浩、薛顺生《老上海经典建筑》，第64–65页；沙似鹏《上海名建筑志》，第158–163页。

4 Huebner, “Architecture and History in Shanghai’s Central District,” 224–225; 罗小未：《上海建筑指南》，第95–96页。

5 迈克尔·哈沙德寄给作者的信，没有签署日期，作者收到的日期为2002年1月13日。

6 The Shanghai Directory, *1941: City Supplementary Edition to the China Hong List* (Shanghai: North China Daily News and Herald, 1941), 70, 151.

7 Enid B. Phillips, “What Internment Meant to a Mother,” in *Through Toil and Tribulation: Missionary Experiences in China During the War of 1937–1945* (London: Carey Press, 1947), 34.

庭生活。一个家庭与另外六户家庭一起蜗居在酒吧里。[1] 闸北集中营更是众人皆知，就在原大夏大学的校园里面，此时的校园已经被大面积地摧毁和损坏，是美国人主要的居住之所。[2] 在闸北集中营里，卡尔·迈当斯（Carl Mydans, 1907—2004），作为著名的《生活》（Life）杂志摄影师，从1943年3月13日到1943年9月14日期间发行了《集中营生活》（Assembly Times），于每周二和周六发行。该杂志也报道了哈沙德的离世。1943年3月3日，哈沙德被迁至闸北集中营；4月22日下午，"在集中营医务室，其并发症发展为肺炎"，随即被送至公济医院，1943年4月23日，哈沙德在医院去世。[3]

结语

新中国成立以后，上海的很多房屋都被改建为居住用房，或者改作他用。[4] 哈沙德设计的房屋也不能幸免。

今天的美国乡村俱乐部是一个医药公司；[5] 室内壁球场作放置瓶装药品之用；传说中的游泳池"仍然还在，只是里面养了鱼和青蛙"。[6] 1958年，华安大楼成为华侨饭店，后又成为金门饭店。[7] 其建筑顶上加建了两层。西侨青年会大楼则成了上海体育大厦，也作为上海银行分行和台北总统牛排馆的营业场所。[8] 中国企业银行大楼则用作上海轻工业局的办公之处。[9]

1979年，海格公寓重新命名为静安宾馆，拥有96个标间和8个套房；原先露天的凉廊被封闭起来，最顶上一层加开了一个饭店。[10] 枕流公寓的改建包括

1 J. Cameron Scott, "Regarding the Japanese," in *Through Toil and Tribulation*, 89–91.

2 Carl Mydans, *More Than Meets the Eye* (New York: Harper, 1959), 104–105; Van Waterford (Willem F. Wanrooy的笔名), *Prisoners of the Janpanese in World War Ⅱ: Statistical History, Personal Narratives and Memorials Concerning POWs in Camps and on Hellships, Civilian Internees, Asian Slave Laborers and Others Captured in the Pacific Theater* (Jefferson, NC and London: McFarland, 1944), 228–229.

3 "Elliott Hazzard Dies," *Assembly Times, 24* April 1943, 2. 根据讣告，哈沙德的大儿子小艾略特被关押在浦东集中营，而小艾略特的两个女儿苏珊和乔安，则被关押在闸北集中营（Jay and Lucile Oliver Paper, Special Collections and University Archives, University of Oregon Library, AX647/25/7, "Children 1—19 Years of Age," 3）。关于浦东集中营见T. W. Allen, "Internment Interlude," in *Through Toil and Tribulation*, 82–85 and Wterford, *Prisoners*, 229. 小儿子迈克尔受雇于英国大使馆，在1942年9月的一次"外交交流"中，和他的新妻子一起离开了中国。源于2002年1月13日作者收到的迈克尔·哈沙德的信。

4 关于这方面改建的简短评论，见Edward Denison and Guang Yu Ren, *Building Shanghai: The Story of China's Gateway* (Chichester, West Sussex: Wiley-Academy, 2006), 201–211.

5 2016年，上海生物制品研究所与上海万科对该地块进行了整体交接，后者携手大都会建筑事务所（OMA）以及West 8景观规划设计公司对其进行整体更新改造及运营，将该片区域更名为"上生·新所"（Columbia Circle），于2020年10月对市民开放——译注。

6 Johnston and Erh, *A Last Look*, 43.

7 罗小未：《上海建筑指南》，第102页。它有时候也被称为太平洋酒店（Pacific Hotel）。

8 唐振常编，*Shanghai's Journey to Prosperity 1842-1949* (Hong Kong: The Commercial Press, 1996), 207.

9 罗小未：《上海建筑指南》，第61页。

10 罗小未：《上海建筑指南》，第204页（本书误将该建筑归为另一建筑师设计）；Johnston and Erh, *Frenchtown Shanghai*, 79.

新增沿街立面，重新安排室内房间来容纳比原来多五倍的住客。[1] 弗兰克林府邸则作为一家军事医院的管理大楼使用。[2]

较为讽刺的是，基督教的信奉者都认为，生病的时候祷告比传统药物更有效，基督教科学派大楼现在却作为上海医学会的总部，并作为病历储存库之用。

当哈沙德设计的办公大楼、公寓、私人住宅都被遗弃或改建为他用之时，他于1933—1937年间设计的永安新厦，尽管外立面和轮廓几乎被广告牌全部遮挡，仍然是上海商业天际线的重要象征。[3]

结论

在1949年前的上海，艾略特・哈沙德和在纽约时一样，设计了风格多样的建筑。在中国，他设计的建筑中没有两幢是相似的。他对纽约商业办公大楼的模仿，如华安大厦和西侨青年会大楼，尤其是建筑中部向内凹进、富有戏剧性，为高大柱廊支撑笨重的三角形山花这一古板的建筑形象，带来富有动感的、新颖的建筑形式。他在西侨青年会中使用的砖砌花纹为上海建筑景观增添了视觉生命力，但是除了他自己设计的新光大戏院，这种处理手法并没有被其他建筑师模仿。哈沙德将其建筑设计能力扩展到了对美国三种主要建筑风格的灵活运用。很有可能正是哈沙德，将美国南部种植园建筑的风格带到中国并介绍给领事和本土设计师（厦门领事馆和弗兰克林府邸）。然而，这种与众不同的风格在上海并没有多少追随者。哈沙德精通西班牙教会风格，从他设计的美国乡村俱乐部到布哈德别墅都有体现。哈沙德对新艺术风格的运用也游刃有余，这在上海电力大厦和中国企业大楼中都可以看得见。然而，哈沙德最富创造性的是，将西班牙教会风格和富有现代感的新艺术风格杂糅在一起，正如海格大楼和枕流公寓中所体现的那样。同时，他低调的基督教科学派总部足以说明他能以一种安静而明智的方式来回应罗马古典建筑。最后，在其上海职业生涯的末期，他重归纽约商业大楼，创造了独一无二的上海地标永安新厦，呼应着美国伟大的建筑创造——摩天楼。

1 Johnston and Erh, *Frenchtown Shanghai*, 78.

2 关于弗兰克林府邸，见：宋路霞《上海洋楼沧桑》，上海科学技术文献出版社，2003，第68–69页；蔡育天《回眸》，第261页。

3 现为南京路与浙江路转角的上海第十百货公司。

图片来源

编号	图名	图片来源
第一部分 1914年前后的上海：城市、商业与市民生活		
图1	新上海地图，1931年	War Office，Geographic Section．Plan of Shanghai[EB/OL]．Virtual Shanghai，[2020-09-17]．https://www.virtualshanghai.net/Maps/Collection?ID=85．
图2	南京路道路铺设，1908年	天之骄子．自由上海[EB/OL]．草根学堂，（2013-09-04）[2020-09-17]．http://caogenleyuan.six168.com/viewthread.php?action=printable&tid=3744&sid=0pcGIC．
图3	有轨电车线路图及价目表，1936年	File: 1937 Shanghai Tram Map[EB/OL]．Wikimedia Commons．[2020-09-17]．https://commons.wikimedia.org/wiki/File:1937_Shanghai_tram_map.jpg．
图4	南京路街景，20世纪初	沈寂．老上海南京路[M]．上海：上海人民美术出版社，2003．
图5	受英国建筑风格影响的外廊式样在上海的演变	郑时龄．上海近代建筑风格[M]．上海：上海教育出版社，1995．
图6	南京路街景，1870年	Virtual Shanghai．View of Nanking Road[EB/OL]．[2020-09-17]．https://www.virtualshanghai.net/Photos/Images?ID=155．
图7	山东路街景，1910年	Virtual Shanghai．Shantung Road[EB/OL]．[2020-09-17]．https://www.virtualshanghai.net/Photos/Images?ID=2002．
图8	福州路街景，1907年	Virtual Shanghai．Foochow Road[EB/OL]．[2020-09-17]. https://www.virtualshanghai.net/Photos/Images?ID=25200．
图9	南京路劳合路，1884年	李天纲．南京路：东方全球主义的诞生[M]．上海：上海人民出版社，2009．
图10	南京路，江西路以东，19世纪末	Virtual Shanghai．Street Secne in the International Settlement[EB/OL]．[2020-09-17]．https://www.virtualshanghai.net/Photos/Images?ID=149．
图11	1920年代的南京路	沈寂．老上海南京路．53．
图12	福利洋行二则启事	Advertisements[EB]．North China Daily．（1870-12-21）[2020-09-17]．
图13	福利公司	Virtual Shanghai．Hall-Holtz Company[EB/OL]．[2020-09-17]．https://www.virtualshanghai.net/Photos/Images?ID=150．
图14	惠罗公司	上海图书馆历史图片
图15	惠罗公司	Thomas Nybergh．Old and Shaky: Amazing 3D Photos of life in 1860 to 1930[EB/OL]．Whizzpast．（2015-07-10）[2020-09-17]．https://www.whizzpast.com/amazing-vintage-3d-photos-industrialized-world/.
图16	汽车广告	rendaxinwenxi．透过《申报》广告看20世纪二三十年代的上海的“买买买”生活[EB/OL]．RUC新闻坊．（2019-11-10）[2020-09-17]．https://wemp.app/posts/ee2b257e-e793-4f96-a017-f5a20c9f612b．
图17	减肥广告	民国医药文献博物馆．民国报纸的减肥广告[EB/OL]．[2020-10-12]．http://shsgmm.com/products/1149.html．
第二部分 从悉尼到上海：四大公司发展简史		
图1	南京路街景，1930年代	上海历史博物馆
图2	永生果栏旧址	Peter Hack．The Art Deco Department Stores of Shanghai[M]．Sydney：Impact Press，2017：48.
图3	安东尼·荷顿百货公司	Peter Hack．The Art Deco Department Stores of Shanghai．49．
图4	永安果栏	来自作者与Peter Hack的通信，2019-12-27．
图5	永生果栏的四位合伙人	Peter Hack．The Art Deco Department Stores of Shanghai．39．
图6	香港德辅道先施公司	上海市档案馆历史图片。
图7	先施公司粤行局部	先施[EB/OL]．Wikiwand．[2020-10-12]．https://www.wikiwand.com/zh-sg/%E5%85%88%E6%96%BD．

图8	大卫·琼斯百货公司	David Jones Limited[EB/OL]. Wikipedia. [2020-10-12]. https://en.wikipedia.org/wiki/David_Jones_Limited.
图9	刚刚开幕的永安公司，1907，香港	佚名. 大新百货公司与蔡氏家族（五）[EB/OL]. 香港倒后镜.（2015-12-31）[2020-10-12]. https://elevenstrokes.blogspot.com/2015/12/.
图10	香港永安公司，1910年左右	Annelisec. Wing On and World Theatre[EB/OL]. Gwulo: Old Hong Kong. [2020-09-17]. https://gwulo.com/atom/24831.
图11	香港大新公司（左侧），1925年左右	佚名. 大新百货公司与蔡氏家族（五）.
图12	大新公司西堤分行（左侧高楼）	陶达嫔. 百年长堤将回归金融本色[N/OL]. 南方日报.（2012-06-12）[2020-09-17]. http://house.southcn.com/f/2012-06/12/content_47993530.htm.
图13	1900年前后的南京路	沈寂. 老上海南京路. 49.
图14	先施公司行号路图	鲍士英. 上海市行号路图录[M]. 上海：The Free Trading Co. Ltd，1947.
图15	刚刚开业的先施公司	上海市房地产行业教育中心. 上海优秀建筑鉴赏[M]. 上海：上海远东出版社，2006.
图16	先施公司被炸场景	Christian Henriot. War in History and Memory: An International Conference on the Seventieth Anniversary of China's Victory for the War against Japan[EB/OL]. Academia Historica. (2015-07-09)[2020-09-17]. https://www.virtualshanghai.net/WMS/Papers?ID=130.
图17	永安公司行号路图	鲍士英. 上海市行号路图录.
图18	永安公司筹备回忆录	吴辰. 城市记忆：上海历史发展档案图集[M]. 上海：上海辞书出版社，2006.
图19	永安公司明信片	张渊源. 步行街东拓开街，南京东路魅力无限：图说百年南京路精彩瞬间[EB/OL]. 澎湃.（2020-09-22）[2020-10-14]. https://www.thepaper.cn/newsDetail_forward_9242557.
图20	永安公司广告	永安公司广告[N]. 新闻报本埠附刊，1934-07-28.
图21	《增订香山郭氏族谱》序	郭绍阳. 广东香山郭氏族谱[EB/OL]. 中国家谱编印中心.（2015-06-11）[2020-10-14]. http://4g.jiapu.best198.com/z/2015/25102.html.
图22	永安公司被炸现场	Karl Kengelbacher. An Unknown Bomb Hits the Westwing of the Department Store Sincere Co., More Than 100 People Got Wounded or Killed: Desolation on Nanking-Road.（1937-08-23）[2020-09-17]. http://www.japan-guide.com/a/shanghai/image.html?30.
图23	永安公司职员殉难年祭	静. 年祭[J]. 永安月刊，1939(5)：43.
图24	公安跑冰场广告	公安跑冰场[J]. 永安月刊，1939（5）:12.
图25	《永安月刊》封面节选	永安月刊
图26	新新公司股票	吴辰. 城市记忆——上海历史发展档案图集[M]. 上海：上海辞书出版社，2006：59.
图27	李敏周遇难新闻报导	凶手在法院供述经过情形[N]. 新闻报，1934-02-03（4）.
图28	新新公司火灾新闻报导	报告员. 短波：新新玻璃电台[J]. 广播无线电，1941（17）：3-5.
图29	大新公司为新楼所做的用地宣传图	中国政企影像档案库。
图30	建造中的大新公司	建筑中之上海南京路大新公司新屋[J]. 建筑月刊，1935，3（4）：2.
图31	大新公司行号路图	鲍士英. 上海市行号路图录.
图32	大新公司开幕特刊-1	上海大新公司开业特刊[N]. 新闻报，1936-01-10（17）.
图33	大新公司开幕特刊-2	上海大新有限公司建筑计划大意[N]. 新闻报，1936-01-10（18）.
图34	大新公司开幕时宣传	百货的总汇：最近开幕之上海大新公司[J]. 良友，1936（113）：22.
图35	《美商拟贷美金一亿重建西堤大新》新闻报导	美商拟贷美金一亿重建西堤大新[J]. 针报，1946（32）：2.
图36	日用品公司开幕（“一百”前身）	日用品公司开幕[N]. 新民报，1949-10-19（3）.
图37	公私合营时的永安百货	桂国强，余之. 百年永安[M]. 上海：文汇出版社，2009.
图38	公私合营后永安百货营业场景	吴辰. 城市记忆. 62.
图39	第一百货商店内景	吴辰. 城市记忆. 63.
图40	四大公司发展路径	作者自绘。

第三部分 特性与共性：四大公司建筑研究

图1	四大百货公司位置示意图	作者基于《上海市行号路图录》绘制。
图2	先施公司地盘图	作者根据历史图纸绘制。
图3	先施公司1号楼一层平面图	历史图纸，作者修复、绘制部分细节。
图4	先施公司1号楼南（南京路）立面图	历史图纸，作者修复、绘制部分细节。
图5	先施公司1号楼西立面图	历史图纸，作者修复、绘制部分细节。
图6	先施公司1号楼剖面图	历史图纸，作者修复、绘制部分细节。
图7	先施公司2号楼一层平面图	历史图纸，作者修复、绘制部分细节。
图8	先施公司2号楼东（浙江路）立面图	历史图纸，作者修复、绘制部分细节。
图9	先施公司2号楼剖面图	历史图纸，作者修复、绘制部分细节。
图10	先施公司7号楼一层平面图	历史图纸，作者修复、绘制部分细节。
图11	先施公司7号楼南立面图	历史图纸，作者修复、绘制部分细节。
图12	先施公司7号楼剖面图	历史图纸，作者修复、绘制部分细节。
图13	先施公司粤行	黄曦晖．广州市工商业辛亥革命后发展实例[M/OL]// 浩气长存——广州纪念辛亥革命一百周年史料编委会．浩气长存——广州纪念辛亥革命一百周年史料．广州：广州出版社，2011．http://www.gzzxws.gov.cn/gzws/gzws/ml/hqcc/201107/t20110720_21514.htm．
图14	立面加高后的先施公司	Edward Denison, Guang Yu Ren．Building Shanghai: The Story of China's Gateway[M]．UK: John Wiley & Sons, Ltd., 2006．
图15	先施公司	吴亮．老上海：已逝的时光[M]．南京：江苏美术出版社，1998：13．
图16	沿街商铺平面局部图（上下两层）	作者根据历史图纸绘制。
图17	先施公司1号楼摩星楼渲染图	历史图纸，作者修复、绘制部分细节。
图18	南京路街景，1920年代末，从左到右依次为天韵楼、新新公司塔楼和摩星楼	上海历史博物馆。
图19	先施公司摩星楼现状	作者拍摄。
图20	先施公司7号楼近景	作者拍摄。
图21	先施公司3号楼西立面图	历史图纸，作者修复、绘制部分细节。
图22	先施公司5、6号楼南立面图	历史图纸，作者修复、绘制部分细节。
图23	永安公司效果图	外滩以西．每个人心里都有自己的那一条南京路[EB/OL]．澎湃，（2020-02-12）[2020-09-17]．https://www.thepaper.cn/newsDetail_forward_5931165．
图24	永安公司一期屋顶平面图	历史图纸，作者修复、绘制部分细节。
图25	永安公司一期一层平面图	历史图纸，作者修复、绘制部分细节。
图26	永安公司一期二层平面图	历史图纸，作者修复、绘制部分细节。
图27	永安公司一期南京路立面图	历史图纸，作者修复、绘制部分细节。
图28	绮云阁（左）与摩星楼（右）现状	作者摄于2020年11月。
图29	永安公司二期工程方案平面图	历史图纸，作者修复、绘制部分细节。
图30	永安公司二期工程方案立面图	历史图纸，作者修复、绘制部分细节。
图31	永安公司二期一层平面图	历史图纸，作者修复、绘制部分细节。
图32	永安公司二期二层平面修改图	历史图纸，作者修复、绘制部分细节。
图33	永安新厦现状	永安新厦[EB/OL]．维基百科．[2020-09-17]．https://zh.wikipedia.org/wiki/%E6%96%B0%E6%B0%B8%E5%AE%89%E5%A4%A7%E6%A5%BC．
图34	永安新厦地盘图	历史图纸，作者修复、绘制部分细节。

图35	1920年代初的南京路	Edward Denison, Guang Yu Ren. Building Shanghai:The Story of China's Gateway.
图36	从永安新厦屋顶向西看新新、大新、四行储蓄会大厦等	上海历史博物馆。
图37	上海电力公司	作者摄于2020年11月。
图38	跑马场沿线景象，1946年	Vitrual Shanghai. View of the Grand Theater, Park Hotel, Foreign YMCA, and Pacific Hotel from the Grand Stand of the Racecourse[EB/OL]. [2020-09-17]. https://www.virtualshanghai.net/Photos/Images?ID=33234.
图39	从南京路西望永安新厦	上海历史博物馆。
图40	永安新厦一层平面图	历史图纸，作者修复、绘制部分细节。
图41	永安新厦9-12层平面图	历史图纸，作者修复、绘制部分细节。
图42	永安新厦13-14层平面图	历史图纸，作者修复、绘制部分细节。
图43	永安新厦17-19层平面图	历史图纸，作者修复、绘制部分细节。
图44	永安新厦21层平面图	历史图纸，作者修复、绘制部分细节。
图45	伍尔沃斯大楼	Woolworth Building[EB/OL]. Wikipedia, [2020-09-17]. https://zh.wikipedia.org/wiki/%E4%BC%8D%E7%88%BE%E6%B2%83%E6%96%AF%E5%A4%A7%E6%A8%93.
图46	永安新厦现状	蔡育天. 回眸：上海优秀近代保护建筑[M]. 上海：上海人民出版社，2001.
图47	永安新厦A-A剖面图局部	历史图纸，作者修复、绘制部分细节。
图48	永安新厦雨棚节点图	历史图纸，作者修复、绘制部分细节。
图49	新新公司，1920年代	上海历史博物馆。
图50	新新公司二层平面图	历史图纸，作者修复、绘制部分细节。
图51	新新公司1939年改建的平面图	历史图纸，作者修复、绘制部分细节。
图52	新新公司骑楼处剖面图局部	历史图纸，作者修复、绘制部分细节。
图53	新新公司南（南京路）立面图（塔楼修改后）	作者根据历史图纸绘制。
图54	新新公司现状照片	蔡育天. 回眸.
图55	新新公司剖面图局部	历史图纸，作者修复、绘制部分细节。
图56	大新公司	上海历史博物馆。
图57	基泰工程司图签	历史图纸，作者修复、绘制部分细节。
图58	广州大新公司西堤分行	陶达嫔. 百年长堤将回归金融本色[N/OL]. 南方日报，（2012/06/12）[2020-09-28]. http://house.southcn.com/f/2012-06/12/content_47993530.htm.
图59	大新公司一层平面图，1936	历史图纸，作者修复、绘制部分细节。
图60-1	先施公司功能分布图	作者自绘，作者修复、绘制部分细节。
图60-2	永安公司功能分布图	作者自绘，作者修复、绘制部分细节。
图60-2	新新公司功能分布图	作者自绘，作者修复、绘制部分细节。
图60-3	大新公司功能分布图	作者自绘，作者修复、绘制部分细节。
图61	天韵戏院门票	来自宋幼敏个人收藏。
图62	大东跳舞场广告	大东跳舞场广告[J]. 永安月刊，1939（5）: 24.
图63	新都剧场电影票	来自宋幼敏个人收藏。
图64	云裳舞厅代金券	来自宋幼敏个人收藏。
图65	新公司说书场营业执照	来自蒋伟民个人收藏。
图66	永安人寿保险公司广告	永安人寿保险有限公司[N]. 新闻报，1933-04-08（1）.
图67	中国家庭雏型展览展出的旧式快船	中国家庭雏型展览会中的中国画舫[J]. 礼拜六，1936（657）: 3.

图号	图名	来源
图68	大新跑冰场的广告	大新跑冰场[N]．新闻报，1938-06-11（14）．
图69	上海有轨电车线路图，1937年	上海历史博物馆。
图70	从四行储蓄会大厦屋顶看南京路景观	上海历史博物馆。
图71	先施公司屋顶平面图	历史图纸，作者修复、绘制部分细节。
图72	先施乐园-1	沈寂．老上海南京路．57．
图73	先施乐园-2	彤云．图说南京路四大百货公司[EB/OL]．上海档案信息网，（2012-12-11）[2020-09-27]．http://www.archives.sh.cn/shjy/tssh/201212/t20121211_37487.html．
图74	1930年代末百货公司塔楼景象	上海图书馆历史图片。
图75	先施公司现状	蔡育天．回眸．
图76	永安公司倚云阁现状	作者自摄，2010年3月。
图77	新新公司尖塔	薛理勇．如何“侦破”老照片：原来这是上海南京路[EB/OL]．知乎专栏，（2020-03-04）[2020-09-27]．https://zhuanlan.zhihu.com/p/110807946．
图78	永安新厦现状照片	作者自摄，2010年3月。
图79	英国总会	张丽芸．游客照最常出现的外滩建筑里藏着你不知道的故事[EB/OL]．Esquire，（2016-06-29）[2020-09-27]．http://www.esquire.com.cn/2016/0701/236019.shtml．
图80	有利银行大楼	陈从周，章明．上海近代建筑史稿[M]．上海：上海三联出版社，1988．
图81	邮政大楼	Virtual Shanghai．View of the General Post Office[EB/OL]．[2020-09-27]．https://www.virtualshanghai.net/Photos/Images?ID=117．
图82	上海日本电信局	Virtual Shanghai．Japanese Post Office[EB/OL]．[2020-09-27]．https://www.virtualshanghai.net/Photos/Images?ID=15254．
图83	华安保险大厦	张姚俊．精算师梯队：华安合群成功的秘密武器[EB/OL]．中国保险学会，[2020-09-27]．http://www.isc-org.cn/bxsh/5993.jhtml．
图84	大世界游乐场	Virtual Shanghai．The Great World[EB/OL]．[2020-09-27]．https://www.virtualshanghai.net/%E5%BD%B1%E5%83%8F/%E5%9B%BE%E5%83%8F?ID=1139．
图85	1930年代城市天际线，从左至右依次为先施摩星楼、新新塔楼、永安天韵楼、永安新厦	食砚无田．老上海影集：南京路卷二[EB/OL]．腾讯网，（2017-12-15）[2020-09-27]．https://new.qq.com/omn/20171215/20171215A02XYU.html．
图86	从四行储蓄会大厦望四大公司	上海历史博物馆。
图87	先施公司沿街现状局部	作者自摄，2010年3月。
图88	永安公司现状	作者自摄，2010年3月。
图89	新新公司	René Antoine Nus．View of Nanking Road[EB/OL]．[2020-09-27]．https://www.virtualshanghai.net/References/Biography?ID=155．
图90	大新公司，1945	汤康伟．老上海影集[M]．上海：上海人民美术出版社，2014：92．
图91	《清明上河图》中的酒肆店招	清明上河图[EB/OL]．维基百科，[2020-09-27]．https://zh.wikipedia.org/wiki/%E6%B8%85%E6%98%8E%E4%B8%8A%E6%B2%B3%E5%9C%96．
图92	先施公司大减价宣传	Edward Denison, Guang Yu Ren．Building Shanghai: The Story of China's Gateway．
图93	永安公司	上海历史博物馆。
图94	南京路的店招，1930年代	汤康伟．老上海影集．45．
图95	香港旺角广告灯箱夜景	江门旅游．超全香港购物地图[EB/OL]．搜狐网，（2017-10-06）[2020-09-27]．https://www.sohu.com/a/196491522_695709．
图96	永安百货橱窗	桂国强，余之．百年永安．
图97	永安百货橱窗	桂国强，余之．百年永安．
图98	永安公司柜台	桂国强，余之．百年永安．

图99	惠罗公司室内柜台	沈寂．老上海南京路．54．
图100	永安公司室内柜台	桂国强，余之．百年永安．
图101	大新公司内部	ShanghaiWOW．市百一店将暂停营业[EB/OL]．搜狐，（2017-06-02）[2020-09-27]．https://www.sohu.com/a/145530999_409256．
图102	永安公司时装表演	桂国强，余之．百年永安．
图103	《都市之夜》，永安公司夜景	刘鲁文，廖襄，秦泰来．都市之夜[J]．永安月刊，1939（3）:23-24．
图104	百货公司高塔霓虹灯夜景,1930年代	沈寂．老上海南京路．54．
图105	新新电台儿歌竞赛	新新电台儿歌竞赛[J]．安全，1940，1（3）：27．
图106	大新电台节目表	上海各广播电台播音节目表：大新XHHO[J]．广播无线电，1941（9）：30．
图107	空架自动电梯	新式百货公司装设空架自动电梯便利顾客上落[J]．知识画报，1937（6）：33．
图108	大新公司创办人在自动扶梯前合影	百货的总汇：最近开幕之上海大新公司[J]．良友，1936（113）：22．
图109	永安公司入口处雨棚，1925	Virtual Shanghai．Wing On (Yong'an) Department Store[EB/OL]．[2020-09-27]．https://www.virtualshanghai.net/%E5%BD%B1%E5%83%8F/%E5%9B%BE%E5%83%8F?ID=19508．

第四部分　建筑、城市空间和文化：关于百货公司的几个议题

图1	19世纪哈丁和豪威尔百货商店内场景	Harding, Howell & Co[EB/OL]. Wikipedia, [2020-08-24]. https://en.wikipedia.org/wiki/Department_store#/media/File:ARA_1809_V01_D234_Harding,_Howell_&_Co_premises.jpg
图2	邦•马尔谢百货公司	Le Bon Marché[EB/OL]．Wikipedia，[2020-09-27]．https://fr.wikipedia.org/wiki/Le_Bon_March%C3%A9．
图3	邦•马尔谢百货公司橱窗，1926	Le Bon Marché[EB/OL]．Wikipedia，[2020-09-27]．https://fr.wikipedia.org/wiki/Le_Bon_March%C3%A9．
图4	邦·马尔谢百货公司内景	Barry Bergdoll．European Architecture: 1750–1890[M]．Oxford：Oxford University Press, 2000.
图5	卡森•皮里•斯科特百货公司	Library of Congress．American Memory, American Landscape and Architectural Design, 1850-1920[EB/OL]．[2020-09-27]．https://www.loc.gov/item/00529692/．
图6	卡森•皮里•斯科特百货公司一层平面图	Joseph M. Siry．Carson Pirie Scott: Louis Sullivan and the Chicago Department Store[M]．Chicago: University of Chicago Press．
图7	晓根百货公司	https://www.pinterest.com/tim_jacoby/erich-mendelsohn-mossehaus-berlin-1921-23/
图8	香港百货公司时间线	何尚衡．百货公司之死与商场之崛起[J/OL]．香港独立媒体网，[2020-09-27]．https://www.facebook.com/hkurbanlab/posts/284717661599387/．
图9	戴通百货公司广告插画，1911	Mary Firestone．Dayton's Department Store[M]．Arcadia Publishing, 2007．
图10	先施公司摩星楼	历史图纸，作者修复、绘制部分细节。
图11	永安公司倚云阁	作者根据历史图纸绘制。
图12	新新公司广告画	新新公司广告[J]．良友，1936（113）：7．
图13	新新公司及其塔楼	卡蒂娅·克尼亚泽娃．新新百货：新艺术风格的七层楼，女姓播音员和广东社区[J/OL]．Live Journal，[2020-09-27]．https://magazeta.com/arc-xinxin/．
图14	永安新厦，1945	拉森，迪柏．飞虎队队员眼中的中国[M]．上海：上海文艺出版社，2010．
图15	上海屋顶天际线，1945	拉森，迪柏．飞虎队队员眼中的中国．
图16	先施公司原址上的易安茶楼	黄金玉．广东移民对近代上海城市与建筑的影响[D]．上海：同济大学，2006：80．
图17	大新公司原址上的荣昌祥西服店	汤康伟．老上海影集．82．
图18	南京路街景，清末	沈寂．老上海南京路．49．
图19	南京路街景，1920年代	沈寂．老上海南京路．53．
图20	南京路鸟瞰，1930年前后	吴辰．城市记忆．33．
图21	永安公司鸟瞰图	哲夫．旧上海明信片[M]．上海：学林出版社，1999．
图22	上海城隍庙，清末	薛理勇．旧上海租界史话[M]．上海：上海社会科学出版社，2002：5．

图号	图名	来源
图23	上海县城城门下的集市，清末	汤康伟．老上海影集．11．
图24	城隍庙，19世纪	汤康伟．老上海影集．10．
图25	孙中山在张园，1917	Virtual Shanghai．Sun Yat-sen Gives a Lecture in the Zhang Garden[EB/OL]．https://www.virtualshanghai.net/Photos/Images?ID=1818．
图26	福州路，1905年前后	于吉星．老明信片·建筑篇[M]．上海：上海画报出版社，1997：68．
图27	大世界，1917年	Virtual Shangha．The Great World[EB/OL]．[2020-09-18]．https://www.virtualshanghai.net/Photos/Images?ID=360．
图28	1930年代上海娱乐分布示意图	作者重绘自：楼嘉军．上海城市娱乐研究(1930–1939)[D]．上海：华东师范大学，2004：192，图5-2：30年代上海娱乐空间分布示意图．
图29	上海大世界	华田子．我馆收藏中央美术学院2015届毕业生作品（本科生）工作顺利展开[EB/OL]．中央美术学院美术馆，[2020-09-18]．https://www.cafamuseum.org/exhibit/newsdetail/933．
图30	大新公司宣传的效果图	大新公司[N]．北华捷报，1932-8-4．
图31	大新公司最初方案用地示意图	作者根据《上海市行号路图录》绘制。
图32	南京中山陵祭堂	赖德霖．中国近代建筑史研究[M]．北京：清华大学出版社，2007：278．
图33	上海市图书馆	Old Shanghai Library's Frontage[EB/OL]．Wikipedia，[2020-09-23]．https://zh.wikipedia.org/wiki/File:Old_Shanghai_Library%27s_Frontage.jpg．
图34	大新公司西藏中路立面方案第二稿	作者根据历史图纸绘制。
图35	大新公司立面方案第三稿	作者根据历史图纸绘制。
图36	大新公司透视图	上海南京路大新公司新屋透视图[J]．建筑月刊，1935，3（5）：2．
图37	大新公司南京路立面图（建成）	作者根据历史图纸绘制。
图38	新落成的大新公司	Virtual Shanghai．Nanking Road near the intersection with Thibet Road[EB/OL]．[2020-10-02]．https://www.virtualshanghai.net/%E5%BD%B1%E5%83%8F/%E5%9B%BE%E5%83%8F?ID=33284.
图39	大新公司原相中地块示意图	作者根据《上海市行号路图录》绘制。
图40	建成的大新公司用地示意图	作者根据《上海市行号路图录》绘制。
图41	民国政府外交部	南京工学院建筑研究所．杨廷宝建筑设计作品集[M]．北京：中国建筑工业出版社，1983：66．
图42	大新公司立面细部-1	作者摄于2020年11月。
图43	大新公司立面细部-2	作者摄于2010年3月。
图44	大新公司剖面局部	历史图纸，作者修复、绘制部分细节。
图45	永安公司橱窗前	黄金玉．广东移民对近代上海城市与建筑的影响。
图46	永安公司婚纱表演	上海市图书馆历史图片。
图47	先施公司儿童服装秀	上海市档案馆历史图片。
图48	先施公司女营业员	《申报》
图49	先施公司摄影部	沈寂．老上海南京路．57．
图50	永安公司海鸥剧社1941年《未走之前》剧照	吴辰．城市记忆．60．
图51	永安公司高级职员合影	桂国强，余之．百年永安．5．
图52	先施公司参事合影	沈寂．老上海南京路．59．
图53	一位普通市民站在柯思禄洋行橱窗前	Collections of University of Wisconsin in Milwaukee.
图54	百货公司橱窗前的乞讨者	Virtual Shanghai．Ladies' wear shop-window[EB/OL]．[2020-10-25]．https://www.virtualshanghai.net/%E5%BD%B1%E5%83%8F/%E5%9B%BE%E5%83%8F?ID=252．
图55	悉尼唐人街与安东尼·荷顿百货公司位置关系	作者自绘。

参考文献

[1] "24-Story Wing On Tower Ready: Shanghai's Tallest Building Will Be Opened Soon." China Press, 1937-03-31.

[2] "China United Opens Its New Building with Noteworthy Attendance." China Press, 1925-10-12: 6.

[3] "Department Store." 维基百科, http://en.wikipedia.org/wiki/Department_store#Germany.

[4] "Exhibition of Shanghai Spanish Homes Planned." China Press, 1934-01-25: 12.

[5] "First Church of Christ to Inaugurate New Building." China Press, 1934-11-01, 13.

[6] "George Fitch Shows Newspapermen the New Foreign Y. M. C. A. Building Which is to be Opened on May 1." China Press, 1928-08-18: 4.

[7] "Huge Y. M. C. A. Wonder Building On Bubbling Well Road Dedicated to Shanghai Youth in Ceremony." China Press, 1928-07-8: 7.

[8] "New Building for Nanking Road." China-North Daily News, 1932-08-04.

[9] "New Department Store and Hotel for Shanghai." Far Eastern Review, 1916-12: 254–255.

[10] "New Socony Building at Hankow." Weekly Review, May 12, (1923): 389.

[11] "New Szechuen Road Building Brings Business." China Press, 1931-08-27.

[12] "New Wing On Building Now Being Built." China Press, 1932-05-04.

[13] "New Wing On Skyscraper Is Fast Nearing Completion." China Press, 1936-07-09.

[14] "Shanghai Architect to Supervise Work of Building New 'Y' in Jerusalem." China Weekly Review, 1931-07-25: 322.

[15] "Spanish Houses for Shanghai." China Press, 1934-02-01.

[16] "Strand Theatre on Ningbo Road Is New Cinema." China Press, 1930-09-29: 4.

[17] "The Wing On Department Store." Far Eastern Review, 1918-10: 424–425.

[18] "United States Government Building in Asia." Far Eastern Review, October, (1929): 461.

[19] "Wing On Department Store To Have Tower in Far East on New Annex." China Press, 1933-07-09, 1.

[20] "电动扶梯," 维基百科, http://zh.wikipedia.org/wiki/%E9%9B%BB%E5%8B%95%E6%89%B6%E6%A2%AF.

[21] Andree, Herb, and Noel Young. Santa Barbara Architecture: From Spanish Colonial to Modern. Santa Barbara: Capra Press, 1980.

[22] Baer, Kurt. Architecture of the California Missions. Berkeley and Los Angeles: University of California Press, 1958.

[23] Baldwin, Charles C. Stanford White. New York: Dodd, Mead & Company, 1931.

[24] Barry Bergdoll. European Architecture, 1750–1890. Oxford: Oxford Paperbacks, 2000.

[25] Bayer, Patricia. Art Deco Architecture: Design, Decoration and Detail from the Twenties and Thirties. London: Thames & Hudson, 1999.

[26] Chan, Wellington K. K. "Personal Styles, Cultural Values, and Management: The Sincere and Wing On Companies in Shanghai and Hongkong 1900–1941." In Asian Department Stores, 66–89.

[27] Chan, Wellington K. K. "Selling Goods and Promoting a New Commercial Culture: The Four Premier Department Store on Nanjing Road, 1917–1937." In Inventing Nanjing Road: Commercial Culture in Shanghai, 1900–1945, 19–36.

[28] Chan, Wellington K. K. "Organizational Structure of the Traditional Chinese Firm and Its Modern Reform" [J/OL]. Business History Review (Summer, 1982): 218–235. DOI: https://doi.org/10.2307/3113977.

[29] Chen, L.T. "Y. M. C. A. Now 30 Years Old in China." China Weekly Review, 1928-03-14: 108.

[30] Clifford, Nicholas R. Spolit Children of Empire: Westerners in Shanghai and the Chinese Revolution of the 1920s. Hanover and London: Middlebury College Press, 1991.

[31] Cochran, Sherman, ed. Inventing Nanjing Road: Commercial Culture in Shanghai, 1900–1945 (Ithaca, NY: Cornell East Asia Series, 1999).

[32] Cody, Jeffrey W. "The Woman with the Binoculars: British Architects, Chinese Builders, and Shanghai's Skyline, 1900–1937." In Twentieth-Century Architecture and its Histories, ed. Louise Campbell (N. P., 2000), 251–274.

[33] Cody, Jeffrey W. Building in China: Henry K. Murphy's "Adaptive Architecture" 1914–1935. Hong Kong: Chinese University of Hong Kong, 2001.

[34] Cody, Jeffrey W. Exporting American Architecture 1870–2000. London and New York: Routledge, 2003.

[35] Colton, Ethan T. Introduction to My Eighty Years in China by George A. Fitch. Taipei: Bostonese, 1974, xvii–xviii.

[36] Crane, Louise. China in Sign and Symbol: A Panorama of Chinese Life, Past and Present. London: B. T. Batsford and Shanghai: Kelly and Walsh, 1927.

[37] Denison, Edward, and Guang Yu Ren. Building Shanghai: The Story of China's Gateway. Chichester, West Sussex: Wiley-Academy, 2006.

[38] Dikötter, Frank. Exotic Commodities: Modern Objects and Everyday Life in China. New York: Columbia University Press, 2006.

[39] Falk, Peter Hastings, ed. Who Was Who in American Art, 1564–1975, vol. 1. Madison, CT: Sound View Press, 1999.

[40] Ferguson, Charles J., ed. Andersen, Meyer & Company Limited of China: Its History: Its Organization Today, Historical and Descriptive Sketches Contributed by Some of the Manufacturers it Represents, March 31, 1906 to March 31, 1931. Shanghai: Kelly and Walsh, 1931.

[41] Fitch, George A. "The Story of Shanghai's Foreign Y. M. C. A." China Weekly Review, 1928-03-24: 95–110.

[42] Gibbs, Kenneth Turney. Business Architectural Imagery in America, 1870–1930. Ann Arbor: UMI Research Press Architecture and Urban Design, 1984.

[43] Graybill, Samuel H. Bruce Price, American Architect, 1845–1903. PhD dissertation, Yale University, 1957.

[44] Hack, Peter. "The Chinese Australians Who Conquered Shanghai's Shopping Heart on Nanjing Road." 该文章尚未发表，源于作者与Peter Hack的个人通信，2019-12-16。

[45] Hack, Peter. The Art Deco Department Stores of Shanghai: The Chinese-Australian Connection. Impact Press, 2017.

[46] Hietkamp, Lenore. "The Park Hotel: A Metaphor for 1930's China." In Visual Culture in Shanghai, 1850s–1930s, edited by Jason C. Kuo, 279–332. Washington, D. C.: New Academia, 2007.

[47] Hietkamp, Lenore. The Park Hotel, Shanghai (1931–1934) and its Architect, Laszlo Hudec (1893–1958): Tallest Building in the Far East' as Metaphor for Pre-Communist Shanghai. University of Victoria, 1998.

[48] Huebner, Jon W. "Architecture on the Shanghai Bund." Far Eastern History 39 (March, 1989): 209–269.

[49] Johnston, Tess, and Deke Erh. The Last Colonies: Western Architecture in China's Southern Treaty Ports. Hong Kong: Old China Hand Press, 1997.

[50] Jones, Richard. "Metalwork of the Shanghai Bund." Arts of Asia 14, no. 6 (1984): 88–89.

[51] Laing, Ellen Johnston. Architecture, Site, and Visual Message in Republican Shanghai[M] // 中山大学艺术史研究中心. 艺术史研究：第9辑. 广州：中山大学出版社, 2007: 427–429.

[52] Laing, Ellen Johnston. Elliott Hazzard: An American Architect in Republican Shanghai[M] // 中山大学艺术史研究中心. 艺术史研究: 第12辑. 广州: 中山大学出版社, 2010: 273–323.
[53] Lindbom, Carl Christian. "Architecture of Old Spain Suitable Here." China Press, 1934-02-22.
[54] Liu, William. William Liu Interviewed by Hazel de Berg [sound recording], Oral Transcript 1/1093–95. Canberra: National Library of Australia.
[55] MacPherson, Kerrie L., ed. Asian Department Stores. Honolulu: University of Hawai'I Press, 1998.
[56] Mayo, James M. The American Country Club: Its Origins and Development. New Brunswick, N. J. and London: Rutgers University Press, 1998.
[57] McKendrick, Neil The Birth of a Consumer Society: The Commercialization of Eighteenth-Century England. Brighton, England: Edward Everett Root, 2018.
[58] Mydans, Carl. More Than Meets the Eye. New York: Harper, 1959.
[59] Palamountain, P. "New Foreign Y. M. C. A. Will Open about June 1." China Weekly Review, 1928-03-24: 100–110.
[60] Phillips, Enid B. "What Internment Meant to a Mother." In Through Toil and Tribulation: Missionary Experiences in China During the War of 1937–1945. London: Carey Press, 1947.
[61] Plumridge, Andrew, and Wim Meulenkamp. Brickwork: Architecture and Design. New York: Henry N. Abrams, 1993.
[62] Politzer, Eric. "The Changing Face of the Shanghai Bund Circa 1849–1879." Arts of Asia 35, no. 2 (2005): 64–81.
[63] Potter, J. S. "A Consideration of Shanghai Present Day Real Estate-the Position in 1926." Chinese Weekly Review, Supplement Greater Shanghai, 1926-12-04.
[64] Purvis, Malcolm. Tall Stories: Palmer & Turner, Architects and Engineers, the First 100 Years. Hong Kong: Palmer and Tuner, 1985.
[65] Roth, Leland M. The Architecture of McKim,Mead & White 1870–1920: A Building List. New York and London: Garland Pubilshing, 1978.
[66] Siry, Joseph M. Carson Pirie Scott: Louis Sullivan and the Chicago Department Store. Chicago: University of Chicago Press; Reprint 2012.
[67] Stern, Robert A. M., Gergory Gilmartin and Thomas Mellins. New York 1930: Architecture and Urbanism Between the Two World Wars. New York: Rizzoli, 1987.
[68] Stern, Robert A. M., Gregory Gilmartin and John Massengale. New York 1900: Metropolitan Architecture and Urbanism. New York: Rizzoli, 1983.
[69] The Shanghai Directory. 1941: City Supplementary Edition to the China Hong List. Shanghai: North China Daily News and Herald, 1941.
[70] Waterford, Van. Prisoners of the Janpanese in World War II: Statistical History, Personal Narratives and Memorials Concerning POWs in Camps and on Hellships, Civilian Internees, Asian Slave Laborers and Others Captured in the Pacific Theater. Jefferson, NC and London: McFarland, 1944.
[71] Weisman, Winston. "Commercial Palaces of New York 1845-1875." Art Bulletin 36 (1954): 286.
[72] Wentworth, Phoebe White, and Angie Mills. Fair is the Name: The Story of the Shanghai American School, 1912–1950. Los Angeles, CA.: Shanghai American School Association, 1997.
[73] White, Norval, and Elliot Willensky. AIA Guide to New York City, 4th ed. New York: Three Rivers Press, 2000.
[74] Wright, Cartwright. Twentieth Century Impressions of Hong Kong, Shanghai, and Other Treaty Ports of China: Their History, People, Commerce, Industries and Resources (London: Lloyd's Greater Britain Publishing, 1908).
[75] Yen, Ching-hwang, "Wing On and the Kwok Brothers: A Case Study of Pre-war Chinese Entrepreneurs." In Asian Department Stores, ed. Kerrie L. MacPherson, 47–65. Honolulu: University of Hawai'I Press, 1998.
[76]《上海房地产志》编纂委员会. 上海房地产志[M]. 上海: 上海社会科学院出版社, 1999.
[77] 上海最新的电影院——新光大戏院，将于今日开张营业[N]. China Press, 1930-11-21: 1.
[78] 上海市公用事业管理局. 上海公用事业 1840–1986[M]. 上海: 上海人民出版社, 1991.
[79] 上海市地方志办公室. 建筑施工志[GB/OL].（ 2004-01-14 ）[2012-02-15]. http://www.shtong.gov.cn/Newsite/node2/node2245/node69543/node69552/node69640/node69644/userobject1ai67894.html.
[80] 上海市徐汇区房屋土地管理局. 梧桐树后的老房子[M]. 上海: 上海画报出版社，2001.
[81] 上海市档案馆, 中山市社科联. 近代中国百货业先驱——上海四大公司档案汇编[M]. 上海: 上海书店出版社, 2010.
[82] 上海市档案馆. 上海档案史料研究: 第10辑[M]. 上海: 三联出版社，2011.
[83] 上海市档案馆. 上海档案史料研究: 第11辑[M]. 上海: 三联出版社，2011.
[84] 上海市静安区文物史料馆. 都市故事汇[M]. 上海: 上海社会科学院出版社，2004.
[85] 上海总局. 上海百货公司事业状况 : 永安公司　新新公司　先施公司　大新公司概要[R]. 远东贸易月报，1941，4 (7): 44.
[86] 上海总工会档案. 永安公司　大新公司职工学历统计表[G]. 上海: 上海社会科学院历史研究所.
[87] 上海文化艺术志编撰委员会. 上海文化娱乐场所志[M]. 上海: 上海文艺出版社，2000
[88] 上海百货公司. 上海近代百货商业史[M]. 上海: 上海社会科学院出版社，1988.
[89] 上海百货公司等. 上海近代百货商业史[M]. 上海: 上海社会科学院出版社，1988.
[90] 上海社会科学院经济研究所. 上海永安公司的产生、发展和改造[M]. 上海: 上海人民出版社，1981.
[91] 上海社会科学院《上海经济》编辑部. 上海经济: 1949–1982[M]. 上海: 上海社会科学院出版社，1983.
[92] 上海营造工业同业会. 上海营造工业同业会会员录[G]. 上海营造工业同业会，1946.
[93] 世界辞典编译社. 现代文化辞典[M]. 上海: 世界书局，1939.
[94] 严家炎, 李今. 穆时英全集 第二卷[M]. 北京: 北京出版社，2008.
[95] 中共上海市委私营工业调查委员会关于上海寰球百货商业的调查研究资料之二——有关先施公司的调查报告(草稿)[A]. 上海市档案馆，档案号: A66-1-204-31.
[96] 乐正. 近代上海人社会心态(1860—1910)[M]. 上海: 上海人民出版社，1991.
[97] 于彦北. 先施百货第三代传人[J]. 经济世界，1994 (8): 30.
[98] 于谷. 上海百年名厂老店[M]. 上海: 上海文化出版社，1987.
[99] 仲富兰. 上海民俗——民俗文化视野下的上海日常生活[M]. 上海: 文汇出版社，2009.
[100] 伊葭. 书介: 1943年《张爱玲的上海舞台》[N/OL]. (2003-10-08) [2020-04-26]. http://www.people.com.cn/GB/wenhua/1086/2123295.html.
[101] 伍江. 上海百年建筑史(1840—1949)[M]. 上海: 同济大学出版社，2008.
[102] 何小娟. 中山郭氏与上海永安公司[D]. 广州: 暨南大学，2008.
[103] 何重建. 上海近代营造业的形成及特征[C] // 汪坦. 第三次中国近代建筑史研究讨论会论文集. 北京: 中国建筑工业出版社，1991: 118–124.
[104] 余之. 老上海[M]. 上海: 上海书店出版社，2003.
[105] 余同元. 明清江南早期工业化社会的形成和发展[J]. 史学月刊，2007，(11): 53–61.
[106] 佚名. 基泰工程司及合伙人介绍[N]. 申报，1933-10-10.
[107] 佚名. 上海点滴[N]. 新民晚报, 1947-09-08 至 09-24.
[108] 佚名. 先施二十五年经过史[M] // 先施公司. 先施公司二十五周年纪念册. 香港: 商务印书馆，1924: 3–4.
[109] 佚名. 先施公司举行儿童国货时装表演[N]. 申报，1935-05-26.
[110] 佚名. 先施公司举行廉美国货时装表演[N]. 申报，1935-05-14.
[111] 佚名. 即将开幕之新新公司: 新新公司内部之概况(附图)[N]. 上海总商会月报，1925，5 (12).
[112] 佚名. 大新五楼建新剧场[N]. 电影新闻，1941 (112): 446.
[113] 佚名. 大新公司新屋介绍[J]. 建筑月刊，1935，3 (6): 4.
[114] 佚名. 大新游乐场今开幕[N]. 新闻报，1936-06-21.

[115] 佚名. 大新舞厅定期开幕[N]. 新闻报，1936-08-23.
[116] 佚名. 大新酒楼开幕志盛[N]. 新闻报，1936-08-29.
[117] 佚名. 实事摘录：永安公司在纽约设店[N]. 英文知识, 1940 (35): 601.
[118] 佚名. 崇俭黜奢示[N]. 申报, 1878-04-14.
[119] 佚名. 海上的四大商场[N]. 城市之歌. [民国年间].
[120] 佚名. 申江陋习[N]. 申报，1873-04-07.
[121] 佚名. 社会对于百货商店之观念[N]. 申报，1926-01-01.
[122] 佚名. 航空模型展览[N]. 新闻报，1946-05-07.
[123] 佚名. 艺华与大新公司之交换条件：大新出借橱窗地位，艺华免费供给新片[J]. 电声，1937，6 (3).
[124] 佚名. 谈业十则：欧美之百货商店[J]. 实业杂志，1920 (28): 149.
[125] 佚名. 重新发身份证[N]. 新民晚报，1948-10-15.
[126] 佚名. 黄埔滩头[N]. 文汇报，1946-10-09.
[127] 佩茨沃德. 符号、文化、城市：文化批评哲学五题[M]. 邓文华，译. 成都：四川人民出版社，2008.
[128] 傅光明. 萧乾散文：上册[M]. 北京：中国广播电视出版社，1997.
[129] 傅刚. 欲望之塔——纽约百年摩天楼[J]. 时代建筑，2005 (04): 32–37.
[130] 傅朝卿. 中国古典式样新建筑：二十世纪中国新建筑官制化的历史研究[M]. 台北：南天出版社，1993.
[131] 傅立民, 贺名仑. 中国商业文化大辞典[M]. 北京：中国发展出版社，1994.
[132] 全海兵. 南京新百公司融合线上线下营销策略研究[D]. 合肥：安徽大学，2014: 22.
[133] 列文. 关于上海人民反美蒋爱用国货的斗争[N]. 读书，1959（8）: 第32页。
[134] 刘呐鸥. 刘呐鸥小说全集[M]. 上海：学林出版社，1997.
[135] 刘呐鸥. 都市风景线[M]. 上海：水沫书店，1930.
[136] 刘善龄, 刘文茵. 画说上海生活细节（清末卷）[M]. 上海：学林出版社，2011.
[137] 刘天任. 本公司二十五周年之经过[M] // 香港永安有限公司廿五周年纪念录，1907-1932. 香港：商务印书馆，1932:3.
[138] 刘家林. 中国新闻史[M]. 武汉：武汉大学出版社，2012.
[139] 刘怡, 黎志涛. 中国当代杰出的建筑师，建筑教育家杨廷宝[M]. 北京：中国建筑工业出版社，2006.
[140] 刘智鹏. 郭泉——香港百货业的巨子 (1) [N/OL]. am 730，2011-07-08. http://archive.am730.com.hk/column-63788.
[141] 刘智鹏. 香港人香港史——蔡昌，后来居上的百货业巨子[N/OL]. am 730，2011-07-15. http://archive.am730.com.hk/column-64772.
[142] 北京市保险公司《简明中国保险知识辞典》编写组. 简明中国保险知识辞典[M]. 石家庄：河北人民出版社，1989.
[143] 华一民. 先施公司建筑特色漫说[J]. 都会遗踪，2011 (01): 91–94.
[144] 华安会人寿保险公司大楼开业庆典[N]. China Weekly Review，1926-10-16: 188.
[145] 卢月. 万达广场“去服饰化”王健林：减少业态重合[R/OL]. 中国经营网. (2013-07-22) [2020-04-25]. http://www.cb.com.cn/person/2013_0722/1005161.html.
[146] 卢汉超. 霓虹灯外——20世纪初日常生活的上海[M]. 段炼，译. 上海：上海古籍出版社，2004.
[147] 史梅定. 上海租界志[M]. 上海：上海社会科学院出版社，2001.
[148] 叶凯蒂. 上海·爱：名妓、知识分子和娱乐文化1850–1910[M]. 杨可，译. 上海：三联书店，2012.
[149] 吴剑. 何日君再来：流行歌曲沧桑史话1927–1949[M]. 哈尔滨：北方文艺出版社，2010.
[150] 吴咏梅, 李培德. 图像与商业文化：分析中国近代广告[M]. 香港：香港大学出版社，2014.
[151] 吴奔星. 现代作家作品研究：茅盾小说讲话[M]. 成都：四川人民出版社，1982.
[152] 吴庆洲. 广州建筑[M]. 广州：广东省地图出版社，2000.
[153] 吴思德. 川沙县建设志[M]. 上海：上海社会科学出版社，1988.
[154] 吴桂芳. 近代上海的“十里洋场”篇[J]. 社会科学，1979 (2): 115–123.
[155] 吴申元. 上海最早的种种[M]. 上海：华东师范大学出版社, 1989.
[156] 吴维. 制约 ·探索 ·塑造——浅谈株洲百货大楼设计[J]. 中外建筑，1997 (02): 40–42.
[157] 周慧琳. 民族主义的理想与现实——记大新公司立面方案等三次修改[J]. 同济大学学报（社会科学版）, 2017 (3): 87–95.
[158] 唐振常. Shanghai's Journey to Prosperity 1842-1949. Hong Kong: The Commercial Press, 1996.
[159] 唐艳香, 褚晓琪. 近代上海饭店与菜场[M]. 上海：上海辞书出版社，2008.
[160] 商业部教育司. 商业教育史料：2[M]. 商业部教育司，1990.
[161] 商务部. 零售业态分类 GB/T18106—2004[S]. 中国标准出版社，2004.
[162] 国家统计局. 国民经济行业分类与代码：GB/4754-2011[S/OL]. 北京：中国标准出版社，2011. http://www.stats.gov.cn/statsinfo/auto2073/201406/t20140606_564743.html.
[163] 姚蕾蓉. 公和洋行及其近代作品研究[D]. 上海：同济大学，2007.
[164] 孙中山选集[M]. 北京：人民出版社，1981.
[165] 孙倩. 法租界公馆马路柱廊章程与近代上海柱廊街道模式的兴衰[C] // 全球视野下的中国建筑遗产——第四届中国建筑史学国际研讨会论文集（《营造》第4辑）. 中国建筑学会建筑史学分会、同济大学，2007.
[166] 孙逊, 杨剑龙. 全球化进程中的上海与东京[M]. 上海：三联书店，2007.
[167] 宁波路上的新光大戏院是全新的电影院[N]. China Press，1930-10-21: 3.
[168] 宋路霞. 上海洋楼沧桑[M]. 上海：上海科学技术文献出版社，2003.
[169] 宋路霞. 回梦上海大饭店[M]. 上海：上海科学技术文献出版社，2004.
[170] 宋钻友. 广东人在上海 (1843–1949) [M]. 上海：上海人民出版社，2007.
[171] 岛一郎. 近代上海的百货公司的展开——其沿革与企业活动[J]. 经济学论丛，1995，47 (1): 1–16.
[172] 岩间一弘, 甘慧杰. 1940年前后上海职员阶层的生活情况[J]. 史林，2003 (04): 41–53.
[173] 左拉. 妇女乐园[M]. 侍桁, 译. 上海：上海译文出版社，2003.
[174] 巴杰. 民国时期的店员群体研究 (1920–1945)[D]. 武汉：华中师范大学，2012.
[175] 常青. 大都会从这里开始——南京路外滩段研究[M]. 上海：同济大学出版社，2005.
[176] 弗兰姆普敦, 英格索尔. 20世纪世界建筑精品集锦：1900–1999（第1卷：北美）[M]. 北京：中国建筑工业出版社，1999.
[177] 张仲礼. 近代上海城市研究[M]. 上海：上海人民出版社，1990.
[178] 张作华. 企业管理案例精选：下卷[M]. 乌鲁木齐：新疆人民出版社，2001.
[179] 张弘. 中外建筑史[M]. 西安：西安交通大学出版社，2012.
[180] 张忠民. 近代上海城市发展与城市综合竞争力[M]. 上海：上海社会科学院出版社，2005.
[181] 张慧. 16–20世纪初洋货输入及其影响[D]. 广州：暨南大学，2013.
[182] 张祖刚. 建筑文化感悟与图说：国外卷[M]. 北京：中国建筑工业出版社，2008.
[183] 张绪谔. 乱世风华：20世纪40年代上海生活与娱乐的回忆[M]. 上海：上海人民出版社，2009.
[184] 彤云. 图说南京路四大百货公司[N/OL]. 上海档案信息网，2012-12-11，http://www.archives.sh.cn/shjy/tssh/201212/t20121211_37487.html.
[185] 彭小妍. 浪荡子美学与跨文化现代性：20世纪30年代上海、东京及巴黎的浪荡子、漫游者与译者[M]. 杭州：浙江大学出版社，2017.
[186] 徐幸捷, 蔡世成. 上海京剧志[M]. 上海：上海文化出版社，1999.
[187] 徐昌酩. 上海美术志[M]. 上海：上海书画出版社，2004.
[188] 徐金德. “福利封”收件者名址的查考[Z/OL]. 新浪博客，http://blog.sina.com.cn/s/blog_49fc3df50102y2nm.html.
[189] 徐锦江. 愚园路上的‘洛公馆’究竟是不是洛克菲勒的公馆[N/OL]. 文汇报，2020-03-13, https://wenhui.whb.cn/third/zaker/202003/13/332840.html.

[190] 徐静. 德国建筑师里夏德 · 鲍立克在上海(1933–1949)[D]. 上海：同济大学，2009.
[191] 徐鼎新. 原上海永安公司棉布部部长刘藜（？）访谈记录, 1979-03-07[G]. 上海市档案信息网，2012-10-18.
[192] 徐鼎新. 原上海永安公司老职员座谈会记录, 1979-03-07[G]. 上海市档案信息网，2012-10-18.
[193] 徐鼎新. 原上海永安公司职员刘佳彦访谈记录, 1979-03-07[G]. 上海市档案信息网，2012-10-18.
[194] 房芸芳. 遗产与记忆：雷士德、雷士德工学院和她的学生们[M]. 上海：上海古籍出版社，2007.
[195] 招庆绵. 论今日中国的百货公司[J]. 商业杂志，1927，2 (10): 1–6.
[196] 振翼. 大新公司参观记[M] // 上海市档案馆, 中山市社科联. 近代中国百货业先驱，308.
[197] 新厦门美国领事馆得到国会的批准[N]. China Press，1925-04-19.
[198] 新新公司概况[A]. 上海市档案馆，档案号：Q226-2-13.
[199] 方铭. 茅盾散文选集[M]. 天津：百花文艺出版社，1984.
[200] 曹鹏, 温玉清. 1935年天坛修缮保护工程经验管窥[J]. 天津大学学报：社会科学版，2011 (3): 145–149.
[201] 本奈沃洛. 西方现代建筑史[M]. 邹德侬，译. 天津：天津科学技术出版社，1996.
[202] 朱其清. 无线电之新事业[N]. 东方杂志，1925-03-22.
[203] 朱国栋, 王国章. 上海商业史[M]. 上海：上海财经大学出版社，1999.
[204] 朱自清. 匹夫匹妇[M]. 北京：团结出版社，2007.
[205] 朱英. 近代中国广告的产生发展及其影响[J]. 近代史研究, 2000 (4): 87–115.
[206] 朱荫贵. 中国近代股份制企业研究[M]. 上海：上海财经大学出版社，2008.
[207] 李伯重. 理论、方法、发展趋势：中国经济史研究新探[M]. 北京：清华大学出版社，2002.
[208] 李天纲. 人文上海——市民的空间[M]. 上海：上海教育出版社，2004.
[209] 李宏. 中外建筑史[M]. 北京：中国建筑工业出版社，1997.
[210] 李承基, 黎志刚. 李承基先生访问记录[M]. 台北：中央研究院近代史研究所，2000.
[211] 李承基. 中山文史第59辑：四大公司[M]. 政协广东省中山市委员会文史委员会，2006.
[212] 李承基. 澳资永安企业集团创办人郭乐与郭泉[M] // 政协广东省中山市委员会中山文史编辑部. 中山文史第51辑. 政协广东省中山市委员会文史委员会，2002: 2–12.
[213] 李欣. 二十世纪二三十年代中国电影对女性形象的叙述与展示[D]. 上海：复旦大学，2005.
[214] 李欧梵. 上海摩登——一种新都市文化在中国[M]. 北京：北京大学出版社，2001.
[215] 李海清. 中国建筑现代转型[M]. 南京：东南大学出版社，2004.
[216] 李玲. 20世纪早期中国消费特性与现代设计的发生[D]. 北京：中央美,术学院，2013.
[217] 李琴. 从勤俭节约到消费至上：对西方消费文化的唯物史观解读[J]. 理论与现代化，2006 (02): 82–86.
[218] 李长莉. 以上海为例看晚清时期社会生活方式及观念的变迁[J]. 史学月刊，2004 (5): 105–107.
[219] 李长莉. 晚清"洋货流行"与消费风气演变[J]. 历史教学：下半月刊，2014 (01): 3–11.
[220] 杜恂诚. 1933年上海城市阶层收入分配的一个估算[J]. 中国经济史研究，2005 (1): 116–122.
[221] 杨俊. 新新公司老地下党员：南京路穿出红色电波[N/OL]. 上观新闻，2019-05-17，https://www.jfdaily.com/news/detail?id=153562
[222] 杨嵩林. 中国近代建筑复古初探[J]. 建筑学报，1987 (3): 59–63.
[223] 杨廷宝, 南京工学院建筑研究所. 杨廷宝建筑设计作品集[M]. 北京：中国建筑工业出版社，1983.
[224] 杨永生. 中外名建筑鉴赏[M]. 上海：同济大学出版社，1997.
[225] 林傑. 百货公司的厄运[N]. 人人周刊，1945 (6): 6–7.
[226] 林金枝. 近代华侨投资国内企业史研究[M]. 福州：福建人民出版社，1983.
[227] 林金枝. 近代华侨投资国内企业的几个问题[M] // 厦门大学南洋研究所. 南洋问题文丛：第1辑. 厦门：厦门大学南洋研究所，1981:197–261.
[228] 林青. 洋货输入对中国近代社会的影响[J]. 炎黄春秋, 2003 (8): 69–73.
[229] 柯文. 在传统与现代之间——王韬与晚晴改革[M]. 雷颐，罗检秋，译. 南京：江苏人民出版社，2003.
[230] 柳渝. 中国百年商业巨子[M/OL]. 长春：东北师范大学出版社，1997，http://www.millionbook.net/js/l/liuyu/zgbn/005.htm.
[231] 柳絮. 永安公司薪工惊人：每月付出法币一亿六千五百万：折合条子一百十根[N]. 快活林，1946，3 (12).
[232] 柴旭原. 上海市近代教会建筑历史初探[D]. 上海：同济大学，2006.
[233] 桂国强，余之. 百年永安[M]. 上海：文汇出版社，2009.
[234] 桑巴特, 维尔纳. 奢侈与资本主义[M]. 王燕平, 侯小河, 译. 上海：上海世纪出版社, 2005.
[235] 梁庄爱伦. 艾略特 · 哈沙德：一位美国建筑师在民国上海[J]. 周慧琳, 译. 建筑师, 2017 (3): 122–129.
[236] 楼嘉军. 上海城市娱乐研究(1930–1939)[D]. 上海：华东师范大学，2004.
[237] 武玉华. 天津基泰工程司与华北基泰工程司[D]. 天津：天津大学，2010.
[238] 民国廿六年八月廿三日上海南京路流弹案永安公司职员殉难者凡十五人[N]. 永安月刊，1939 (5).
[239] 永办, 木又. 经典与荣耀——永安百货九十年集萃[J]. 上海商业，2008 (01): 45–47.
[240] 永安时装表演纪念册[A] // 上海永安股份有限公司档案. 上海市档案馆藏, 档案号：Q225-2-66.
[241] 江素云. 百货大王：马应彪和郭泉[J]. 中国中小企业，2016 (04): 68–71.
[242] 江苏省政协文史资料委员会. 江苏文史资料：第85辑 江苏文史资料集粹：经济卷[M]. 南京：江苏文史资料编辑部，1995.
[243] 沈华. 上海里弄民居[M]. 北京：中国建筑工业出版社，1993.
[244] 沈月娥. 论中国近代广告的发展轨迹[D]. 长春：吉林大学，2007.
[245] 沙似鹏. 上海名建筑志[M]. 上海：上海社会科学院出版社，2005.
[246] 游鉴明. 无声之声：近代中国的妇女与国家[M]. 北京：中央研究院近代史研究所，2003.
[247] 熊月之. 上海通史：第9卷 民国社会[M]. 上海：上海人民出版社，1999年.
[248] 熊月之. 寻找上海的历史文脉[M] //《东方早报 · 上海书评》编辑部编. 你想干什么. 上海：上海书店出版社，2010: 257–260.
[249] 牟振宇. 从苇荻渔歌到东方巴黎：近代上海法租界城市化空间过程研究[M]. 上海：上海书店出版社，2012.
[250] 王儒年.《申报》广告与上海市民的消费主义意识形态[D]. 上海：上海师范大学, 2004.
[251] 王卫东. 上海第一百货商店空调工程[J]. 暖通空调, 1992 (2): 58–59.
[252] 王卫平. 明清时期太湖地区的奢侈风气及其评价[J]. 学术月刊，1994 (2): 51–61.
[253] 王家范. 明清江南消费性质与消费效果解析[J]. 上海社会科学院学术季刊, 1988 (2): 157–167.
[254] 王家范. 明清江南消费风气与消费结构描述[J]. 华东师范大学学报：哲学社会科学版, 1988 (2): 32–42.
[255] 王文生. 十八世纪英国消费革命初探[D]. 武汉：武汉大学, 2001.
[256] 王晓, 闫春林. 现代商业建筑设计[M]. 北京：中国建筑工业出版社，2005.
[257] 王晓丹. 历史镜像：社会变迁与近代中国女性生活[M]. 贵州：云南大学出版社, 2011.
[258] 王毓铨. 中国经济通史 · 第八卷：明代经济卷[M]. 北京：经济日报出版社, 2000.
[259] 王浩娱, 许焯权. 从中国近代建筑师1949年后在港工作经历看"中国建筑的现代化"[C] // 张复合. 中国近代建筑研究与保护：第5辑. 北京：清华大学出版社, 2006: 711–730.
[260] 王浩娱."必然性" 的启示——中国近代建筑师执业的客观环境及其影响下的主观领域[M]. 赵辰, 伍江. 中国近代建筑学术思想研究. 北京：中国建筑工业出版社, 2003, 69–76.

[261] 王皎我. 百货公司与教育[N]. 永安月刊, 1939 (6).
[262] 王远明, 胡波. 被误读的群体：香山买办与近代中国[M]. 广州：广东人民出版社, 2010.
[263] 王鲁民. 观念的悬隔——近代中西建筑文化融合的两种途径研究[J]. 新建筑, 2006 (5): 54–58.
[264] 神凤. 屋顶花园从此休矣！天韵楼等将改餐厅[N]. 海光(上海1945), 1946, 8(14).
[265] 福格尔森. 下城：1880–1950年间的兴衰[M]. 周尚意, 志丞, 译. 上海：上海人民出版社, 2010.
[266] 程恩富. 上海消费市场发展史略[M]. 上海：上海财经大学出版社, 1997.
[267] 穆时英. 上海的狐步舞[M]. 北京：中国文联出版社, 2004.
[268] 竞民, 空我. 大新舞台开幕纪[N]. 新闻报, 1926-02-07.
[269] 童乔慧, 李聪. 表现主义的实践者——门德尔松建筑思想及其设计作品分析[J]. 建筑师, 2013 (06): 46–54.
[270] 娄承浩, 薛顺生. 老上海经典建筑[M]. 上海：同济大学出版社, 2002.
[271] 娄承浩, 薛顺生. 老上海营造业及建筑师[M]. 上海：同济大学出版社, 2004.
[272] 紫虹. 大公司玻璃善后事宜：先施侥幸大新可怜，新新预备移花接木[N]. 快活林, 1946 (42): 12.
[273] 綦娅慧. 浅谈民国时期上海百货公司的女职员——以四大百货公司为例[D]. 上海：华东师范大学, 2015.
[274] 罗小未. 上海建筑风格与上海文化[J]. 建筑学报, 1989 (10): 7–13.
[275] 美国乡村总会的工程开始动工. China Weekly Review, 1923-11-10, 440–449.
[276] 肖人. 全国第一大商场永安公司面面观[N]. 工商通讯, 1946 (3): 14–15.
[277] 胡俊修. 嬗变：由传统向准现代——从20世纪30年代《申报》广告看近代上海社会生活变迁[J]. 历史教学问题, 2003 (03): 44–48.
[278] 胡波. 香山商帮：解读香山商人智慧[M]. 桂林：漓江出版社, 2011.
[279] 胡绍学, 张翼. 北京王府井百货大楼扩建工程方案设计[J]. 建筑学报, 1995 (11): 34–37.
[280] 苏梅. 南京路进行曲[N]. 民生, 1936 (37): 14–15.
[281] 茅盾. 子夜[M]. 北京：人民文学出版社, 1960.
[282] 菊池敏夫. 战时上海的百货公司与商业文化[J]. 史林, 2006 (02): 93–103.
[283] 菊池敏夫. 建国前后的上海百货公司——以商业空间的广告为中心[J] // 上海市档案馆. 上海档案史料研究：第9辑. 上海：三联书店, 2010.
[284] 萨克森. 中庭建筑—开发与设计[M]. 戴复东, 译. 北京：中国建筑工业出版社, 1990.
[285] 葛元煦. 沪游杂记[M]. 郑祖安, 校注. 上海：上海书店出版社, 2009.
[286] 董林. 十年诗选[M]. 郑州：大象出版社, 2011.
[287] 蒋为民. 时髦外婆：追寻老上海的时尚生活[M]. 上海：上海三联书店, 2003.
[288] 蔡磊. 三十六计：第11册 名人成功决策与计谋[M]. 北京：中国戏剧出版社, 2007: 1372.
[289] 薛理勇. 旧上海租界史话[M]. 上海：上海科学院出版社, 2002.
[290] 藤森照信. 外廊样式——中国近代建筑的原点[J]. 张复合, 译. 建筑学报, 1993 (5): 33–38.
[291] 袁志煌, 陈祖恩. 刘海粟年谱[M]. 上海：上海人民出版社, 1992.
[292] 袁祖志. 续沪北竹枝词[D] // 王儒年.《申报》广告与上海市民的消费主义意识形态. 上海：上海师范大学, 2004, 35.
[293] 裘争平. 1934年上海大新公司建筑委员会议事录[M] // 上海市档案馆. 上海档案史料研究：第11辑. 上海：上海三联书店, 2011: 242–254.
[294] 裴定安, 张祖健. 对"上海学"研究的思考[M] // 俞克明主编. 现代上海研究论丛, 第4辑. 上海：上海书店出版社, 2007. 367–377.
[295] 许乙弘. Art Deco的源与流：中西"摩登建筑"关系研究[M]. 南京：东南大学出版社, 2006.
[296] 许敏. 晚晴上海的戏院和娱乐生活[J]. 史林, 1998 (3): 35.
[297] 谭峥. 拱廊及其变体——大众的建筑学[J]. 新建筑, 2014 (01): 40–44.
[298] 赖德霖. 中国近代建筑史研究[M]. 北京：清华大学出版社, 2007.
[299] 赵敌文. 进德诗选：上西堤大新公司十三楼远眺[J]. 进德季刊, 1925, 3 (4): 116.
[301] 赵海涛, 陈华钢. 中外建筑史[M]. 上海：同济大学出版社, 2010.
[302] 赵琛. 中国广告史[M]. 高等教育出版社, 2005.
[303] 邢建榕. 四大公司的开业和命名[J]. 上海史话, 1987 (3): 45.
[304] 邱处机. 摩登岁月[M]. 上海：上海画报出版社, 1999.
[305] 邹德侬. 中国建筑史图说：现代卷[M]. 北京：中国建筑工业出版社, 2001.
[306] 郁达夫. 郁达夫精选集[M]. 北京：北京燕山出版社, 2006.
[307] 郁达夫. 郁达夫选集(上册)[M]. 北京：人民文学出版社, 2004.
[308] 郑大华. 论中国近代民族主义的思想来源及行程[J]. 浙江学刊, 2007 (1): 5–15.
[309] 郑学檬, 陈衍德. 略论唐宋时期自然环境的变化对经济中心南移的影响[J]. 厦门：厦门大学学报：哲社版, 1991 (4): 104–113.
[310] 郑时龄, 上海近代建筑风格[M]. 上海：上海教育出版社, 1995.
[311] 郑晓笛. 吕彦直：南京中山陵与广州中山纪念堂[M] // 张复合. 建筑史论文集：第14辑. 北京：清华大学出版社, 2001, 176–188.
[312] 郑泽青. 检举李泽_上海滩惩办汉奸最有声色的一幕[N]. 上海档案, 1997 (6): 50–53.
[313] 郑祖安. 1843：一个英国学者眼中的上海[J]. 上海滩, 2000 (5): 27.
[314] 郑红娥. 社会转型与消费革命：中国城市消费观念的变迁[M]. 北京：北京大学出版社，2006.
[315] 郭冰茹. 20世纪中国小说史中的性别建构[M]. 上海：华东师范大学出版社, 2013.
[316] 郭太风, 廖大伟. 东南社会与中国近代化[M]. 上海：上海古籍出版社, 2005.
[317] 郭官昌. 上海永安公司之起源及营业现状[N]. 新商业季刊, 1936 (2): 40.
[318] 郭泉. 郭泉自述：四十一年来营商之经过[J]. 档案与史学, 2003 (03): 14–18.
[319] 金戈. 百货公司怠工别记——幸亏郭顺溜得快，否则成李泽第二[N]. 海晶, 1946 (4).
[320] 金普森, 孙善根. 宁波帮大辞典[M]. 宁波：宁波出版社, 2001.
[321] 钞晓鸿. 明代社会风习研究的开拓者傅衣凌先生——再论近二十年来关于明清"奢靡"风习的研究[C] // 第九届明史国际学术讨论会暨傅衣凌教授诞辰九十周年纪念论文集. 厦门大学人文学院, 中国明史学会, 2002.
[322] 钱宗灏. 百年回望——上海外滩建筑与景观的历史变迁[M]. 上海：上海科学技术出版社, 2005.
[323] 钱宗灏. 阅读上海万国建筑[M]. 上海：上海人民出版社, 2011.
[324] 陆兴龙. 近代上海南京路商业街的形成和商业文化[J]. 档案与史学, 1996 (03): 50–54.
[325] 陆其国. 广东郭氏兄弟——从澳洲果栏商到上海百货大亨[J/OL]. 羊城晚报, 2019-10-05, http://big5.ycwb.com/site/cht/ep.ycwb.com/epaper/ycwb/h5/html5/2019-10/05/content_6_192421.htm.
[326] 陆文达. 上海房地产志[M]. 上海：上海社会科学院出版社, 1999.
[327] 陆晶清. 回忆与怀念：纪念革命老人何香凝逝世十周年[M]. 北京：北京出版社, 1982.
[328] 陈从周, 章明. 上海近代建筑史稿[M]. 上海：三联书店，1988.
[329] 陈坤宏. 消费文化理论[M]. 台北：扬智文化事业股份有限公司, 1995.
[330] 陈宏, 徐思平, 董鸿景. 上海大型商业空间的发展与购物体验[J]. 商业空间文化, 2003 (03): 32–33.
[331] 陈恒才, 杨彦华：香山人在上海："悲情英雄"李敏周的传奇人生[N]. 中山日报, 2010-04-12, http://www.sunyat-sen.org/index.php?m=content&c=index&a=show&catid=25&id=5573.
[332] 陈文彬. 近代化进程中的上海城市公共交通研究(1908–1937)[D]. 上海：复旦大学, 2004.
[333] 陈春舫. 兴旺发达的百货业起始于广货店[J]. 上海商业, 2006 (6): 56–57.
[334] 陈独秀, 李大钊, 瞿秋白. 新青年：第7卷[M]. 北京：中国书店出版社, 2011.
[335] 陈稼轩. 实用商业辞典[M]. 香港：商务印书馆, 1935.
[336] 陈英敏. 谈穆时英的洋场文化理性[M]. 黄忠顺, 田根胜. 城市文化评论：第七卷. 广州：花城出版社, 2011.

[337] 陈锦江. 清末现代企业与官商关系[M]. 北京: 中国社会科学出版社, 2010.
[338] 陶凤子. 上海快览[M]. 上海: 世界书局, 1926.
[339] 陶林杰. 阿里巴巴网络有限公司投资价值研究[D]. 上海: 复旦大学, 2008: 16.
[340] 雷士德工学院校友会.The History of the Lester School and Henry Lester Institute of Technical Education [Z]. 新浪博客. 2011-07-01, http://blog.sina.com.cn/s/blog_451815c70100rt32.html.
[341] 霍赛. 出卖上海滩[M]. 上海: 上海书店出版社, 2000.
[342] 顾承甫. 老上海饮食[M]. 上海: 上海科学技术出版社, 1999.
[343] 颜清湟. 海外华人与中国的经济现代化(1875–1912)[M] // 颜清湟. 海外华人史研究, 崔贵强, 译. 新加坡亚洲研究学会, 1992, 44–59.
[344] 颜清湟. 海外华人的社会变革与商业成长[M]. 厦门: 厦门大学出版社, 2005.
[345] 颜清湟. 香港与上海的永安公司(1907–1949) [M] // 颜清湟. 海外华人的传统与现代化. 新加坡: 南阳理工大学中华语言文化中心, 2010: 213–249.
[346] 饶展雄. 漫谈广州骑楼文化[J]. 粤海风, 2010 (03): 76–78.
[347] 马学强, 张婷婷. 上海城市之心：南京东路街区百年变迁[M]. 上海: 上海社会科学研究院出版社, 2017.
[348] 马应彪. 先施公司开张记[M] // 先施公司. 先施公司二十五周年纪念册. 香港: 商务印书馆, 1925.
[349] 马永明. 论外部性与近代中国社会变迁——以香山籍归侨为例[D]. 广州: 暨南大学, 2004.
[350] 马长林, 黎霞, 石磊. 上海公共租界城市管理研究[M]. 上海: 上海百家出版社, 2011.
[351] 马长林, 黎霞. 上海公共租界城市管理研究[M]. 上海: 中西书局, 2011.
[352] 高建平. 美学的围城: 乡村与城市[J]. 四川师范大学学报, 2010 (05): 34–44.
[353] 高春明. 上海艺术史(下) [M]. 上海: 上海人民美术出版社, 2002.
[354] 高泰若. 项美丽与上海名流[M]. 刘晓溪, 译. 北京: 新星出版社, 2018.
[355] 高红霞, 贾玲. 近代上海营造业中的"川沙帮" [M] // 上海市档案馆. 上海档案史料研究: 第8辑. 上海: 上海三联书店, 2010: 15–28.
[356] 魏雯, 等. 传统民间生活大观[M]. 北京: 西苑出版社, 2011.
[357] 鲁振祥, 陈绍畴, 等. 20世纪的中国：内争外患的交错[M]. 郑州: 河南人民出版社, 1996.
[358] 黄今言. 秦汉江南经济述略[M]. 南昌: 江西人民出版社, 1999.
[359] 黄廷, 韦祺. 想问就问吧: 2 有关冷知识的2000个趣味问题[M]. 天津: 天津科技出版社, 2010.
[360] 黄樊才. 沪游胜记[M]// 郑时龄. 上海近代建筑风格. 上海: 上海教育出版社, 1999: 14.
[361] 黄绍伦. 移民企业家[M]. 上海: 上海古籍出版社, 2003.
[362] 黄贤强. 跨域史学：近代中国与南洋华人研究的新视野和新史观[M]. 厦门: 厦门大学出版社, 2008.
[363] 黎细玲. 香山人物传略(一) [M]. 北京: 中国文史出版社, 2014.

后记

改革开放至今，上海最近40年的城市发展非常迅猛，原本耸立于街头的这些百货大楼，也被淹没在林立的高楼大厦中。然而它们并没有被人遗忘，反而受到越来越多的关注：随着近年自媒体的发展，四大百货公司相关的文章层出不穷，关于百货公司业主的经历、有关百货公司的发展及其在上海的各种小道消息，还有百货大楼更新改造之际对其发展历史的回顾，等等。这也足以证明先施、永安、新新、大新这四家百货公司，在开业百年以后仍然魅力不减。

本书是基于我的博士论文而撰写成的，紧紧围绕着四大百货公司在上海发展的相关事宜，详细论述了1912年前后上海的城市、商业状况、消费文化和市民生活，百货公司的发展历程，以及以百货公司为立足点展开的几个主题的观察和论述。然而，对于百货公司的研究，不应仅仅止于此。在这本书的撰写过程中，我矫正了一些原来论文中的错误，也找到了相当多新的史料和证据来支撑我的观点。随着时间的推移和史料的进一步开放，很多百货公司相关主题的进一步研究成为可能，希望我能够在这一领域继续深入下去。当然书中难免会有纰漏和错误，敬请读者们邮件至huilin_zhou@tongji.edu.cn指正，也欢迎读者和我一起讨论。

周慧琳

2020年4月28日

于同济大学

致谢

本书是基于我的博士论文研究以及近几年关于这个课题发表的论文改编而成的。2009年秋，初入同济大学建筑与城市规划学院攻读博士学位的我，在与恩师卢永毅教授的讨论下决定了研究对象——南京路上的这四座百货公司。这个场景像是发生在昨天，但已经过去十多年。

这十年中，经历了彷徨、悲痛，也经历了收获和喜悦。幸运的是，我在摸索前行的道路上，得到很多老师、前辈、机构、朋友的指引和帮助，我的家人也一直站在我的身后温暖而坚定地支持着我。在此特别感谢同济大学卢永毅教授对我的悉心指导，她极其耐心、细致的教导使我的专业素养有了很大的提高，更重要的是她严谨的治学态度，让我看到了作为建筑师和研究人员应有的对知识不断追求的精神；感谢我硕士阶段的导师饶小军教授，是他引领我进入了建筑历史研究的领域，并给予我很大的帮助；感谢伍江老师、王骏阳老师、钱宗灏老师、赖德霖老师、郑祖安老师给我提供的研究思路和写作指导；特别感谢王伯伟老师和师母在我生活学习上的关心和爱护；感谢段建强师兄、闵晶师姐、束林、徐静等同窗好友，我在与他们的切磋交流中，获得了很多启发和帮助，也体会到梯队的关怀与温暖。也非常感谢上海档案馆、上海图书馆开放了丰富的历史史料，使我的研究更为生动、令人信服。四年前博士毕业后，我有幸以助理研究员的身份进入同济大学工作，在工作之余延续自己的研究，也结识了一群新的朋友，让我对本书的内容有了新的想法和补充，他们是Peter Hack、宋幼敏老师、蒋伟民老师等，在此一并谢过。在本书的出版付梓过程中，同济大学出版社的各位编辑也付出了大量的心血，尤其感谢秦蕾、周伊幸、李争、付超等。也感谢我的同事胡佳颖为本书所做的贡献。谢谢大家！

图书在版编目（C I P）数据

近代上海四大百货公司研究：建筑、消费空间、城市文化 / 周慧琳著. -- 上海：同济大学出版社，2021.6

(开放的上海城市建筑史丛书 / 卢永毅主编)

ISBN 978-7-5608-9567-3

Ⅰ. ①近… Ⅱ. ①周… Ⅲ. ①百货商店 - 建筑设计 - 研究 - 上海 - 近代 Ⅳ. ①TU247.2

中国版本图书馆CIP数据核字(2020)第220474号

近代上海四大百货公司研究

建筑、消费空间、城市文化

周慧琳 著

出版人：华春荣

策　划：秦　蕾 / 群岛工作室

责任编辑：李　争

责任校对：徐春莲

装帧设计：付　超　胡佳颖

封面设计：胡佳颖

版　次：2021年6月第1版

印　次：2021年6月第1次印刷

印　刷：上海雅昌艺术印刷有限公司

开　本：710mm×1000mm　1/16

印　张：19

字　数：360 000

书　号：ISBN 978-7-5608-9567-3

定　价：108.00 元

出版发行：同济大学出版社

地 址：上海市杨浦区四平路1239号

邮政编码：200092

网 址：http://www.tongjipress.com.cn

经 销：全国各地新华书店